密码的故事

张　薇　著

西北工業大學出版社

西安

【内容简介】 本书是一本关于密码学的科普图书，分为十三章，内容包括古典密码、密码破译、序列密码、分组密码、公钥密码以及密码学研究前沿等。本书可以帮助读者了解信息加密的基础知识、密码系统的分类及安全模型、现代密码的设计思想以及密码学前沿知识。本书作为一部科普书籍，采用生动有趣的写作方式，兼顾知识性、趣味性和可读性。在讲故事之余，注重用深入浅出的方式描述艰深的密码学理论。与密码学相关的数学知识也不全然回避，而是尽量阐述得通俗易懂，让具有中学以上文化程度的读者也可以轻松掌握本书内容。

本书的读者对象定位为非信息安全专业大学生，以及对密码和信息安全感兴趣的各行业工作人员。希望通过本书，读者能了解到密码学的基础知识和现代密码技术的应用，并对密码学产生兴趣。

图书在版编目(CIP)数据

密码的故事/张薇著.—西安:西北工业大学出版社，2022.9

ISBN 978-7-5612-8398-1

Ⅰ.①密… Ⅱ.①张… Ⅲ.①密码学-普及读物 Ⅳ.①TN918.1-49

中国版本图书馆 CIP 数据核字(2022)第 170042 号

MIMA DE GUSHI

密码的故事

张薇 著

责任编辑：华一瑾　　策划编辑：华一瑾
责任校对：张　友　　装帧设计：侣小玲
出版发行：西北工业大学出版社
通信地址：西安市友谊西路 127 号　　邮编：710072
电　　话：(029)88493844　88491757
网　　址：www.nwpup.com
印 刷 者：西安五星印刷有限公司
开　　本：787 mm×1 092 mm　　1/16
印　　张：13.75　　彩插：1
字　　数：309 千字
版　　次：2022 年 9 月第 1 版　　2022 年 9 月第 1 次印刷
书　　号：ISBN 978-7-5612-8398-1
定　　价：68.00 元

如有印装问题请与出版社联系调换

序　言

密码学在近年来不仅是学术界的热点研究领域，而且已经在社会生活的各个方面得到广泛应用，成为国家安全和社会信息化的重要基石。学习密码知识，了解密码的应用，也成为一项现实需求。然而密码学学习起来难度较大，来自数学、计算机科学的专业知识令大部分人望而生畏。为了帮助非专业人士了解密码、用好密码，编写一本通俗易懂的密码学科普读物是十分必要且有意义的。

写一本关于密码学的科普图书，这也是笔者一直以来的愿望。笔者虽然已经从事密码学教学科研20余年，但却迟迟没有动笔，原因如下：

一是难度的把握。密码学与数学和计算机科学密切相关，许多内容需要具备一定的专业知识才能读懂，比如分组密码的设计、公钥密码的可证明安全性等，在一部科普图书中讲述，需要极大的勇气。

二是内容的取舍。有些内容可能在专业人士的眼里已属"过时"，比如古典密码，但古典密码是现代密码的基础，它的一些思想对于现代密码设计有着重要影响。为了使非专业的读者能全面了解密码，还是在书中对古典密码细细讲述。还有背包密码，虽然它问世后很快就被破译了，但是这种方案十分直观形象，因此本书中仍旧保留。另外，出于内容连贯性和整体性的考虑，也舍弃了一些知识点，如数字签名、消息认证等。

三是个人水平问题。笔者作为一名理科女，文笔缺乏特色，不优美生动，对流行的网络语言也缺乏了解，科普的趣味性不足，因此写作中困难重重。

幸运的是，笔者在写作本书的过程中得到了武警工程大学密码工程学院各级领导的大力支持，以及教研室各位老师的帮助。在来自各方面的关怀下，最终还是完成了这样一本不算完美的小书。在此表示感谢。特别要感谢已退休的贺群老师，与他的多次激烈讨论使我的思路更加清晰，而本书第九章“背包中的玄机”，更是直接受益于贺老师的巧妙构思。

本书不打算写成一本密码学教科书，也不是要为想给文件或电子邮件加密的朋友提供操作说明，更不会教人去黑一个网站。读完本书，你可能还是不会自己设计一个密码，但是，你将对这门从军事走向民间应用，以至和每个人都息息相关的学科产生初步了解，知道密码的发展历史、加密的原理、密码体制的分类及应用，以及密码是如何影响每一个普通人的工作和生活的。

如果本来你觉得“密码，这东西与我无关”，而读完此书后，能感觉到密码与自己还是有那么一丁点关系，或者即便没有找到任何直接联系，密码学本身也是有趣的，这就够了。

是为序。

著　者

2022 年 3 月

目　录

《《第一章

战争中诞生的魔术

人类使用密码的历史，几乎与使用文字的时间一样长。

——平科克·斯蒂芬《破译者》

▶内容提要◀

什么是密码
密码的起源
中国古代的密码
一些概念及对密码的误解
两种基本加密方法

一、什么是密码

说起“密码”，你的脑海中首先会联想到什么呢？是硝烟弥漫的战场，还是波诡云谲的谍战片，又或者是海盗的藏宝图……

文学作品和影视剧给人们一种错觉：密码是某种高深莫测的技术，它被一些身份神秘，智商超群的人使用着。

然而当你每天打开电脑工作时，第一步就是输入密码；当你走进银行，把磁卡插进 ATM（自动柜员机）后，也必须先输入密码；打开电子邮箱时需要密码；登录 QQ、微信或购物网站时，还是需要密码。密码是如此普通而常见，不足为奇，并与人们的工作和生活发生着越来越多的联系，如图 1－1 所示。

那么，究竟什么是密码呢？

其实，我们面对电脑显示器或 ATM，在键盘上输入的那串字母或数字，并非真正意义上的密码，它更准确的名字是“口令”，主要作用是提供身份验证。为什么要验证身份呢？当然是为了保护个人财产或一些重要信息。

在现实中人们要保护什么贵重物品，可以找一把锁把它锁起来，开锁的钥匙是不能随便给人的，口令就相当于钥匙，它是不能泄露的。然而当保护的对象是信息时，除了加锁之外还有另一种方法，那就是变换，或伪装——把能看懂的、有意义的信息，变成没有意义、完全不知所云的乱码。这种变换，就是密码。

图 1-1　密码在人们工作和生活中的应用场景

为什么要把好好的消息变得让人看不懂呢？答案只有一个——

“不想让别人知道”。

“为什么不想让别人知道？”

这个嘛，原因很多……

《淮南子》记载，黄帝的史官仓颉“始作书契，以代结绳”，造出了汉字。文字满足了人们沟通的需要，却无法满足人们有时“不愿沟通”的需要。我们可能有些事情不想让别人知道，特别是，想让一些人知道，而不想让另一些人知道，这时候，密码就派上用场了。

密码是一种保护信息的手段。为了隐藏不想让人知道的信息，密码采取的主要方法就是“变”。一个密码系统包含了原始消息，变化后的消息，以及变化的方法。它是一整套系统，而非一个简单的口令。

著名密码学家罗恩·李斯特对密码给出了一种通俗解释：密码就是敌手存在情况下的通信。

《辞海》中对密码学则是这样定义的：密码是按特定的法则编成，用于将明的信息变换为密的或将密的信息变换为明的，以实现秘密通信的手段。

上面的解释和定义都与通信有关，因为密码最典型的应用就是保密通信。然而今天密码的用途已经远远超出了保密通信，它是信息加密、数字签名、认证、访问控制等应用的基础，并已成为信息科学的重要分支。

2020 年 1 月,《中华人民共和国密码法》(见图 1－2)正式生效,其中对密码给出了这样的定义:“密码,是指采用特定变换的方法对信息等进行加密保护、安全认证的技术、产品和服务。”

图 1－2　《中华人民共和国密码法》

这个定义不但强调了密码要对信息进行变换,还指出了密码的用途和表现形式,密码可以用于加密保护和安全认证,它的具体形式则是技术、产品和服务。

在今天的网络世界中,密码是一种保护信息和建立信任的关键技术,而我们每个人在享受信息社会各种便捷服务的同时,也必须学会使用密码来保护自己。

二、密码的起源

人类历史在漫长的发展过程中,产生出大量令人赞叹的巧合。居住于地球上不同地方的人,却发明了相似的东西,比如水杯、车轮和算术,比如文字、绘画和音乐。然而我们却无法说出这些好东西究竟是哪一个人发明的,因为历史典籍中没有明确记载。

世界上绝大多数的发明,与其说是一下子从无到有,倒不如说是在漫长的时间中一点点演变成了今天的样子;与其说是某个天才脑袋里偶然冒出的智慧火花,倒不如说是人类集体智慧长时间发酵的产物。整个人类社会,就像一个巨大的珊瑚礁,每个个体恰似居住其上的珊瑚虫,为这个礁石贡献着自己看似微不足道的智力活动,许多人的力量合起来,促成社会的整体进步。每一个具体问题都有无数人曾经思考、探索过,但是由于种种原因没有将其想法记载下来,只是把思考的结果口口相传,最后有人把它整理出来,便形成了史书中的一条记录。而这条枯燥的记录中,融入了多少人的智慧啊!

比如几何学,伟大的欧几里得曾写下长篇巨著《几何原本》,这本书把数学变成了脱离实际的纯粹科学,对科学的发展产生着不可替代的作用。它也是有史以来除《圣经》外,拥有最多读者的一部书籍。可是并不能因此就说欧几里得“发明”了几何学。

他最大的功绩是为几何学建立起一套公理化系统。再向前追溯，据说几何学的五个公理是米利都人泰勒斯发现的，然而在泰勒斯之前的人们，难道不懂得直线、圆、三角形、面积测量这样一些基本常识吗？显然并非一无所知。

几何学是这样，密码学也是如此。

追根溯源，密码起源于战争，在战争中交战双方有通信安全的需求。在很长一段时间内，密码被视为一种看不见的武器，对战争胜负起着关键作用。存于石刻或史书中的记载表明，许多古代文明，包括埃及人、希伯来人、亚述人都在战争中逐步发明了密码系统。

让我们穿过历史的隧道，跨越千年来到古代埃及。那里的人们对于死亡有着深刻的认识，他们坚信人死后会去另一个世界，所以不惜代价地厚葬死者。埃及人修建了宏伟的金字塔来保存法老的尸体。至于一般人，虽然在死后不会享受被脱水，涂上防腐剂，再住进金字塔的哀荣，但他的亲属也会设法为其筹备一个体面的葬礼，并在墓碑上刻下一些奇怪的符号。这些符号不同于平时使用的象形文字，而更像是对象形文字加了密，如图 1－3 所示。

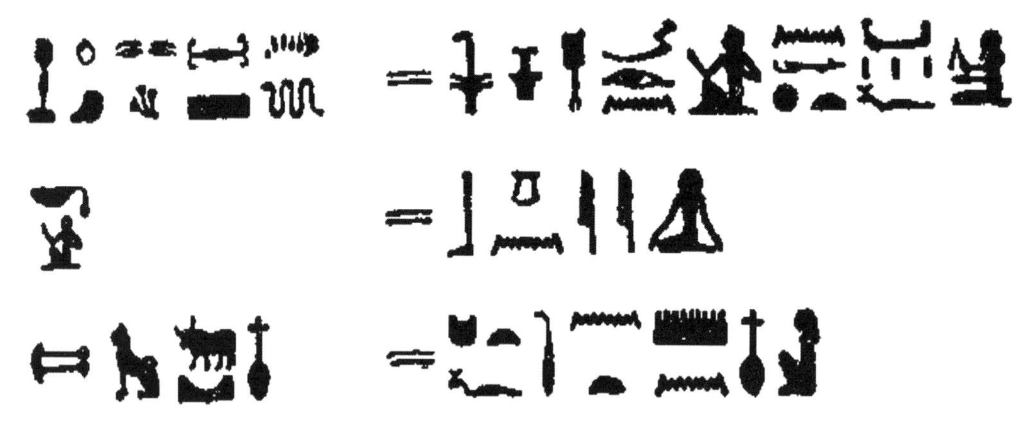

图 1－3　姓名和头衔的象形文字加密

（符号右方是明文的象形文字，符号左方是加密后的象形文字）

（图片来自 David Kahn：*The Code Breakers*）

据说这样的墓志铭可以让过往行人在墓前停留更长的时间，猜测这些神秘文字究竟是什么意思。与表达清晰、通俗直白的语句相比，花点心思猜出来的内容自然更加令人难忘。

无论墓志铭的内容有多么精彩，数千年来它们都与其主人一样默默无闻。直到 1799 年，拿破仑的军队占领埃及，一名法国军官在埃及港口罗塞塔意外地挖到一块刻着许多字的大石头。后来随着法军被英军打败，这块石头被运往大英博物馆，其上的文字则被法国语言学家让·弗朗索瓦·商博良所破译。

今天这块被称为罗塞塔石碑(Rosetta Stone)(见图1-4)的大石头仍旧保存于大英博物馆,其碑文内容深情讴歌了“古埃及王位的正统继承人,神的虔诚的信徒,古埃及王国的重建者和人类文明的维护者,不可战胜的,使古埃及繁荣长达30年的,上下埃及的主人,拉神之子,永生的,普塔神的爱子托罗密王”。这实际上是古埃及国王托勒密五世的登基诏书。它的破译,解读出已失传千余年的古埃及象形文字的意义和结构,成为研究古代埃及历史的重要参考。

(a)

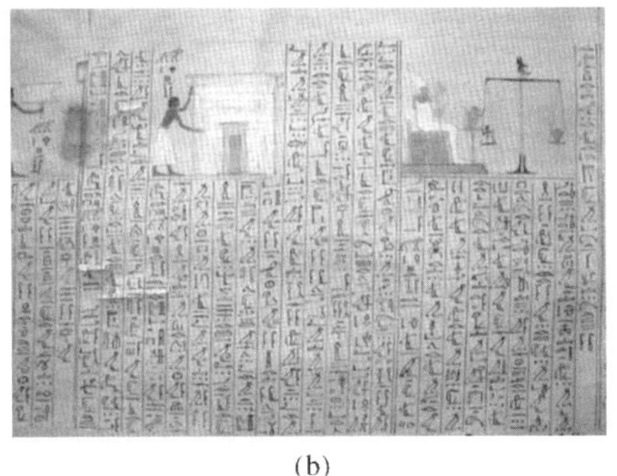

(b)

图1-4　罗塞塔石碑

(a)大英博物馆埃及厅中展示的罗塞塔石碑;(b)碑上的象形文字

知识链接

罗塞塔石碑

罗塞塔石碑制作于公元前196年,由上至下刻着同一诏书的三种语言版本,分别是埃及象形文(Hieroglyphic,又称为圣书体,代表献给神明的文字)、埃及草书(Demotic,又称为埃及通俗体,是当时埃及平民使用的文字)和古希腊文(代表统治者的语言,这是因为当时的古埃及已臣服于古希腊的亚历山大帝国,来自古希腊的统治者要求统治领地内所有的此类文书都需要添加希腊文译版)。4世纪之后,尼罗河文明式微,埃及象形文字不再使用,其读音与写法逐渐失传。之后有许多考古学家与历史学家极尽所能,却一直解读不了这些神秘文字的结构与用法。直到1 400年之后罗塞塔石碑出土,它独特的三语对照写法,竟意外地成为解码的关键,因为三种语言中的古希腊文是近代人类可以阅读的,利用其比对分析碑上其他两种语言的内容,便可以解读出埃及象形文的文字与文法结构。

古埃及人刻在石碑上的文字算是密码的一种雏形,它们是为死后的世界服务的,充满了神秘色彩,但真正的用途并非保护信息。真正意义上的密码出现在地中海对岸的希腊,它完全是为军事和战争服务的。

人们的时空之旅进入下一站——公元前499年的希腊半岛。这里正发生着一场战争。来自西亚的波斯帝国为了扩大版图而入侵希腊,但最终被英勇的希腊人民打败。历史学家希罗多德(Herodotus,约公元前484—前425年)写下一部巨著《历史》(见图1-5),详细讲述了这场战争。世界上第一个有记载的密码应用正是出自此书。

(a)

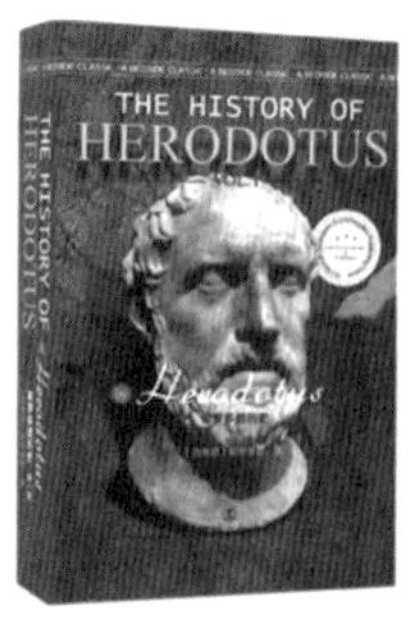

(b)

图1-5　希罗多德及其《历史》

(a)希罗多德;(b)《历史》

在《历史》一书中,希罗多德详细介绍了骁勇善战的斯巴达人如何保护消息。为了在部落间安全传递军事情报,消息的发送方会找一名奴隶,剃光他的头发并将消息写在头皮上,过了一段时间,待头发长出后,派遣该奴隶到接收方部落去。接收方再次剃光他的头发,便看到了消息。这种形式的秘密通信显然有点慢,而且也不算是真正意义上的加密,因为消息本身并没有改变。

希波战争中使用的另一种名为"天书"(Scytale)的秘密通信却是货真价实的密码,斯巴达的军官们利用它来传递消息。"天书"密码(见图1-6)在加密时需要使用一根棒子,将一条细长的羊皮缠绕在棒上,横向写下要传递的消息。再把羊皮拆下来,上面的消息就被打乱了。一般人看到这样杂乱无章的消息,会感觉难以理解。但如果将羊皮绕在另一根同样粗细的棒子上,就能读出原始的消息。

图1-6　"天书"密码

古希腊之后的古罗马同样擅长使用密码。这要从罗马皇帝盖乌斯·朱利叶斯·恺撒(Gaius Julius Caesar,公元前102—前44年)说起。恺撒大帝南征古埃及,北战高卢,建立起独裁统治。除了赫赫战功,他在密码上也很有一套。恺撒在与高卢人的作战中,使用了一种简便易行的加密方法:将字母表中的每个字用其后第三个字母代替。这就是著名的“恺撒密码”。

罗马帝国主要使用拉丁语，但是这种加密方法也适用于任何一种字母语言。若将其照搬到英文字母中，则明文中的“A”被全部替换为“D”，“B”被替换为“E”，以此类推，见表1-1。

表1-1　恺撒密码的代替表

明文	A	B	C	D	E	F	G	H	I	J	K	L	M	N	O	P	Q	R	S	T	U	V	W	X	Y	Z
密文	D	E	F	G	H	I	J	K	L	M	N	O	P	Q	R	S	T	U	V	W	X	Y	Z	A	B	C

比如，假设要加密的明文是：WINTER IS COMING，按照上述规则，加密后得到的密文就是：ZLQWHU LV FRPLQJ。

针对希腊字母，或英文字母，有这样一些简便易行的变换方式，那么，作为世界文明主要发源地之一的中国，有没有自己的密码呢？当然也有。

三、中国古代的密码

中国古代的密码可以追溯到公元1000年左右。在周伐商的战争中，使用“阴符”来保护军事情报。

《太公六韬·龙韬·阴符》中有如下记载：

武王问太公曰：“引兵深入诸侯之地，三军卒有缓急，或利或害。吾将以近通远，从中应外，以给三军之用，为之奈何？”

太公曰：“主与将有阴符，凡八等：有大胜克敌之符，长一尺；破军擒将之符，长九寸；降城得邑之符，长八寸；却敌报远之符，长七寸；警众坚守之符，长六寸；请粮益兵之符，长五寸；败军亡将之符，长四寸；失利亡士之符，长三寸。诸奉使行符、稽留者，若符事闻泄，告者皆诛之。八符者，主将秘闻，所以阴通言语，不泄中外相知之术。敌虽圣智，莫之能识。”

武王曰：“善。”

大概意思如下：

周武王问姜太公：将军们带着军队跑那么远，我怎么知道他们去哪儿了，又怎知是打了胜仗还是败仗？有什么办法能让我们之间安全地通信交流呢？

姜太公说：大王不必担忧，我发明了一个送信神器，叫阴符。它有八种长度：长一尺，表示大胜克敌，长九寸表示破军擒将，长八寸表示降城得邑，长七寸表示却敌报远，长六寸表示警众坚守，长五寸表示请粮益兵，长四寸表示败军亡将，长三寸表示失利亡士。传递和保管这个符的人，如果泄露消息，是要被杀头的。利用这八种阴符在国君与将军之间秘密地传递信息，再聪明的敌人也猜不到消息内容啊。

武王听了很高兴，善哉善哉。

从信息传递的角度看，“阴符”实际上是用棍子的长度表示信息，虽然传递的信息量极有限，但是在紧急情况下也不失为一种便捷的加密方式。

我国古代还有以藏头诗、藏尾诗、漏格诗及绘画等形式，将要表达的真正意思隐藏在诗文或画卷中特定位置，一般人只顾欣赏诗画中表现的意境，而不会去注意其中隐藏的“话外之音”。比如《水浒传》里，为了拉卢俊义入伙，梁山的“智多星”吴用利用卢俊义为躲避“血光之灾”的惶恐心理，口占四句卦歌：

芦花丛中一扁舟，
俊杰俄从此地游。
义士若能知此理，
反躬难逃可无忧。

这其实是一首藏头诗，其中暗藏“卢俊义反”四字。结果，此诗成了官府治罪的证据，终于把卢俊义“逼”上了梁山。

此外，江湖上还长期流传着各种暗语，在某种程度上也可以保护信息。比如大家都熟悉京剧《林海雪原》（见图 1－7）中的桥段：天王盖地虎，宝塔镇河妖。听了之后不明就里，只知道这是土匪的行话。

图 1－7 《林海雪原》京剧剧照

其实，这段台词的含义如下。

土匪问：天王盖地虎

意为：你好大的胆子，敢来气老子

杨子荣答：宝塔镇河妖

意为：要是那样，让我从山上摔死，掉河里淹死

有趣的是，除军事应用之外，密码在中国民间也得到了大量应用。行走于各地的商人们为了安全起见，会用各种隐语来表示数字、物品名称、行业等信息，这算得上是原始的商用密码了。比如数字一到十，在不同朝代也有不同的说法，见表 1－2。

表 1－2　数字隐语

朝代	数字									
	一	二	三	四	五	六	七	八	九	十
宋	丁不勾	示不小	五不直	罪不非	吾不口	交不叉	皂不白	分不刀	馗不首	针不金
明	忆多娇	耳边风	散秋香	思故乡	误佳期	柳金娘	砌花台	霸陵桥	救情郎	舍利子
清	平头	空工	横川	睡目	缺丑	断大	半皂	分首	残丸	田心

知识链接

春　点

江湖人士使用一套专用语言，称为“春点”（见表 1－3），又称春典或唇点，它是一种特殊的语言符号，亦称隐语、行话、市语、方语、切口、黑话等。

表 1－3　清代镖局的数字春点

数字	一	二	三	四	五	六	七	八	九	十	佪	什	佰	仟	萬
春点	柳	月	汪	载	中	申	行	掌	爱	驹	底	足	排	梗	海

每个行业都有其独特的春点，比如宁波的药材行业，把数字一到十分别称为“学，兄，项，孝，办，查，黑，茂，弯，叔”，两位数字也有一套记法，如 15 叫“知母”、16 叫“节足”、22 叫“重大”、28 叫“拉考”、36 叫“宋江”、单数 5 叫“办”，而 55 叫“赤力”。而在南北货运及水产业中，又把一到十记作“挖，竺，春，罗，语，交，花，分，旭，田”。

江湖人士将一句春点看得比一锭金子还重要，绝对不允许泄露给外行人士，学徒在出师时才被叫到师傅房中密传几句春点。比如，

行业春点：

金门——算卦行，皮门——假药行，彩门——戏法行，挂门——武林行，

评门——说书行，团门——相声行，调门——骗术行，柳门——戏曲行

姓氏春点：

板弓子——张，虎头蔓——王，操手蔓——李，点金刀——刘，白沙子——阎，

草头子——蒋，双口子——吕，古月子——胡，张口巴——吴，双梢子——林

食品春点：

摆尾——鲜鱼，扁食——饺子，粗瓜——牛肉，白瓜——猪肉，翻张——大饼，

公主——槟榔，金八——烧鹅，洪沙——谷米，啃子——馒头，进兴——咸盐

——出自连阔如《江湖丛谈》

隐字，又称隐文，是一种特殊的文字书写方式，通过对一些字的拆分与组合，可以产生出带有特殊意义的文字。图 1－8 两幅图中的字，分别表示“忠心义气”和“结万为记”。

(a)

(b)

图 1－8 "忠心义气"与"结万为记"

（笔者拍摄于山西平遥古城，中国镖局博物馆）

这些暗语和隐文、藏头诗等虽然能保护信息，也体现了密码学的部分要素，但它们的使用范围很小，也没有形成一套控制密码变换的通用规则。由于汉字数量太多，常用的就有几千个，加上不常用的，多达数万个，而英文字母只有 26 个，所以对汉字直接加密时，很难设计出像恺撒密码那样简单而又通用的方法。但是如果将编码与加密相结合，先编码再加密，则汉字与英文加密起来将同样方便。今天在计算机中所有信息都表示为二进制，无论原始信息是何种语言，都可以采用相同的加密算法。

四、一些概念及对密码的误解

（一）密码的基本概念

本书把要传送的消息称为明文，由明文经变换而形成的用于保密通信的一串符号称为密文。明文按照约定规则转变为密文的过程称为加密。在保密通信中，收信方收到密文之后，用约定的变换规则从密文中恢复明文的过程称为解密。使用密码的目的是不让敌方获知信息，然而敌方会想方设法获取密文，并对其进行分析，以找出密码变换规则，进而求出明文，这个过程称为密码破译。

保密通信是密码最重要的应用，它来自于战争中对信息保密的需求，并在实践中得以完善。保密通信系统的构成如图 1－9 所示。

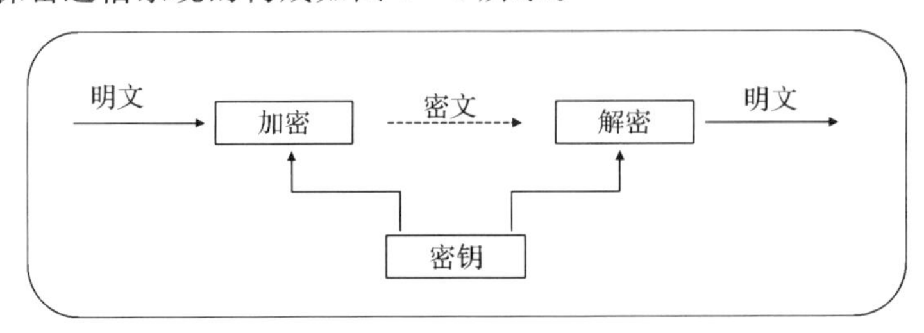

图 1－9 保密通信系统的构成

在保密通信中，密码的变换规则显然至关重要。一旦敌方掌握了变换规则，则所有使用这种规则加密的信息都将呈现在敌方面前，无密可保。因此，变换规则必须严格保密。但是鉴于密码是一种实用技术，在实际应用当中，消息的安全性与变换规则的安全性之间却存在着一个两难选择。

为提高保密性，不让敌方轻易破译，就要把变换规则设计得尽量复杂，比方说，不是用字母代替字母，而是扩展成双字母或三字母间的代替，或者还有更复杂的方式。但是，变换规则太复杂时，靠人脑根本记不住，这就需要用文字、程序、流程图把它记录下来，类似于一个操作手册。然而这个操作手册却成为新的泄密源：一是通信双方都必须知道加密规则，于是该手册必然有不止一本，复制得越多，泄密的可能性也越大；二是管理员不可能时时刻刻把操作手册拿在手里，必须找个地方保存它，然而无论怎样保管都并非万无一失，永远存在被他人窃取、复制的风险；三是加密规则一旦泄露，在更换时必须传送新的手册，而这个传送过程又引入了新的安全威胁。

打破这个两难局面的方法是：设计一个复杂的变换规则（加密算法），并让它保持相对固定，为了避免保存或传送过程中的安全隐患，干脆就把这个规则公开。

然而公开之后靠什么来保密呢，密码学家给出的办法是：仅仅靠变换规则是无法完成加密的，要想加密，还必须依赖一个（或一组）“关键词”。这个（或组）“关键词”就像是一把钥匙，人们赋予它一个形象的名字：密钥，即打开密码之门的钥匙。与传递、保存加密规则相比，只传递或保存密钥要容易得多，密钥更换起来也更方便。

例如，恺撒密码的加密算法是：字母表循环左移，而密钥则是移动的位数：3。

通信双方只需要记住这个数字，加密或解密时需要做的事情就很简单了，只要把明文每个字母向后移动三位，就得到密文，而把密文字母向前移动三位，就得到明文。

这样一来，如果人们想使用恺撒密码加密，可以采用两种方法。

第一种是写出表 1－4 的代替表（实际上代替表也算是一种密钥），再对明文中每个字母查表来得到密文。

表 1－4　恺撒密码的代替表

明文	A	B	C	D	E	F	G	H	I	J	K	L	M	N	O	P	Q	R	S	T	U	V	W	X	Y	Z
密文	D	E	F	G	H	I	J	K	L	M	N	O	P	Q	R	S	T	U	V	W	X	Y	Z	A	B	C

第二种方法是先把字母表中的字母从 0 到 25 编号，再给明文的编号加上 3，就得到了密文。这样做，加密时从 A 到 W 都没问题，但是到了 X，加上 3 就得到 26，而字母的最大编号是 25，因此还需要做一个工作，就是加完 3 之后再减 26，从而把结果控制在 0～25 之间。解密也比较简单，只需要用密文的编号减 3，如果相减的结果小于 0，只需要给它加上 26 即可。

(二)对密码的误解

初学者对密码常常会产生以下一些误解。

对密码的第一个误解是认为密文必须秘密地传递。实际上,之所以要对消息加密,就是因为要利用现有的信道,比如电报、电话或网络,来传递秘密信息,所以密文一般都是在公开信道上传递的。如果不计代价,当然可以派 5 000 个士兵全副武装地押运密文,但是这样做成本也太高了。

可以说,密码是保护信息安全最方便和最廉价的方式。

对密码的第二个误解是将编码当成了密码。人类使用编码的历史也很悠久,发电报时使用的摩尔斯电码就是一种编码,图 1-10 是它的编码表。

通过这样的编码,可以把原始信息,比如 SOS,变成“・・・———・・・”。

Morse Code

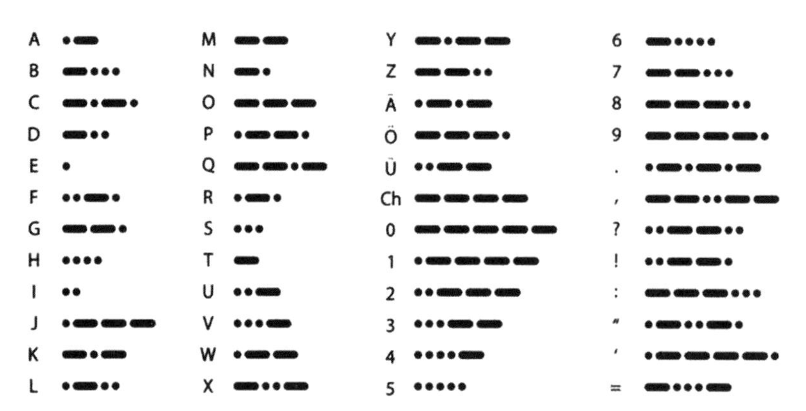

图 1-10　摩尔斯电码编码表

表面上看,摩尔斯电码掩盖了信息的本来面目,但它算不算是密码呢?其实摩尔斯电码只是一种编码,其编码方式是固定的,它与密码的主要区别在于:没有使用密钥。

其他一些编码方式,包括计算机中使用的 ASCII 码,明码电报对汉字的编码,纠错码,等等,在编码过程中也没有密钥参与,所以它们都不是密码。

对密码的第三个误解是将隐写术当成了密码。隐写术是另一种保护信息的方式,它通过隐藏消息的存在来提供保护,就是说,让人感觉不到这个消息的存在。比如希罗多德在《历史》中记载的在奴隶头皮上写字,就是一种隐写术(见图 1-11)。

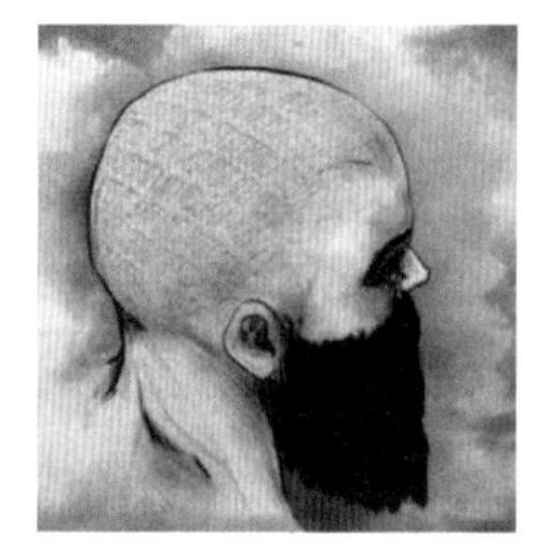

图 1-11　隐写术

人们往往将早期的密码与隐写术混为一谈。实际上隐写术与密码有着明显区别：密码是把消息变得不可读，它必须对消息本身做一些变化；而隐写术是把消息隐藏于其他消息之中，消息本身是不变的。可以说，隐写的关键在于"藏"，而密码的关键在于"变"。

隐写术有什么优点呢？

如果给一封信加密，再以密文形式在公开信道上传出去，那么这就相当于告诉了所有人：这里面有秘密。而隐写术避开了密码这种引人注目的保密通信方式，它把重要信息藏在一个平淡无奇的消息，如一幅油画之中（见图 1-12），普通人即使看到了，也绝不会想到里面其实大有文章。鉴于这个特点，许多间谍或者恐怖分子更倾向于使用隐写术。

图 1-12　油画中隐藏的信息

早期的隐写术可分为符号码（semagram）和隐语（open code）两大类。

隐语有三种：专门隐语、虚字密码和以漏格板为代表的几何体制。

专门隐语实际上就是暗语，可以简单地暗示双方都知道的事或人，如：

"我从第三方了解到了那个上星期同你共进午餐的人。"

也可以是收信人容易理解的双关语，如：

"姥姥家有人病了。"

表示某个组织中有人叛变。

专门隐语最后可以发展成一种预先安排好的人为隐语表。

虚字密码是指发出的消息中只有一部分字是有意义的，如每个字的第一个字母，或每句话的第一个字，其他字则用于伪装。藏头诗就是一种虚字密码。

第三种隐语是几何体制。其中最典型的一种是卡尔达诺漏格板[①]。漏格板的原

① 吉罗拉莫·卡尔达诺（Girolamo Cardano，1501—1576）是意大利文艺复兴时期的数学家、医学家和物理学家，是一位百科全书式的天才，漏格板是他的大量发明之一。

理很简单:在一张纸上挖一些洞,再把它蒙在另一张写了许多字的纸上,洞中显示出来的字就是秘密消息。

这三种隐语显然通用性都不是很强,无法大规模使用。有没有一种普遍适用的隐写技术呢? 当然有,那就是隐写墨水。

常用的隐写墨水有两种:有机液体和显隐墨水。

有机液体用文火加热后呈现黑色,如尿液、乳汁、醋和果汁。革命战争年代里,地下工作者用米汤在白纸上写字,收信人只看到一张白纸,但如果把信纸浸泡在碘酒中,字迹便显示出来。这是由于米汤里的淀粉遇碘发生了化学反应,使字呈现为蓝色。

显隐墨水是某些干燥时无色,而用另一种称为显形剂的化学药品处理时就起反应,形成可见化合物的溶液。例如,可以用硫酸铁写字,看似不露痕迹,但是当涂上氰酸钾溶液后,两种化学物化合成亚铁氰化铁(即普鲁士蓝)时,就会出现一种特别美丽的色彩。还可用亚硝酸钠和淀粉溶液混合作为隐形墨水,用碘化钾和酒石酸混合作为显形剂。另外,用碱式醋酸铅写的无色字迹遇到硫氢化钠时就会变成褐色。

这些古老的技术确实能提供信息保护,可以用于某些特殊场合,因此到了 20 世纪,两次世界大战期间它们还在发挥作用。但是不难想象,当要传递的消息量非常大时,使用隐写墨水是多么麻烦。而且一旦被发现,就会彻底泄密。

隐写墨水的升级版本是感光材料(见图 1-13),在光照下可以显示出书写于其上的字。

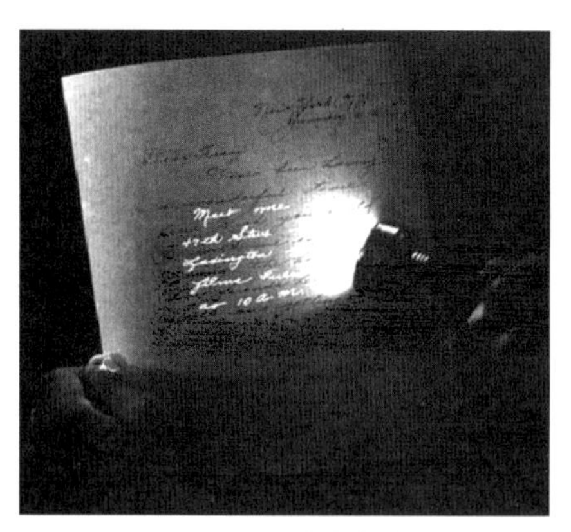

图 1-13 感光材料

知识链接

微 点

为了秘密传递大量情报,第二次世界大战中德国人发明了微点(microdot)。顾名思义,它只有书上的句点那么大,但却可以清楚地再现一封信件。微点的制作包括两个步骤：第一步，把信件拍摄成一张邮票大小的影像；第二步，通过倒置的显微镜把影像缩小到直径小于0.05 in①。把这张底片洗出来，然后把一根剪掉针尖、圆边磨利的皮下注射针压入乳剂，提起来就挖出一个微点。最后将微点插入隐蔽文的一个句点上，并用火棉胶把它粘住。微点之所以能显示出细微的影像，是由于用作乳剂的苯胺染料可分辨分子级的影像，而通常照相用的银化合物分辨度只可达颗粒级。微点上面的影像仍是潜像，底片本身仍是透明的。微点以这种不太显眼的形式贴在涂着树胶的信封表皮上，利用树胶的光泽来伪装它们自己。

现代信息隐藏技术形式更丰富，使用的技巧更多，特别是与计算机和信号处理技术相结合，产生了各种安全高效的隐藏方法，可以将信息隐藏在图片、视频或音频信息中。其中代表性的技术是数字水印，另外还有可视密码、潜信道和隐匿协议等。

数字水印(Digital Watermarking)是将一些标识信息通过某种不易察觉的方法嵌入到数字载体当中，它不影响载体的使用，从表面上也看不出来，但是可以通过技术手段识别。比如音乐作品的版权保护，就可以在音频文件中嵌入作者名字等信息(称为水印)，发生知识产权纠纷时可以通过验证水印来保护作者的版权。

虽然信息隐藏的实现方法灵活多样，但终归没有改变信息本身，所以不属于密码范畴。

五、两种基本加密方法

密码是人类的一项伟大发明。古往今来，在长期的战争及民间应用中，人们设计了各式各样的密码。图1-14按年代顺序列出了一些代表性的密码体制。这些密码有的十分简单，加密解密只利用了初等的算术知识，也有的非常复杂，必须具备高深的数学功底才能理解。

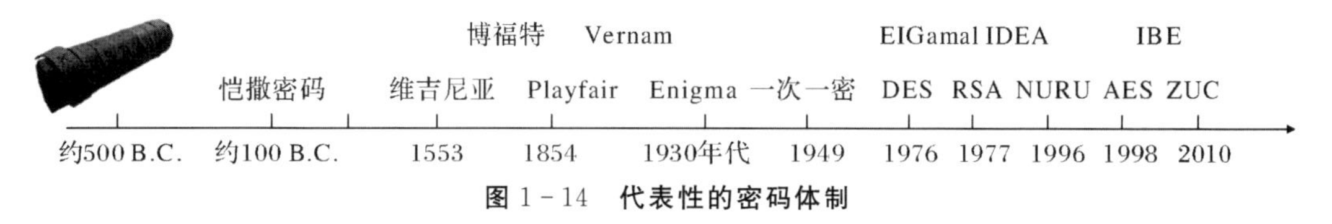

图1-14 代表性的密码体制

表面上看，历史上的密码呈现出极丰富的形式，似乎没有什么规律可循。但是如果我们透过表面形态探索其本质，会发现所有的密码，基本上只采用了两种方法来加密，那就是：代替(Substitution)和置换(Permutation)。

(1)代替。它是指把明文中的字符替换成为其他字符。

① 1 in=2.54 cm。

(2)置换。它是指打乱明文字符的排列方式,但是并不改变明文符号本身。

这两种方法可以在一定程度上对明文信息进行变换。反过来说,对明文信息的变换方式也无非就这两种,因为基本上所有的加密方法都是利用代替或置换,或两种方法组合之后构成的。

(一)代替密码

代替密码的加密过程可以用一张表格来表示,这张表叫作代替表。根据代替表的数量及构造方法,可以把代替密码进一步细分为单表代替、多表代替和多字母代替。

1.单表代替

所有明文都用一张代替表加密,就称为单表代替。

恺撒密码就是一种典型的单表代替,它的加密方法是:把每个字母用字母表中其后的第 n 个字母来代替。当 $n=3$ 时,代替规则如下。

明文字母:	A	B	C	D	E	F	G	……	X	Y	Z
密文字母:	D	E	F	G	H	I	J	……	A	B	C

这种表格形式的代替也可以用数学公式表示:先将 26 个字母分别表示为数字 0～25,设明文为 m,密钥为 k,密文为 c,若 $k=3$,则加密算法为

$$c=m+3 \mod 26$$

相应的解密算法为

$$m=c-3 \mod 26$$

假如明文是:

CAESAR CIPHER IS A SHIFT SUBSTITUTION

利用恺撒密码加密,得到如下的密文:

FDHVDU FLSKHU LV D VKLIW VXEVWLWXWLRQ

对于恺撒密码,只要知道密文,用穷举法是很容易攻击的。攻击者只需要穷举所有可能的密钥(共 26 种,密钥为 0 是不加密的特殊情况),分别用其解密,如果得到了有意义的消息,则认为找到了密钥,从而破译了恺撒密码。

假设得到了一段密文:HVWG WG AM GSQFSH ASGGOUS

用穷举法破译时,可以直接手工计算,虽然有点费事,但也不会花费很长时间。如果你学过一点点编程,那就会觉得破译恺撒密码易如反掌。

图 1-15 给出了用 Python 语言编程穷举破译恺撒密码的结果,可以看出,只有当密钥为 13 时,解密结果才是一句有意义的话(THIS IS MY SECRET MESSAGE),由此可以断定密钥是 13。

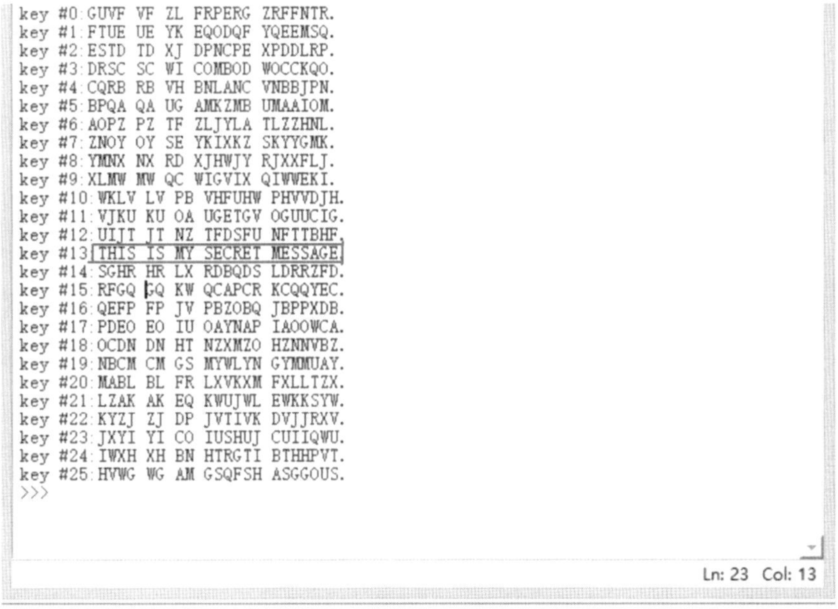

```
key #0:GUVF VF ZL FRPERG ZRFFNTR.
key #1:FTUE UE YK EQODQF YQEEMSQ.
key #2:ESTD TD XJ DPNCPE XPDDLRP.
key #3:DRSC SC WI COMBOD WOCCKQO.
key #4:CQRB RB VH BNLANC VNBBJPN.
key #5:BPQA QA UG AMKZMB UMAAIOM.
key #6:AOPZ PZ TF ZLJYLA TLZZHNL.
key #7:ZNOY OY SE YKIXKZ SKYYGMK.
key #8:YMNX NX RD XJHWJY RJXXFLJ.
key #9:XLMW MW QC WIGVIX QIWWEKI.
key #10:WKLV LV PB VHFUHW PHVVDJH.
key #11:VJKU KU OA UGETGV OGUUCIG.
key #12:UIJT JT NZ TFDSFU NFTTBHF.
key #13:THIS IS MY SECRET MESSAGE.
key #14:SGHR HR LX RDBQDS LDRRZFD.
key #15:RFGQ GQ KW QCAPCR KCQQYEC.
key #16:QEFP FP JV PBZOBQ JBPPXDB.
key #17:PDEO EO IU OAYNAP IAOOWCA.
key #18:OCDN DN HT NZXMZO HZNNVBZ.
key #19:NBCM CM GS MYWLYN GYMMUAY.
key #20:MABL BL FR LXVKXM FXLLTZX.
key #21:LZAK AK EQ KWUJWL EWKKSYW.
key #22:KYZJ ZJ DP JVTIVK DVJJRXV.
key #23:JXYI YI CO IUSHUJ CUIIQWU.
key #24:IWXH XH BN HTRGTI BTHHPVT.
key #25:HVWG WG AM GSQFSH ASGGOUS.
>>>
Ln: 23 Col: 13
```

图 1-15 恺撒密码的穷举破译

恺撒密码对所有明文都用同一张表格加密，属于单表代替。在构造代替表时，采用了让明文与密钥相加的方式。而单表代替的代替表本质上是 26 个字母的任意一种排列，理论上应该有 26！种，这个数字是巨大的。

构造一般形式的代替表时，可以如恺撒密码一般使用加法，也可以使用别的方法，就是说，让明文与密钥进行其他数学运算，比如相乘、线性运算、多项式运算等，从而得到其他形式的代替密码。

另外，还可以预先定下一个口令，称为密钥短语，将口令中的字符无重复地写在字母表的最前面，再将余下的字符按顺序排列，并将它们与明文字母一一对应，就构成了密钥短语密码。比如，设密钥短语为 PASSWORD，去掉其中一个重复的“S”，其代替表见表 1-5。

表 1-5 代替表

明文	A	B	C	D	E	F	G	H	I	J	K	L	M	N	…	Y	Z
密文	P	A	S	W	O	R	D	B	C	E	F	G	H	I	…	Y	Z

2. 多表代替

单表代替只有一张代替表，所有的明文都用这张表加密。在上面的例子中，明文“CAESAR CIPHER IS A SHIFT SUBSTITUTION”包含 3 个 A，全部被加密成 D，明文中的 5 个 S 全部加密成了 V。这给人的感觉似乎有点不安全(实际上确实不安全，后面我们会指出，破译这种密码是很容易的)。

为了提高安全性，增加破译的难度，人们在单表代替的基础上又设计了多表代替，就是轮流使用多张代替表来加密。比如共有 5 张表，明文中第一个 A 可能被加密成 Y，第二个加密成 F……总之，明文中相同的字母对应的密文字母是不同的，这样一来就保险多了。

最著名的多表代替密码是 16 世纪时法国外交官维吉尼亚发明的维吉尼亚密码(Vigenére cipher)。维吉尼亚密表使用 26 张代替表，如图 1－16 所示分别以字母 A 至 Z 开头。第一张表中字母按原始顺序排列，以下每张代替表都由上一张表循环左移一位得到。实际加密时，需要一个额外的密钥来指示对每个明文字母用哪张表加密。

	a	b	c	d	e	f	g	h	i	j	k	l	m	n	o	p	q	r	s	t	u	v	w	x	y	z
a	A	B	C	D	E	F	G	H	I	J	K	L	M	N	O	P	Q	R	S	T	U	V	W	X	Y	Z
b	B	C	D	E	F	G	H	I	J	K	L	M	N	O	P	Q	R	S	T	U	V	W	X	Y	Z	A
c	C	D	E	F	G	H	I	J	K	L	M	N	O	P	Q	R	S	T	U	V	W	X	Y	Z	A	B
d	D	E	F	G	H	I	J	K	L	M	N	O	P	Q	R	S	T	U	V	W	X	Y	Z	A	B	C
e	E	F	G	H	I	J	K	L	M	N	O	P	Q	R	S	T	U	V	W	X	Y	Z	A	B	C	D
f	F	G	H	I	J	K	L	M	N	O	P	Q	R	S	T	U	V	W	X	Y	Z	A	B	C	D	E
g	G	H	I	J	K	L	M	N	O	P	Q	R	S	T	U	V	W	X	Y	Z	A	B	C	D	E	F
h	H	I	J	K	L	M	N	O	P	Q	R	S	T	U	V	W	X	Y	Z	A	B	C	D	E	F	G
i	I	J	K	L	M	N	O	P	Q	R	S	T	U	V	W	X	Y	Z	A	B	C	D	E	F	G	H
j	J	K	L	M	N	O	P	Q	R	S	T	U	V	W	X	Y	Z	A	B	C	D	E	F	G	H	I
k	K	L	M	N	O	P	Q	R	S	T	U	V	W	X	Y	Z	A	B	C	D	E	F	G	H	I	J
l	L	M	N	O	P	Q	R	S	T	U	V	W	X	Y	Z	A	B	C	D	E	F	G	H	I	J	K
m	M	N	O	P	Q	R	S	T	U	V	W	X	Y	Z	A	B	C	D	E	F	G	H	I	J	K	L
n	N	O	P	Q	R	S	T	U	V	W	X	Y	Z	A	B	C	D	E	F	G	H	I	J	K	L	M
o	O	P	Q	R	S	T	U	V	W	X	Y	Z	A	B	C	D	E	F	G	H	I	J	K	L	M	N
p	P	Q	R	S	T	U	V	W	X	Y	Z	A	B	C	D	E	F	G	H	I	J	K	L	M	N	O
q	Q	R	S	T	U	V	W	X	Y	Z	A	B	C	D	E	F	G	H	I	J	K	L	M	N	O	P
r	R	S	T	U	V	W	X	Y	Z	A	B	C	D	E	F	G	H	I	J	K	L	M	N	O	P	Q
s	S	T	U	V	W	X	Y	Z	A	B	C	D	E	F	G	H	I	J	K	L	M	N	O	P	Q	R
t	T	U	V	W	X	Y	Z	A	B	C	D	E	F	G	H	I	J	K	L	M	N	O	P	Q	R	S
u	U	V	W	X	Y	Z	A	B	C	D	E	F	G	H	I	J	K	L	M	N	O	P	Q	R	S	T
v	V	W	X	Y	Z	A	B	C	D	E	F	G	H	I	J	K	L	M	N	O	P	Q	R	S	T	U
w	W	X	Y	Z	A	B	C	D	E	F	G	H	I	J	K	L	M	N	O	P	Q	R	S	T	U	V
x	X	Y	Z	A	B	C	D	E	F	G	H	I	J	K	L	M	N	O	P	Q	R	S	T	U	V	W
y	Y	Z	A	B	C	D	E	F	G	H	I	J	K	L	M	N	O	P	Q	R	S	T	U	V	W	X
z	Z	A	B	C	D	E	F	G	H	I	J	K	L	M	N	O	P	Q	R	S	T	U	V	W	X	Y

图 1－16　维吉尼亚密表

比如，假设密钥为 KEY，则明文的第 1 个字母用以 K 开头的代替表加密(即把 A 加密成 K，B 加密成 L……)，第 2 个字母用以 E 开头的代替表加密，第 3 个用以 Y 开头的代替表加密，第 4 个字母又用以 K 开头的表加密，依此类推。

如果明文是：

TO KNOW SOMETHING OF EVERYTHING, AND EVERYTHING OF AT LEAST ONE THING

用维吉尼亚密码加密时，先把明文分成三个字母一组(去掉标点符号)：

TOK NOW SOM ETH ING OFE EVE RYT HIN GAN DEV ERY THI NGO OAT LEA STO NET HIN G

再对每组分别用 K、E、Y 开头的表加密，得到密文为：

DSI XSU CSK OXF SRE YJC OZC BCR RML QEL NIT OVW DLG XKM YER VIY CXM XIR RML Q

这种加密方法又被称为周期多表代替，其周期就是密钥的长度，上面的例子中周期为 3。

其他著名的多表代替密码包括博福特密码(Beaufort cipher)和弗纳姆密码(Vernam cipher)等。

博福特密码与维吉尼亚密码十分相似，也有 26 张代替表，区别在于表格中每一行都是上一行循环右移一位得到的。

弗纳姆密码是美国电话电报公司的职员吉尔伯特・弗纳姆(Gilbert Vernam)于 1917 年发明的。这种密码加密的明文是二进制信息，它使用两张非常简单的代替表，称为表 0 和表 1，如图 1－17 所示。

实际上表 0 对两个符号不作任何变化，而表 1 把 0 变成 1，1 变成 0。

加密之前，首先要把明文表示成二进制，密钥也是一串二进制符号。比如，假设密钥是 10010，明文是 00101，在加密时，根据密钥指示，明文的第一个符号用表 1 加密，“0”变成“1”，第二个符号用表 0 加密，“0”保持不变，第三个符号用表 1 加密，这样继续下去。弗纳姆密码的加密如图 1－18 所示。

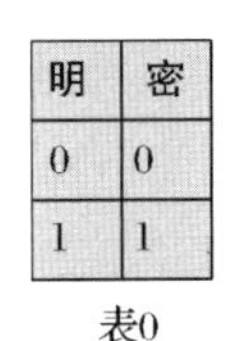

明	密
0	0
1	1

表0

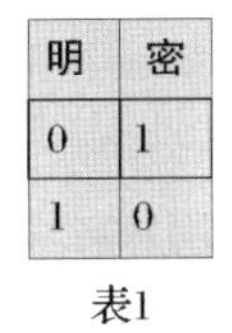

明	密
0	1
1	0

表1

图 1－17　弗纳姆密码的两张代替表

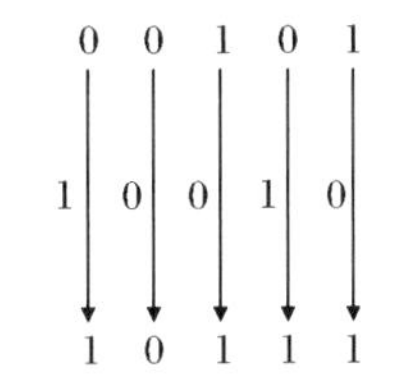

图 1－18　弗纳姆密码的加密

弗纳姆密码是第一个针对二进制信息的加密方法，其实不难看出它的加密规则就是把明文与密钥按位异或（即，0＋0＝1＋1＝0，1＋0＝0＋1＝1），操作起来十分方便。

20 世纪初，伴随着电报的兴起，弗纳姆密码得到了广泛应用。在实际应用中，发电报时电报的加密和发送用一次操作就可完成，接收与解密也一样，而且加密解密的速度非常快，完全不影响通信效率。总体而言，这种方法把加密和整个通信过程结合在一起，直接在开放的电报线路上进行，这被称为“线内式加密(on-line encipherment)”，以区别于老式的、加密过程独立于通信的线外式加密(off-line encipherment)。

▶知识链接◀

弗纳姆密码

吉尔伯特・弗纳姆(Gilbert Vernam，1890—1960)，美国纽约人，1914 年进入美国电话电报公司电报科工作。1917 年夏天，在美国向德奥宣战后不久，弗纳姆被指派执行一项特别秘密的计划，即电报的保密问题。同年 12 月，他设计了一种加密方式：首先在一条纸带上凿出一串密钥符号，并以机电方法将密钥脉冲与明文符号的脉冲相加，得到的结果就是密文。这种加法应该是可逆的，从而使收方能从密文脉冲中除去密钥脉冲得到明文。相加的法则为：如果密钥与明文脉冲相同，则相加的结果是 0，否则是 1。实际上就是模 2 加。根据这个法则，用明文符号的五个脉冲与密钥符号的五个脉冲相结合，得出密文符号的五个脉冲。因此，如果明文是 11000，密钥是 10011，加密结果就是 01011。接收方需要做的事情与发送方相同，也把密钥依次与密文脉冲一一相加，即可得出明文，即：

明文 11000
\+ 密钥 10011
———————
密文 01011

为了使脉冲以电动的方式结合，弗纳姆还设计了一个由磁铁、继电器和汇流条组成的装置。把两个纸带阅读器上的脉冲输入这个装置——一个纸带阅读器读密钥纸带，另一个读明文纸带。当两个输入脉冲不同号时，这个装置就构成闭路，产生一个传号，而当两个输入脉冲同号时，这个装置构成开路，产生一个空号。这些输出的传号与空号能像一份普通的电传打字电报那样传送给收报机。在收方，弗纳姆设计的解密装置以一条同样的密钥纸带，去掉密钥脉冲，还原成原来的明文脉冲，并把这些脉冲输入电传打字收信机，打印出明文。

3. 多字母代替

代替密码还有另一种形式，那就是每次不是加密一个字母，而是同时加密好几个。把多个字母当作一个整体进行代替，这就是多字母代替，又称多码代替。

最早的多字母代替是文艺复兴期间，意大利的乔瓦尼·波他发明的，为了一次加密两个字母，他设计了一张 26 行 26 列的表格，其中画满了怪异的符号，称为波他密码盘，如图 1-19 所示，每个怪符号表示一对字母。

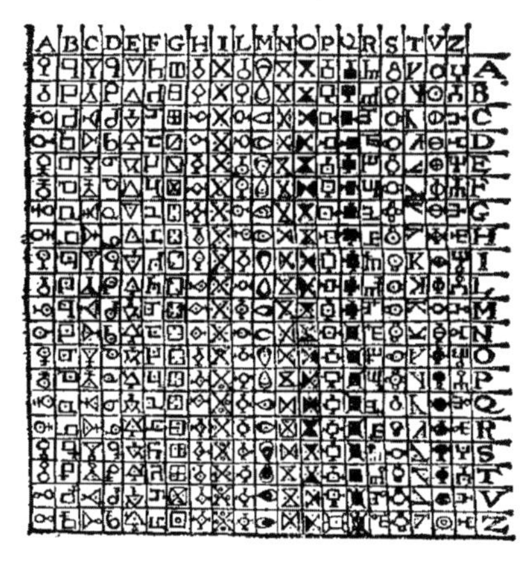

图 1-19 波他密码盘

这张密密麻麻的表格显然不太好用，查找起来令人眼花瞭乱，而且颜值也太低了。

1854 年，英国物理学家查尔斯·惠斯通(Charles Wheatstone，1802—1875)发明的 Playfair 密码，是第一个实用的多字母代替。这种密码每次加密一对字母，加密的结果是另外两个字母。

Playfair 密码的代替表是这样构造的：首先选择一个口令，如“cipher”，其次画一个 5 行 5 列的表格，最后将口令中 6 个字母不重复地写在最前面，字母表中剩余的字母填入其余位置，代替表如图 1－20 所示。由于英文字母有 26 个，为了处理多出来的一个，可将 I 和 J 填入同一个格子。[①]

C	I/J	P	H	E
R	A	B	D	F
G	K	L	M	N
O	Q	S	T	U
V	W	X	Y	Z

图 1－20　**口令为** cipher **时，**Playfair **密码的代替表**

Playfair 密码的加密规则可以表示为一句口诀：

两两分组，相同填充，对角代换(见图 1－21)，同行取右，同列取下。

就是说，先把明文分成两个字母一组，若一组中两个字母恰好相同，则给中间插入一个不常用字母(如 X)，如最后一组只有一个字母，就用不常用字母补上，总之要保证每组中两个字母是不同的。

接下来对每组中的两个字母进行查表代替：若它们位于代替表中的同一行，则分别用其右边的字母代替(最右边的字母代替为同一行中最左边的字母)；若位于同一列，则分别用其下方的字母代替(最后一行的字母代替为同一列中第一行的字母)；若既不在同一行，也不在同一列，则首先将这两个字母作为矩形的一条对角线的两端，其次把它们代替为另一条对角线的两端，即对角代换(见图 1－21)。

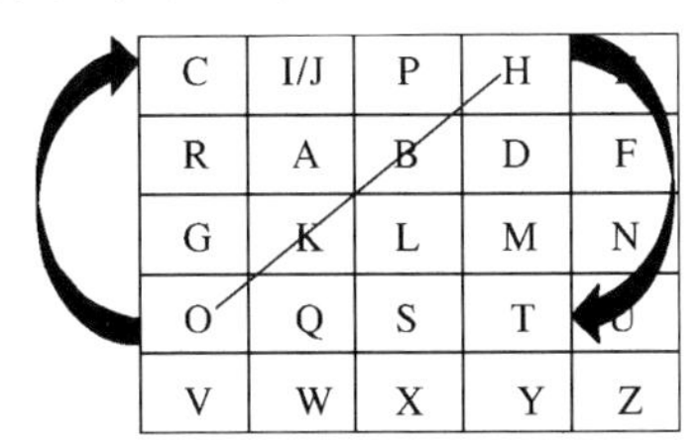

图 1－21　**对角代换**(HO→CT)

例如，用上述的代替表加密明文“HOLD THE DOOR”时，根据上述的加密规则，需要经过以下几个步骤。

首先把明文中的空格去掉，再分组并填充，得到：HO LD TH ED OX OR

① 这是由于在英文中 I 和 J 连续出现于同一个单词中的情形十分罕见，所以加密时基本不会产生歧义。

其次逐组代换：HO→CT，LD→MB，TH→YD，ED→HF，OX→SV，OR→VG

最后得到密文：CT MB YD HF SV VG

Playfair 密码构造简单，操作方便，在历史上曾发挥过重要作用。第一次世界大战中英国军队就使用随机密钥表的 Playfair 密码。

(二)置换密码

所谓置换，就是把一些东西重新排列。置换密码并不改变明文符号本身，只是把它们打乱重排。置换规则可以很简单，比如古希腊的天书，比如把明文倒排，或者栅栏加密，即把明文一行一行地写下来，再一列一列地读出就是密文。加密时需要一个表格，看上去像个栅栏，故得名。表格的行数称为栅栏的深度。

比如以深度为 4 的栅栏技术加密明文：

TO KNOW SOMETHING OF EVERYTHING, AND EVERYTHING OF AT LEAST ONE THING

先把明文按列写到一个四行的表中，见表 1－6。

表 1－6　四行表

T	O	M	I	F	R	I	N	E	H	O	L	T	T	G
O	W	E	N	E	Y	N	D	R	I	F	E	O	H	
K	S	T	G	V	T	G	E	Y	N	A	A	N	I	
N	O	H	O	E	H	A	V	T	G	T	S	E	N	

再按行读出密文为：

TOMIFRINEHOLTTG OWENEYNDRIFEOH KSTGVTGEYNAANI NOHOEHAVTGTSEN

代替密码中，代替规则是一张表格，加密的过程就是查表。

置换密码中，置换规则也用表格来表示，假设每次将 n 个符号看作一组进行置换，则需要构造 n 个符号的全排列：$(i_1 i_2 \cdots i_n)$，这表示把明文的第 i_1 个符号取出来，作为密文的第 1 个符号，明文的第 i_2 个作为密文的第 2 个符号，……

假如一次对 10 个符号进行换位，置换表为(6 9 5 3 2 4 7 1 8 10)，用这个表对如下的明文加密：

TO KNOW SOMETHING OF EVERYTHING, AND EVERYTHING OF AT LEAST ONE THING

先把明文分为 10 个字母一组，再按照表格中的顺序对每组重新排列，便得到密文[注意最后一组不足 10 个字母时，可以用不常用字母(如 X)补齐]：

最终得到密文为：

WMOKONSTOE　OVGIHNFTEE　NNITYHGRAD　TNYEVRHEIG　ETLAFTAOSO　NXITEHGNXX

解密时应该怎样做呢？很简单，只需要按照与加密相反的规则重排密文即可。具体而言，在置换表（6 9 5 3 2 4 7 1 8 10）中：1 出现在第几位，就把密文中第几个符号作为明文的第 1 个。类似地，2 出现在第几位，密文的第几个符号就是明文的第 2 个，……

知识链接

ÜBCHI 密码

实际使用的置换密码有更复杂的置换规则。如德国人在第一次世界大战前使用的 ÜBCHI 密码，它是一种二次纵行移位密码（double columnar transposition），这种密码使用一个口令来规定如何移位。

在加密前，先把口令按照字母表顺序编码为数字，比如口令是 DIE WACHT AM RHEIN（德语：莱因河畔的防线），其中出现了两个 A，分别编为 1 和 2，由于口令中没有 B，所以 C 被编为 3，D 被编为 4，两个 E 分别被编为 5 和 6，依此类推。

这样处理之后，密钥就成为：4 9 5 15 1 3 7 14 2 11 13 8 6 10 12，其口令偏码过程见表 1－7。

表 1－7 ÜBCHI 的口令编码过程

D	I	E	W	A	C	H	T	A	M	R	H	E	I	N
4	9	5	15	1	3	7	14	2	11	13	8	6	10	12

作为一种置换密码，ÜBCHI 显然有点过于复杂，加密过程包括六个步骤。

设明文为“Tenth division X Attack Montigny sector at daylight X Gas barrage to precede you”（致第十师，拂晓时攻击蒙蒂尼区。在你们攻击之前施放毒气掩护），加密方需要做以下操作。

（1）把明文横向填入密钥数字下的表格，见表 1－8。

表 1－8 明文表

4	9	5	15	1	3	7	14	2	11	13	8	6	10	12
t	e	n	t	h	d	i	v	i	s	i	o	n	x	a
t	t	a	c	k	m	o	n	t	i	g	n	y	s	e
c	t	o	r	a	t	d	a	y	l	i	g	h	t	x
g	a	s	b	a	r	r	a	g	e	t	o	p	r	e
c	e	d	e	y	o	u								

（2）按密钥数字顺序垂直将纵行字母抄下来：hkaay，ityg，dmtro，ttcgc，……

（3）横向填入同一串数字下的另一移位表。

（4）在（3）中加上与原密钥字数（单词数）相同的虚码——此例中加四个虚码（k a i s），见表 1－9。

表 1-9　虚码表

4	9	5	15	1	3	7	14	2	11	13	8	6	10	12
h	k	a	a	y	i	t	y	g	d	m	t	r	o	t
t	c	g	c	n	a	o	s	d	n	y	h	p	i	o
d	r	u	o	n	g	o	e	t	t	a	e	x	s	t
r	s	i	l	e	a	e	x	e	i	g	i	t	v	n
a	a	t	c	r	b	e	k	a	i	s				

(5)按密钥中的数字顺序取出这些纵行字母:ynner, gdtea, iagab, ……

(6)把这些字母分成五个一组:ynner　gdtea　iagab htdra　aguit　rpxtt　ooeet　heikc　rsaoi　svdnt　iitot　nmyag　sysex　kacol　c,并发送出去。

解密是加密的逆过程。在解密时,首先必须确定移位表的长度,以便求得纵行高度,用密钥字母数除电报的字母数,上例中就是用 15 除 71,其商 4 就是移位表的长度,其余数就是最后一行的字母数,然后用与加密完全相反的方法得到明文。

代替与置换是两种基本的加密方法,20 世纪之前几乎所有的密码都直接使用这两种方法加密。这些密码形式简单,看上去似乎不难破译。事实上,利用单个代替或置换构造的密码几乎都已经被破译了。然而令人惊奇的是,两种基本加密方法却没有因此而消亡,反倒一直保持着旺盛的生命力。至今为止,人们仍认为代替与置换是基本的加密模块,并利用它们构造了许多复杂的密码。

今天使用的各种复杂密码都是简单密码经过组合后的产物,如果把密码算法比作是高楼大厦,那么代替与置换就是构建大厦的砖头泥砂,从基本方法出发,经过种种技巧把它们加以组合,这正是现代密码的基本构造方法。这个思路听起来并不太难,让人跃跃欲试,然而在真正动手之前,人们需要了解,密码设计的原则是什么。

请看下一章——怎样设计一个密码。

《《第二章

怎样设计一个密码

上帝创造了整数,其他一切都是人造的。

——利奥波德·克罗内克(Leopold Kronecker)

▶内容提要◀

密码设计的第一个原则——可逆

一点点数学基础——模算术

乘法密码

利用矩阵构造密码

密码系统的组成

Feistel 模型

一、密码设计的第一个原则——可逆

密码是一种神奇的存在,使用密码的人总带有某种神秘色彩,而如果能设计一个属于自己的密码,当然是一件很"炫酷"的事情。对古典密码有一点了解的读者,可能会认为设计密码并非难事,密码就是用"代替"和"置换"的方法对消息进行变换而已。比如可以把汉字用拼音表示,再对这些拼音字母做一个单表代替,就是一个很不错的密码。

且慢,这也太简单了吧,安全性能保证吗?

那就试试更复杂的方法。

既然密码是一种数学变换,人们只要写出一个数学函数,把明文当作输入,求出函数值,就构造出了密码。为了安全,可以写出一个超级复杂的算式,比如:

$$c = a_0 + a_1 m^8 + \sqrt{a_2 m} + \frac{a_3 \lg_{a4} m}{m^{23} \operatorname{mod} a_5}$$

式中:m 是明文;c 是密文;$a_0, a_1, \cdots, a_5$ 是一些固定的参数。

这样做靠不靠谱呢?是不是随手写出一个数学公式,都能用来加密呢?

工欲善其事，必先利其器。在做任何事情之前，必须了解其中的基本规则，然后再动手去做。要想设计密码，就要知道密码设计都有哪些原则。

在典型的保密通信中，信息的发送方把消息加密，由明文算出密文，接收方对密文解密得到明文。密码的作用是加密信息，但加密不是目的，它只是保护信息的手段。为了让合法的接收方能得到信息，在设计加密算法时，必须保证从密文中能正确地恢复出明文，而且速度要快。密码设计者可以采用任何手段来设计加密方法，然而前提是，必须能正确而迅速地解密。

因此，密码设计的第一个原则就是：可逆。

从可逆的角度看，密码设计就是要寻找一对相反的数学变换。我们从最简单的加法运算说起——用加法加密，再用减法解密，就得到一种密码。

加密：密文＝明文＋密钥

解密：明文＝密文－密钥

这是一种非常好用的密码，古罗马的恺撒皇帝就用它来加密。

加法这种运算真是太简捷了，不但很好计算，还能方便地求逆，而且两个过程速度都很快。

事实上，对于一些简单的数学变换，如相加、代替、置换等，要做到可逆并不难。如果加密时用了这些变换，解密过程瞬间就能写出来。

比如单表代替是构造一张代替表，加密时需要查表，那么解密时反着查表即可。所以，如果加密时的代替表见表2-1，则解密时要查的表，就是把这个表格上下两行交换一下。

表2-1　加密表

明文	A	B	C	D	E	F	G	H	I	J	K	L	M	N	O	P	Q	R	S	T	U	V	W	X	Y	Z
密文	S	R	Y	G	O	B	E	J	Z	U	Q	A	F	I	K	T	P	W	H	V	N	D	L	C	M	X

为了解密时查表方便，可以稍作调整，把第一行按照字母的自然顺序排列，第二行也相应地重排。从而得到表2-2的解密表。

表2-2　解密表

密文	A	B	C	D	E	F	G	H	I	J	K	L	M	N	O	P	Q	R	S	T	U	V	W	X	Y	Z
明文	L	F	X	V	G	M	D	S	N	H	O	W	Y	T	E	Q	K	B	A	P	J	T	R	Z	C	I

置换密码在加密时，把明文按照一定的规则重新排列。这个排列规则也可以写成一张表。比如一种简单的置换密码是把明文分为10个一组，每组按照

(3　7　4　8　10　2　1　9　5　6)

的顺序排列。这表示：把明文的第3个符号取出来，作为密文的第一个，把明文的第7

个作为第二个密文符号,……

对于置换密码而言,加密和解密恰好构成一对相反的置换就好。解密需要按照与加密相反的规则重排,就是说:把密文的第1个符号放到第三个位置,第2个符号放到第七个位置,……

这样一来,就能可以很轻松地写出解密时的规则,即上述置换的逆置换

$$(7\quad 6\quad 1\quad 3\quad 9\quad 10\quad 2\quad 4\quad 8\quad 5)$$

总之,加法密码的解密就是减法,代替密码的解密是反查代替表,置换密码的解密是求逆置换并按照逆置换重排密文。看上去十分容易。

然而这些简单运算之外,还有一些稍微复杂的运算,比如乘法,从数学上我们知道它的逆运算是除法。那么问题来了,如果加密时用了乘法,比如

$$密文=明文\times 17$$

解密时能不能直接用除法?

好奇的你,动手试一试吧。

二、一点点数学基础——模算术

无论是什么样的加密算法,它的明文数量都是有限的,因为所有自然语言的符号个数有限。另外,密文的取值范围也不会无穷无尽,无论加密得到的密文是什么,最后必须把它用某种符号系统来表示,而用于表示密文的符号数量也是有限的。

从这个角度讲,可以认为明文与密文都是有限且可数的,从而可以用一种很自然的方法表示它们,那就是自然数,并且是在某个范围之内的自然数。因此在设计密码时,要事先规定好明文与密文的取值范围(最大值),就是说要画一个圈,把明文和密文都控制在这个圈之内。

画好圈之后,为了控制明文和密文范围,需要使用模算术——一种特殊的整数运算。

下面用图2-1来解释模算术。图2-1中模6算术的圆上均匀写着数字0到5,要把其中两个数字3和4相加,从0开始,先顺时针转3格,再顺时针转4格,最后停在1,因此认为3+4=1,这是在模6的意义上所做的加法。按照整数的运算规则,本来应该是3+4=7,给这个结果除以6取余数,就得到了1。

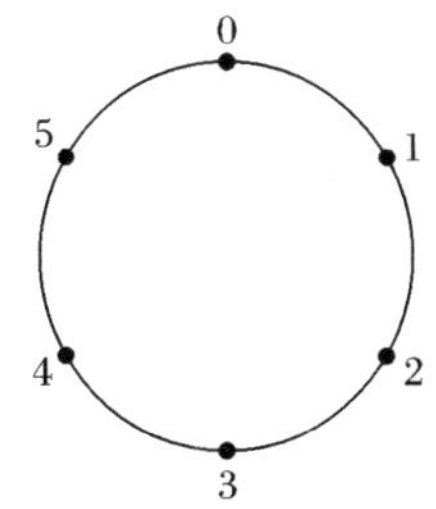

图2-1　模6算术

类似地,有3+5=2,2+4=0。由此可以得到集合{0,1,2,3,4,5}上的模运算,这个集合中有6个元素,称为整数模6的完全剩余系,实际上就是整数除以6之后所有可能的余数集合,在这个集合中进行模6加法

运算，其运算规则就是先相加，再除以 6 取余数。为了表示模 6 加法，只需要在普通加法算式后面加个尾巴“mod 6”，即：

$$3+4\equiv 1 \bmod 6$$
$$3+5\equiv 2 \bmod 6$$
$$2+4\equiv 0 \bmod 6$$

模运算是密码学中最常使用的运算，无论是古代靠人手工计算的密码，还是现代在计算机上运行的密码，都离不开它。

模运算的运算结果不会无限制地增加，所有中间结果和最终结果都不超过某个给定的自然数。

任取一个自然数 n，整数模 n 的完全剩余系记作

$$Z_n=\{0,\ 1,\ 2,\cdots,\ n-1\}$$

在 Z_n 中无论进行何种运算，最终结果必然在 0 到 $n-1$ 之间，就是说，只要超过了 n，就马上从中减去 n，或者 n 的倍数，其效果相当于除以 n 再取余数。这就是模 n 的算术运算。

模算术运算有一个非常有趣的性质，那就是：

把两个数先相加再取模，相当于两个数分别取模，再相加；

把两个数先相乘再取模，相当于两个数分别取模，再相乘。

利用上述性质，可以使计算更加简便。

先看一个加法的例子：计算(892+735) mod 6。

此时不用把两个三位数直接相加，而是先分别对它们除以 6 取余，然后再相加。

$$892\equiv 4 \bmod 6$$
$$735\equiv 3 \bmod 6$$

从而 $892+735\equiv 4+3\equiv 1 \bmod 6$。

这样做有什么意义呢？计算过程显然是被简化了。如果你感觉简化程度有限，体现不出它的价值，那就看看乘法——计算

$$(892\times 735) \bmod 6$$

直接把这两个数相乘，你可能需要一张演草纸，或者计算器。然而如果利用模算术运算的性质，先把两个数分别除以 6 取余，得到结果 4 和 3，再来算算术：

$$892\times 735=4\times 3=12\equiv 0 \bmod 6$$

轻而易举！

如果要算(2 411 890×8 872 391) mod 15 呢？方法不变，相当于计算

$$11\times 11=121\equiv 1 \bmod 15$$

只要参与运算的数字或任何中间结果超过了 n，就给它除以 n 取余数，用这种方法将所有的数字控制在 n 之内。当数字比较小时，这样做的好处还不是很明显，毕竟还得分别求模，得做两次除法，但是当数字较大时，它就显示出了惊人的力量，计算量

会远远小于正常的整数运算。

用这种规则，计算更大的数字也不在话下，比如 $a^m \bmod n$，这是现代密码中经常用到的一种运算，称为“模幂”，即求某个整数的幂模另一个数。

接下来用模运算的规则计算 $2^{64} \bmod 19$。

2^{64}究竟有多大呢？长期以来，人们认为这是一个天文数字。关于它还有一个广为流传的传说。

知识链接

棋盘上的麦子

话说在古代印度，宰相西萨·班·达依尔发明了国际象棋来给舍罕王解闷。为了表彰他新奇的发明，舍罕王让达依尔自己选择赏赐。这位聪明的宰相跪在国王面前说：“陛下，请您在这张国际象棋棋盘的第一个小格内，赏给我一粒麦子，在第二个小格内给两粒，第三格内给四粒，照这样下去，每一小格都比前一小格加一倍。陛下啊，把这样摆满棋盘上所有64格的麦粒，都赏给您的仆人罢！”

国王慷慨地答应了宰相的要求，他下令搬来一袋麦子并开始数。第一格内放一粒，第二格放两粒，第三格放四粒……还没到第二十格，袋子已经空了。一袋又一袋的麦子被扛到国王面前来，但是，麦粒数量一格接一格地增长得那么迅速，很快就可以看出，即使拿来全印度的小麦，国王也无法兑现他对宰相许下的诺言！

那么达依尔究竟想要多少麦粒呢？可以算一下：

$1+2+2^2+2^3+\cdots\cdots+2^{63}=2^{64}-1=18\ 446\ 744\ 073\ 709\ 551\ 615$ 粒

这个数量是惊人的，它超过了当时全世界两千年内所产的小麦的总和！如果造一个宽四米，高四米的粮仓来储存这些粮食，则粮仓的长度将达到三亿千米。国王哪有这么多的麦子呢？他的一句慷慨之言，成了他欠宰相西萨·班·达依尔的一笔永远也无法还清的债。

正当国王一筹莫展之际，王太子的数学教师知道了这件事，他笑着对国王说：“陛下，这个问题很简单啊，就像1+1=2一样容易，您怎么会被它难倒?”国王大怒：“难道你要我把全世界两千年产的小麦都给他?”这位教师说：“没有必要啊，陛下，其实，您只要让宰相大人到粮仓去，自己数出那些麦子就可以了。假如宰相大人一秒钟数一粒，数完18 446 744 073 709 551 615粒麦子所需要的时间，大约是5 800亿年。就算宰相大人日夜不停地数，数到他自己魂归极乐，也只是数出了那些麦粒中极小的一部分。这样的话，就不是陛下不支付赏赐，而是宰相大人自己没有能力取走赏赐”。国王恍然大悟，当即下令召来宰相，将教师的方法告诉了他。西萨·班·达依尔沉思片刻后笑道：“陛下啊，您的智慧超过了我，那些赏赐……我也只好不要了！”

其实今天看来，2^{64}这个数也不算特别大，打开手机中的计算器，切换到专业模式，输入：“2　y^x　64 =”，很快得到结果：

$$2^{64} = 18\ 446\ 744\ 073\ 709\ 551\ 616$$

然后还可以再按几下，得到它 mod 19 的结果：

$$2^{64} = 18\ 446\ 744\ 073\ 709\ 551\ 616 \equiv 17 \bmod 19$$

答案是 17。

小意思！

然而，能不能不借助计算器，用手工或者口算呢？不但可以，还很简单。

在计算之前，可以先了解一下公元前 2500 年，古代埃及人计算乘积的方法。为了计算 12 乘以某个数，通常的做法是给这个数分别乘以 10 和乘以 2，再把两次的乘积相加，如

$$12\times31=10\times31+2\times31=310+62=372$$

这是列竖式计算乘法的基本思路。

然而古代埃及人的算法稍有不同。假设要计算 31 的 12 倍，他们会写出这样两列数字：

1	$31=1\times31$
2	$62=2\times31$
4	$124=4\times31$
8	$248=8\times31$

每行是上一行的二倍。

由于 $12=4+8$，在求出 $4\times31=124$ 和 $8\times31=248$ 之后，把 124 和 248 相加，就得到了 $12\times31=372$。

由这种阶梯式思路出发，再利用模运算的性质，便可以手工计算 $2^{64} \bmod 19$ 了。

过程是这样的：

$2^2 = 4 \bmod 19$

$2^4 = 4^2 = 16 \bmod 19$

$2^8 = 16^2 = 256 \equiv 9 \bmod 19$

$2^{16} = 9^2 = 81 \equiv 5 \bmod 19$

$2^{32} = 5^2 = 2^5 \equiv 6 \bmod 19$

$2^{64} = 6^2 = 36 \equiv 17 \bmod 19$

结果一模一样，过程却简单多了。

上述例子中，指数取 64 是一种特殊情况，这时候只需要计算 6 次模乘法即可，因为 64 恰好是 2 的 6 次方。

如果指数不是 64 而是任意一个数字，比如 372 呢？我们再来算算：

$$2^{372} \bmod 19$$

这个数字太大了，如果用一般方法硬算，恐怕计算器也无能为力，只能求助于计算机程序。但是，掌握了上述模运算的技巧，人们仍可轻而易举地得出结果。

前几步跟上面相同，但是要注意把所有的中间结果记录下来，列成一张表：

$2^2 = 4 \bmod 19$

$2^4 = 16 \bmod 19$

$2^8 \equiv 9 \bmod 19$

$2^{16} \equiv 5 \bmod 19$

$2^{32} \equiv 6 \bmod 19$

$2^{64} \equiv 17 \bmod 19$

到 17 之后继续算下去，得到

$2^{128} = 17^2 = 289 \equiv 4 \bmod 19$

$2^{256} = 4^2 \equiv 16 \bmod 19$

下一个应该是 2^{512}，考虑到 512 已经超过了指数 372，所以到 2^{256} 为止。

接下来的工作是把 372 表示成上面这些算式中的指数之和，就是说，用 2 的幂(2、4、8、16、32、64、128、256)相加，凑成 372。这个很简单，从最大的 256 开始试，最后得到：

$$372 = 256 + 64 + 32 + 16 + 4$$

然后把以 256,64,32,16 和 4 为上标，对应的那些中间结果相乘，得到

$$16 \times 17 \times 6 \times 5 \times 16 = 130\ 560 \equiv 11 \bmod 19$$

这一步成立的基础是我们十分熟悉的一个数学公式：任给三个数 a，x，y，有

$$a^{xy} = a^x a^y$$

从而

$$2^{372} = 2^{256+64+32+16+4} = 2^{256} \times 2^{64} \times 2^{32} \times 2^{16} \times 2^4$$

在模运算的背景下，它产生了神奇的效果，很快就求出了一个连计算器都算不出来的数。真的有这么简单吗？如果不信的话，可以编个程序验证一下，保证结果错不了。

三、利用乘法设计密码

有了模算术这个工具，就可以用更“高级”的数学运算，比如乘法，来设计密码了。方法很简单，首先把明文表示成数字，再与密钥相乘得到密文。

$$\text{密文} = \text{明文} \times \text{密钥}$$

注意，密文不能无限制地增大，所以，最后的结果需要模某个数字取余。

假设模数是 n，则上述加密方法可改写成：

$$\text{密文} = (\text{明文} \times \text{密钥}) \bmod n$$

还是以对英文字母的加密为例，此时 $n=26$，加密算法是：

$$\text{密文} = (\text{明文} \times \text{密钥}) \bmod 26$$

当密钥为 5 时，给每个字母对应的数字乘以 5，再模 26，于是明文与密文的对应关系可以写成一张代替表(见表 2-3)，实际上仍是单表代替。

表 2-3　利用乘法构造的代替表

编号	0	1	2	3	4	5	6	7	8	9	10	11	12	13	14	15	16	17	18	19	20	21	22	23	24	25
明文	A	B	C	D	E	F	G	H	I	J	K	L	M	N	O	P	Q	R	S	T	U	V	W	X	Y	Z
密文	A	F	K	P	U	Z	E	J	O	T	Y	D	I	N	S	X	C	H	M	R	W	B	G	L	Q	V

怎样解密呢？当然可以查表，但是查表是一种比较慢的操作，要耗费大量时间。为了提高效率，能不能把解密过程也像加密那样，用一个算式表示呢？

首先想到的是，解密是加密的逆运算，加法与减法互逆，乘法与除法互逆，所以如果加密时使用了乘法，解密时用除法就好。

这样一来，可以把解密公式写成：

明文=(密文/密钥)mod 26

看看这样是否行得通：假设密钥是 3，加密时就要给明文乘以 3，所以，把 0 加密成 0，1 加密成 3，2 加密成 6，依此类推。

解密时需要从密文中除去 3，密文是 3 时，对应明文是 1，密文是 6 时，对应明文是 2，这都没有问题，但如果密文是 5 呢？解密的结果"5/3"究竟该对应着哪个字母？这让我们束手无策。

事实上，使用乘法构造密码，最令人困惑的地方就是怎样解密。在研究解密方法之前，先考虑另外一个问题：乘法密码中，是不是所有的数字都能当作密钥？

密钥为 1，理论上可以，加密时给每个数字乘以 1，每个明文都不变，相当于没有加密的特殊情形。

密钥为 2 呢？可以试一试。令密钥 $k=2$，然后对英文字母进行加密，这也构成一种代替，根据加密规则[即密文=)明文×2)mod 26]，可以列出代替表，见表 2-4。

表 2-4　密钥为 2 时的代替表

编号	0	1	2	3	4	5	6	7	8	9	10	11	12	13	14	15	16	17	18	19	20	21	22	23	24	25
明文	A	B	C	D	E	F	G	H	I	J	K	L	M	N	O	P	Q	R	S	T	U	V	W	X	Y	Z
密文	A	C	E	G	I	K	M	O	Q	S	U	W	Y	A	C	E	G	I	K	M	O	Q	S	U	W	Y

观察一下，你会发现这个代替表令人失望，因为在第二行中竟然有一半的字母不见了！这就意味着加密时，明文有 26 种字母，密文却只有 13 种字母。换言之，两个明文字母对应着一个密文字母，A 和 N 被同时加密成了 A，B 和 O 被同时加密成了 C。那么信息的接收方遇到密文 C 时，该把它解密成 B 还是 O 呢？

再看一个更极端的例子，若令 $k=13$，则得到的代替表见表 2-5。

表 2－5　密钥为 13 时的代替表

编号	0	1	2	3	4	5	6	7	8	9	10	11	12	13	14	15	16	17	18	19	20	21	22	23	24	25
明文	A	B	C	D	E	F	G	H	I	J	K	L	M	N	O	P	Q	R	S	T	U	V	W	X	Y	Z
密文	A	N	A	N	A	N	A	N	A	N	A	N	A	N	A	N	A	N	A	N	A	N	A	N	A	N

密文字母只有两种：A 和 N。加密之后，密文可能是：

ANNANNAAAANNNAANN……

根本无法解密！

所以在乘法密码中，并非所有数字都能当成密钥。那么什么样的数字才能当成密钥呢？当然是选择那些能成功解密的，或者说解密无歧义的。为了让解密不产生歧义，代替表的第二行不能有重复，就是说，密钥必须选那些乘遍 0 到 25 时，得到的乘积模 26 都不重复的数字。

我们可以找出所有这样的数，它们是：1，3，5，7，9，11，15，17，19，21，23，25。

那么选出来的这几个数字有什么奥秘呢？它们的共同点是什么？如果模数不是 26，又该如何去选呢？

为了找到规律，我们需要从记忆深处调出一点数学知识。

> 如果自然数 a 能被自然数 b 整除，则称 a 为 b 的倍数，b 为 a 的约数。这时 a 与 b 的关系可以用一个符号"|"表示，即"$b|a$"，读作"b 整除 a"。
>
> 两个自然数公有的约数，叫作这两个数的公约数，也称公因数。公约数中最大的一个，称为最大公约数。
>
> 例如，12 与 68 的最大公约数是 4。

最大公约数的严格定义如下。

【定义 2－1】 自然数 a 和 b 的最大公约数是指满足下述条件的数 d：

(1)d 为 a 和 b 的公约数，即 $d|a$ 并且 $d|b$；

(2)d 为 a 和 b 的所有公约数中最大的，即对整数 c，如果 $c|a$，并且 $c|b$，则 $c \leqslant d$。

记作 $d=\gcd(a,b)$ 或 $d=(a,b)$。

若$(a,b)=1$，则称 a 和 b 互素。

其中 gcd 是英文"greatest common divisor"，即最大公约数的缩写。

现在观察一下刚才选出的数：1，3，5，7，9，11，15，17，19，21，23，25，它们的共同之处在于，都与 26 互素。由此可以得到一个初步结论：乘法密码中，密钥应该与模数 n 互素。

确定了密钥范围之后，再来讨论解密。

首先直接用除法解密行不行呢？假设密钥还是 3，加密时需要乘以 3，当明文是 0～8时，分别乘以 3 之后，得到的结果是有规律的：

$0\times3=0,1\times3=3,2\times3=6,3\times3=9,4\times3=12,5\times3=15,6\times3=18,7\times3=21,8\times3=24$

如果仅仅对这几个密文解密，用除法就没有问题。然而当明文是 9 时，密文就变成了 $9\times3=27=1$，这时候如果用除法解密，就会得到 1/3，根本不在明文数字的取值范围内！原因在于这是模算术，相乘的结果不会一直增加，这时用除法解密，是行不通的。

解密时既然不能直接将密文数字除以 3，那么应该做何种运算才能恢复明文？

观察这个式子：$9\times3=27\equiv1 \bmod 26$

三九二十七，三九得一……

注意到 9 与 3 的乘积为 1，而 1 乘以任何数相当于没有乘，结果还是那个数，所以如果已知明文是 9，为了从密文 1 恢复出明文 9，只需要给它再乘以 9 即可。

用其他明文数字试试：设明文是 8，则密文是 24，现在给 24 乘以 9，得到

$$24\times9=216\equiv8 \bmod 26$$

又回到了数字 8。

再多找几个例子来看：

$$7\times3=21,21\times9=189\equiv7 \bmod 26$$

$$6\times3=18,18\times9=171\equiv6 \bmod 26$$

可以逐个尝试所有数字，发现都满足这个规律：给某个数字乘以 3，再乘以 9，就得到了这个数字本身。

所以，解密时应该怎么做呢？答案呼之欲出：给密文乘以 9。这就是密钥为 3 时的解密算法——变除为乘。

将上述思路整理一下，得到密钥为 3 时的加解密公式。

加密：密文=(明文×3)mod 26

解密：密文×9=明文×3× 9 = 明文×27 = 明文 mod 26

这两个公式足够令人诧异，一对互逆的过程，竟然使用的是同一种运算！

由于 $3\times9=27\equiv1 \bmod 26$，所以密文乘以 9 的结果恰好就是明文！反过来，如果密钥是 9，则给密文乘以 3，也恰好恢复了明文。

像 3 和 9 这样一对满足 $3\times9=1 \bmod 26$ 的数字，这里称它们互为模 26 的乘法逆元。就是说，3 的逆元是 9，9 的逆元是 3。这里的 9，就相当于 1/3。

然而到此为止只解决了密钥是 3 的情形，如果密钥是其他数字，又该如何解密呢？

考虑密钥是 5 的情形，此时需要找到一个数，与 5 相乘再 mod 26 之后等于 1。为了找这个数，可以从 1 到 25 逐个尝试，发现 $5\times21=105\equiv1 \bmod 26$，所以 5 与 21 互为逆元。

再令密钥为 7，找到的逆元是 15。

就这样找到所有密钥的逆元，把它们列成一张表(见表 2-6)。解密时，查表找到密钥的乘法逆元，再将其与密文模 26 相乘即可。

表 2-6 模 26 的乘法逆元

密钥	1	3	5	7	9	11	15	17	19	21	23	25
逆元	1	9	21	15	3	19	7	23	11	5	17	25

现在可以写出一般情况下乘法密码的解密运算了，若模数是 n，加密密钥是 k，则需要先找出 k 的乘法逆元，记作 k^{-1}，则解密过程就是：

$$明文=(密文\times k^{-1}) \bmod n$$

结论：若加密时让明文与密钥相乘，则解密时让密文与密钥的乘法逆元相乘即可。

然而我们忽略了一个问题：刚才寻找逆元的过程异常麻烦，需要一个一个地试。当 $n=26$ 时，这样做没有问题，人们可以轻松列出所有密钥的逆元。但是当 n 很大时，比如 $n = 51\,873$，这个时候，用穷举法一个个试出乘法逆元，会令人崩溃。①

有什么办法可以让这个谜一样的解密密钥快点浮现呢？这个问题，其实早就有了答案。

早在公元前 3 世纪，古希腊数学家欧几里得(见图 2-2)就在其著作《几何原本》中提供了一种方法，能快速求出乘法逆元。

图 2-2 欧几里得

为了解释这个算法，我们从两个数的最大公约数说起。

给定两个正整数 a 和 b，假设 $a > b$，则其最大公约数满足如下关系：

$$\gcd(a,b)=\gcd(a-b,b) \tag{1}$$

例如，求 3 586 与 258 的最大公约数，就相当于求 3 328(=3 586－258)与 258 的

① 需要指出的是，今天使用的密码，运算时后面的模数通常都是一个巨大的数字，比如大于 $2^{2\,048}$。

最大公约数，后者因为相减之后数字更小，显然算起来比较容易。还可以让它更容易，方法是连续使用式(1)，得到一系列等式，即：

$$\gcd(3\,586,258)=\gcd(3\,328,258)=\gcd(3\,070,258)=\cdots\cdots=\gcd(232,258)$$

从第一个数中不断减去 258，直至结果小于 258，这个过程相当于求 3 586 除以 258 之后得到的余数，即 3 586 mod 258，因为 $3\,586=13\times258+232$，减去 13 个 258 之后，得到余数 232。

接下来还可以把两个数字交换，然后继续使用式(1)，由于 $232<258$，所以是求后者除以前者的余数，得到 26。

继续这个过程，直至两个数中一个是另一个的整倍数，这时候就求出了最大公因数，即：

$$\begin{aligned}&\gcd(3\,586,\ 258)\\=&\cdots\cdots\\=&\gcd(232,26)\\=&\gcd(26,24)\\=&\gcd(2,24)\\=&\ 2\end{aligned}$$

上述过程可以简化为

$$\gcd(3\,586,\ 258)=\gcd(232,\ 258)=\gcd(232,26)=\gcd(26,24)=\gcd(2,24)=2$$

为了得到这些中间结果，需要做一系列的除法：

$$\begin{aligned}3\,586&=13\times258+232\\258&=232+26\\232&=8\times26+24\\26&=24+2\end{aligned}$$

这个过程叫作辗转相除。在最后一步除法中，24 是 2 的倍数，所以，最初两个数的最大公因数就是 2。由于余数在不断减小，最后一定会变成 0，也就是说，最后一步一定会除尽。而此时的因子，就是最终求出的最大公因数。

注意，如果最初的两个整数互素，进行辗转相除后得到的最大公因数一定是 1。现在我们变一个戏法，从这个 1 出发，自下而上地把每个算式都反着写一遍，看看会发生什么事情。

例如，利用辗转相除法求 28 与 81 的最大公因数，正向过程如下：

$$\begin{aligned}81&=2\times28+25\\28&=1\times25+3\\25&=8\times3+1\end{aligned}$$

下面计算相反方向：

$$
\begin{aligned}
1 &= 25-8\times 3\\
&= 25-8\times(28-25)\\
&= (-8)\times 28+9\times(81-2\times 28)\\
&= (-8)\times 28+9\times(81-2\times 28)\\
&= 9\times 81+(-26)\times 28
\end{aligned}
$$

整理一下，得到结果：$1=9\times 81+(-26)\times 28$，看上去没什么特别的。但是如果给这个等式两边分别模 28，就得到：$9\times 81\equiv 1 \bmod 28$。

如果还不清楚这样做的目的，我们再换两个数字，计算 26 和 15 的最大公因数。正向计算：

$$
\begin{aligned}
26 &= 15+11\\
15 &= 11+4\\
11 &= 2\times 4+3\\
4 &= 3+1
\end{aligned}
$$

反向计算：

$$
\begin{aligned}
1 &= 4-3\\
&= 4-(11-2\times 4)\\
&= -11+3\times 4\\
&= -11+3\times(15-11)\\
&= -3\times 15+2\times 11\\
&= -3\times 15+2\times(26-15)\\
&= 2\times 26+(-5)\times 15
\end{aligned}
$$

给等式两边同时模 26，得到：

$$(-5)\times 15\equiv 1 \bmod 26$$

注意到在模 26 的意义下，$-5=26-5=21 \bmod 26$，所以，也可以写成

$$21\times 15\equiv 1 \bmod 26$$

也就是说，21 与 15 互为模 26 的乘法逆元。这不正是我们盼望的结果吗！

通过辗转相除法求出两个数 a、b 的最大公因数 d，再由 d 出发，把辗转相除的过程倒回去，最终把 d 用 a 与 b 来表示，这一整套方法，被称为扩展的欧几里得算法。给定任意两个互素的数，利用这种方法都可以求出它们的乘法逆元来，而且速度极快。

现在有关乘法密码的问题已经全部解决了。总结一下，乘法密码包含三部分。

(1)参数生成。具体步骤如下：

第一步，规定一个取值范围（正整数），记作 n，所有运算都在 mod n 的基础上进行；

第二步，找一个整数 k 作为密钥，这个 k 必须与 n 互素；

第三步，利用欧几里得算法求出 k 模 n 的乘法逆元 k^{-1}。

(2)加密。首先把明文表示成整数，然后用明文数字与 k 相乘再模 n。

(3)解密。将密文数字与 k^{-1} 相乘，得到明文。

知识链接

乘法逆元的进一步讨论

任给两个整数 a 和 b，设其最大公因数为 d，则一定存在另外两个整数 x 和 y，满足 $d = ax + by$。而利用扩展的欧几里得算法，可以最终求得这样的 x 和 y。

一种特殊情况是 a 与 b 互素，这时候 $d = 1$，从而可以求出 x 和 y，并把 1 表示成 $1 = ax + by$，而在模运算的意义下，这个等式可以改写成

$$ax = 1 \bmod b \text{ 或 } by = 1 \bmod a$$

不难看出，x 就是 a 模 b 的乘法逆元，而 y 就是 b 模 a 的乘法逆元。因此，如果模数是 b，密钥是 a，则解密时只需要给密文乘以 x 即可。

爱动脑筋的你也许会思考，在乘法密码中，为什么密钥一定要与 n 互素？回想前面我们说过，构造密码时，“可逆”是首要原则。为了从密文中恢复明文，必须找到解密密钥。以模 26 为例，与 26 互素的数可以当成密钥，并且可以求出它们的逆元，那么与 26 不互素的数有没有逆元呢？比如设密钥为 4，则在 0 到 25 之间无论如何也找不出一个数，乘以 4 再模 26 之后得到 1。所以 4 是不能当作密钥的，原因在于没有逆元。

那么是不是互素就一定有逆元呢？或者说，有逆元就一定互素呢？

对这个问题，可以给出肯定的回答。

【定理 2-1】 $a \bmod n$ 有逆元当且仅当 a 与 n 互素。

证明 当 $a \bmod n$ 有逆元时，设 a 的逆元为 x，则 $ax = 1 \bmod n$，此时若 a 与 n 不互素，不妨设 $(a, n) = d$，$d > 1$，则由 $ax = 1 \bmod n$ 知 $ax - 1$ 为 n 的倍数，即存在整数 k，使得 $ax - 1 = kn$，或者 $ax - kn = 1$，观察这个等式，左边是 d 的倍数，右边为 1，这说明 1 也是 d 的倍数，与 $d > 1$ 矛盾。

反之，如果 a 与 n 互素，则可利用欧几里得算法求出 $a \bmod n$ 的乘法逆元，从而逆元一定是存在的。

五、密码系统的组成

一般来说，加密就是用数学变换把明文变成密文，这个变换可以写成 $y = f(x)$。x 的取值范围由所有可能的明文构成，称为明文空间，而 y 的取值范围包含了所有可

能的密文，称为密文空间。所有可能的密钥也构成一个集合，称为密钥空间。一个密码系统的组成包含这样几部分：明文空间 M、密文空间 C、密钥空间 K、加密算法 E 和解密算法 D，如图 2－3 所示。

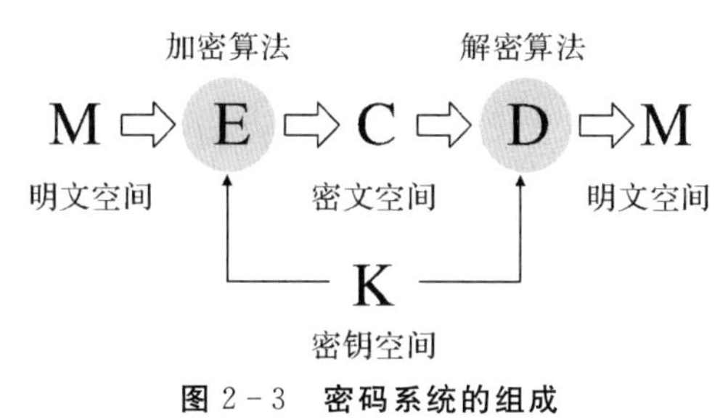

图 2－3　密码系统的组成

这里的加密算法 E，可以用各种数学公式表示，但必须首先满足可逆性条件。在设计加密算法时，可以用一些简单变换，也可以用更复杂的变换，还可以将几种变换结合起来使用。

恺撒密码的明文空间是 26 个英文字母，或数字{0，1，…，25}。英文字母的乘法密码也一样。其实可以选更大的 n，相应地，明文空间也可以扩大。

当明文空间较大时，比如其中居然包含了 2^{64} 个数字，这时候，应该采用什么样的加密方法呢？当然还可以用加法或乘法，以及它们的复合运算。但是，在这个级别的数字范围内，无论是做乘法还是辗转相除，计算起来都很麻烦。为了将加密解密时间控制在可以忍受的范围，人们想出了一些更巧妙的方法，其中最具代表性的就是 Feistel 模型。

六、Feistel 模型

构造可逆变换的极致，是世界上第一个商用数据加密标准 DES(Data Encryption Standard)所采用的方法。DES 算法的细节我们暂且不提，这里先欣赏一下它的结构，即 Feistel 模型。该模型是 20 世纪 60 年代末，由美国 IBM 公司的赫斯特·菲斯特尔设计的。它与前面那些利用数学运算设计密码的思路截然不同，加密过程不是算算术或查表，而更像是在搭积木，就是说，将一些简单变换巧妙地组合成为一种高级的密码。

Feistel 模型要加密的对象是一串长度固定的二进制数字，这样设计的好处是非常适合计算机处理。以下用符号“⊕”表示二进制数字的逐位异或，即运算规则为

$$1 \oplus 1=0 \oplus 0=0, 1 \oplus 0=0 \oplus 1=1$$

假设一次要加密的明文长度为 $2n$ 个比特，加密时先把它们等分为左右两半，记作 L_0 和 R_0，每一半包含 n 比特，然后将右边输入到一个变换 f 中，求出的结果与左边相加，再把两边交换，得到输出 L_1 和 R_1，*Feistel* 模型的第一轮加密如图 2－4 所示。

这个过程也可以用数学公式来表示，即：

$$\begin{cases} R_1 = L_0 \oplus f(R_0) \\ L_1 = R_0 \end{cases}$$

以上是 Feistel 模型的第一轮加密，即由 L_0、R_0 求出 L_1、R_1，还可以继续下去，将 L_1 和 R_1 作为输入，然后用与第一轮完全相同的方法求出 L_2、R_2，即为 Feistel 模型的第轮加密，如图 2－5 所示。

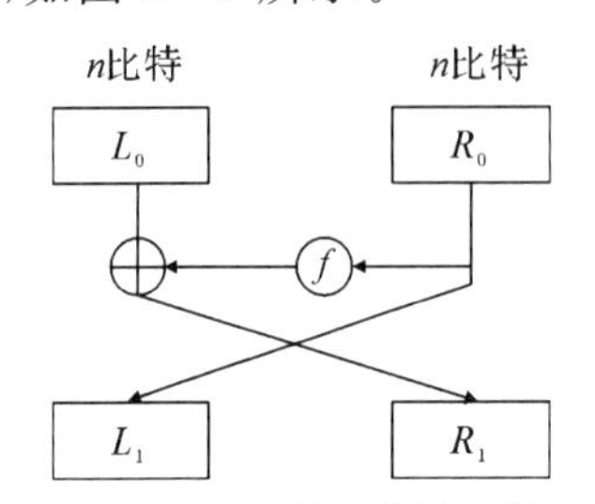

图 2－4　Feistel 模型的第一轮加密

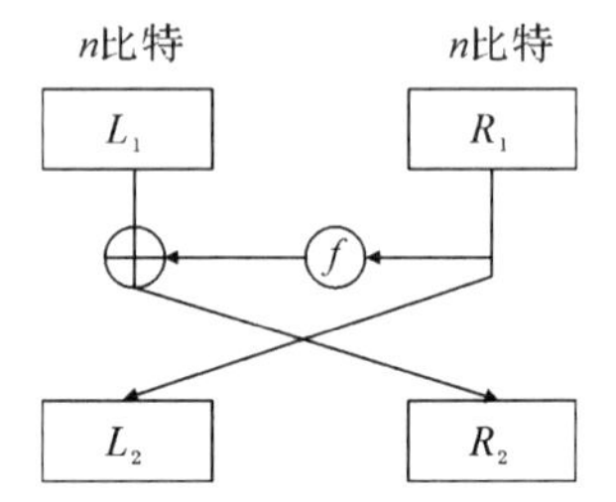

图 2－5　Feistel 模型的第二轮加密

为了增加密码的强度，可以把这个过程重复许多次，直到满意为止，从而得到一个"迭代"型的密码。假设一共重复了 n 次，这里把整个加密过程用一张图表示（见图 2－6），最后输出的 L_n 和 R_n 就是密文。

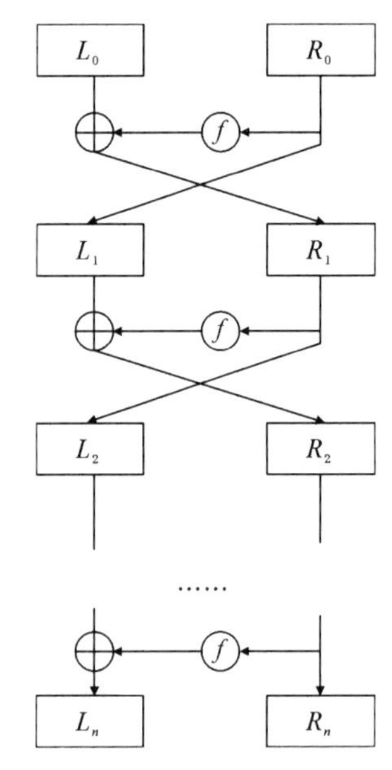

图 2－6　Feistel 型密码的整体加密图

这个弹簧似的东西就是 Feistel 型密码的整体加密过程。

如果你是一个爱思考的人，那么此时脑袋里一定会冒出一大串问题：这么复杂的过程进行许多轮之后，该怎么解密呢？其中的 f 函数是怎样的？这样做的好处在哪里呢？

别着急，下面我们细细道来。

首先是解密问题。根据第一轮由 L_0、R_0 计算 L_1、R_1 的过程，怎样才能由 L_1、R_1 反推出 L_0、R_0 呢？

这个容易，根据上面的公式，由于 $L_1=R_0$，直接可写出 $R_0=L_1$，再由 $R_1=L_0\oplus f(R_0)$，以及模 2 加运算的特点（加法与减法完全相同），有 $L_0=R_1\oplus f(R_0)=R_1\oplus f(L_1)$，这样就求出了第一轮的逆变换，即

$$\begin{cases}L_0=R_1\oplus f(L_1)\\R_0=L_1\end{cases}$$

这个公式画成图如图 2－7 所示。

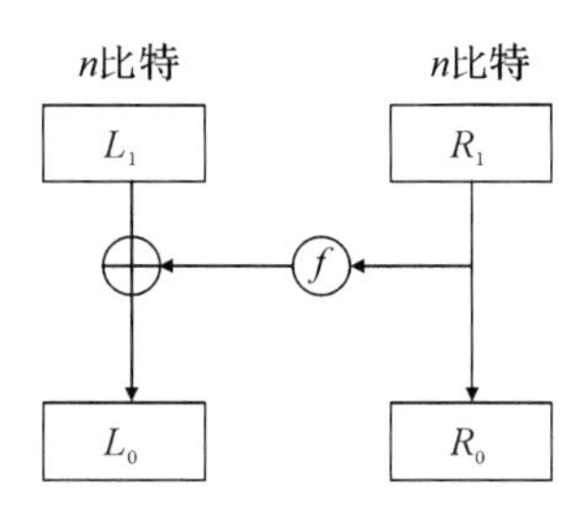

图 2－7 第一轮的解密过程

比较一下第一轮加密（见图 2－4）与第一轮解密（见图 2－7），会发现它们非常相似。差别在于，加密时需要左右交换，解密时没有交换。

实际上 Feistel 模型的每一轮变换，可以看作是两个步骤的叠加。

第一步：记作 F，输入是 L 和 R，输出是 $L\oplus f(R)$ 和 R，即

$$F(L,R)=(L\oplus f(R),R)$$

第二步：记作 C，是左右互换，输入为 L 和 R，输出变成 R 和 L，即

$$C(L,R)=(R,L)$$

这两个步骤有一个共同特征——遇到自己就抵消，就是说把它们与自身叠加之后，输出与输入将完全相同，相当于对输入没有做任何操作，即

$$F(F(L,R))=(L\oplus L\oplus f(R),R)=(L,R)$$

$$C(C(L,R))=(L,R)$$

若进行了多轮迭代，而最后一轮没有左右互换，则经过 n 轮加密后，总体变换由 n 个 F 和 $n-1$ 个 C 构成，即 FCFC……CF(m)，其中 m 代表明文。

现在把经由上述过程得到的密文再加密一遍，即

$$FC\cdots\cdots CF\cdot FC\cdots\cdots CF(m)$$

根据 F 和 C“遇到自己就抵消”的特点，中间的两个 F 相遇，相互抵消，然后是两个 C，相互也抵消，直到最后，所有的变换都两个两个地抵消了，从而恢复了明文 m，即

$$FC\cdots\cdots CF\cdot FC\cdots\cdots CF(m)=m$$

这就实现了解密。

在将两个过程叠加时，为了让中间是两个 F 相遇从而能抵消，加密的最后一轮不应包含左右互换。当然，解密的最后一轮也没有左右互换。

因此，Feistel 模型有一个很神奇的特性，那就是加密和解密过程完全相同。我们可以画出迭代多轮的解密图(见图 2-8)，它与加密图也是一样的。

至此解密问题圆满解决！

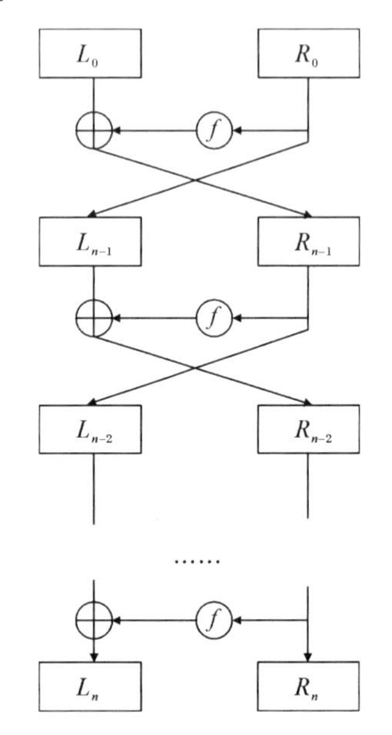

图 2-8　Feistel 型密码的整体解密图

再来考虑函数 f，f 究竟是什么？

答案是：任意。

f 可以是任何变换，只要输入输出的长度满足要求即可，特别是并不要求 f 是可逆的，观察解密图(见图 2-8)，其中并不出现 f 的逆。

因此，在 Feistel 型密码中，f 可以是输入输出长度满足要求的任何变换。这就极大增强了模型的适用性，有了这个模型，任何人都可以通过改变 f 来得到一个新的加密算法。这真是太棒了！

进一步地，每一轮的 f 函数还可以不同，如果加密时迭代了 k 轮，使用的 f 函数分别为 f_1，f_2，…，f_k，则解密时只需把这些函数反着用，按照 f_k，f_{k-1}，…，f_1 的顺序计算一遍即可。

Feistel 模型不是一种加密算法，而是一个普遍适用的基本模型，改变其中的某个模块(主要是 f 函数)，就得到了一个不同的密码。有了这样一个模型，人们就可以充分发挥想象力和创造力，构造出各种不同的密码。

总结一下，Feistel 模型至少有以下 3 个优点。

(1)不需要任何复杂的运算；

(2)加密和解密可以使用同样的硬件或软件实现;

(3)可以通过修改 f 函数而得到不同的密码。

鉴于上述优点,Feistel 模型被广泛应用于现代密码的设计中,大名鼎鼎的数据加密标准 DES,正是使用了这种模型。但是,它并非唯一的一种密码模型,今天还有其他一些方法,也能达到类似于 Feistel 模型的效果。欲知详情,可以查阅更专业的书籍。

了解到上述种种从简单到复杂的密码设计方法,你想必一定跃跃欲试,要设计一个属于自己的密码了。自己设计密码,然后用它来加密,从而发出的每一封电子邮件,每一条手机短信、微信、QQ 聊天信息,都是用属于自己的密码加密的,这是多么酷的事情,想想都令人兴奋!

然而这种热情不能太过火。如果你不是一名专业人员,那么可以把设计密码当作业余爱好,但是在保护重要信息,比如国家机密、行业秘密、家庭财产甚至个人隐私时,使用自己设计的密码,后果可能不堪设想!

由于破译者的存在,为了保险起见,最好不要自己设计密码!

你发出的每一个声音,都是有人听到的,你的每一个动作,除非在黑暗中,都是有人仔细观察的。

——乔治·奥威尔(1984)

《《第三章

密码破译

破译文字是最迷人的学问，不为人知的文字总带着一丝神秘色彩，尤其是当这文字来自于遥远的古代时更是如此。而第一个揭开它的神秘的人，就会得到相应的荣耀。

——莫里斯·波普《破译的故事》

▶内容提要◀

密码破译简史
密码为什么会被破译
一些简单的破译方法
现代密码破译

早期的密码主要用于战争，而战争是一种对抗性活动，有人编制和使用密码，就一定有人在设法破译密码。研究密码设计的学科称为密码编码学，而研究密码破译的学科就称为密码分析学。密码编码学与密码分析学构成了密码学的两大分支。

类似于中国功夫中的进攻和防守，密码破译与密码设计也是两个对立面，一个武林高手必须同时精通攻与守，而学习密码也不能回避密码的破译。

一、密码破译简史

加密是为了保护信息，破译则是要设法抵消加密的效果，从密文中“猜”出明文来。密码编码属于“防守型”技术，密码分析则是“进攻型”技术，因此也更具挑战性。

信息加密实际上是一种数学变换，所以密码编码属于数学方法。然而密码分析不仅仅依赖数学原理，还更多地依赖于对客观世界的观察。通常假设破译者能得到所有密文，他要根据这些密文来猜测明文。这个过程不但要用数学方法，而且要凭经验去“尝试”，有时候还要靠运气。实际上破译密码过程或多或少都带有“尝试”和“凑巧”的成分。有的密码学家终其一生也没能破译一个密码，这不能说他水平不高，可能只是运气差了点。

历史上围绕密码破译,曾经发生许多令人惊心动魄、叹为观止的事件。

9 世纪,阿拉伯密码学家阿尔·金迪(al' Kindi,801—873)首次提出了密码破译的频度分析法。这种方法的主要步骤就是数数(shǔ shù),数什么呢?密文中每个字符出现的次数。

一言以蔽之,频度分析法通过分析计算密文字符出现的频率来破译密码。人们用这种方法破译了许多古典密码。由于操作简单、效果明显,它成为早期破译密码的通用方法。而使其广为人知的原因则是一次影响了历史的密码破译——

16 世纪晚期,不列颠岛被两个女王统治着,即英格兰的伊丽莎白一世和苏格兰的玛丽一世。这两位其实还沾亲带故,伊丽莎白是玛丽的表姑,其家族谱系如图 3-1 所示。

当时玛丽女王为了夺权,与一些贵族策划暗杀伊丽莎白。而后者觉察到了玛丽的阴谋,就把她软禁了。然而玛丽与贵族们的通信是加过密的,没有证据,怎能随便就给一个女王定罪呢?

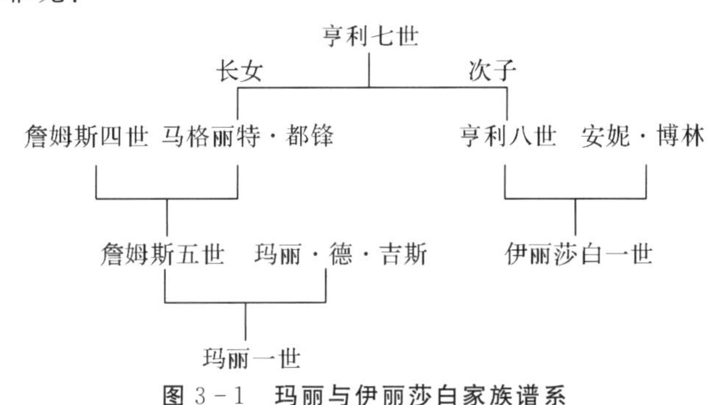

图 3-1 玛丽与伊丽莎白家族谱系

这时候,一个叫菲利普斯的密码学家站出来,破译了玛丽的这些信,铁证如山,玛丽不得不走上断头台,她的姑姑伊丽莎白一世[①]则坐稳了宝座,时间长达半个世纪之久,姑侄二人组如图 3-2 所示。

(a)

(b)

图 3-2 姑侄二人组

(a)玛丽;(b)伊丽莎白

① 伊丽莎白一世是都铎王朝最后一位君主(1558—1603 年在位),她保持了英格兰的统一,并在长达近半个世纪的统治后,使英格兰成为欧洲最强大的国家之一,因此她统治的时期被称为英国历史上的“黄金时代”。

菲利普斯采用的破译方法就是“频度分析法”。用这种方法对付单表代替密码十分有效。

就在同一时期，法国外交官维吉尼亚(Blaise de Vigenere，1523—1596)设计了著名的维吉尼亚密码。这种多表代替密码曾经一度使精通频度分析的家伙们束手无策，以至于在很长一段时间内，维吉尼亚密码被认为是一种“天下无敌”的密码。

然而到了1863年，普鲁士少校卡西斯基(Kasiski)发明了“卡西斯基检验法”，他的主要方法也是数数(shǔ shù)，主要数密文中重复出现的符号。通过寻找字符的重复规律来猜测密钥长度，这为维吉尼亚密码的破译提供了重要线索。

19世纪时，英国发明家查尔斯·巴贝奇(见图3-3)通过分析编码字母的结构而最终破解了维吉尼亚密码。

图3-3 查尔斯·巴贝奇(Charles Babbage，1791—1871)

破译促进了密码学的发展。一种密码问世之后，人们会想尽一切办法去破译，最终很有可能找到有效的破译手段，而破译的成功又催生出新的、更安全的密码，此时破译者又会去寻求新的破译途径。密码学就在设计与破译的对抗中不断发展进步。

时间来到1917年，第一次世界大战进入第三个年头。德国外交秘书阿瑟·齐默尔曼向德国驻墨西哥大使海因里希·冯·厄卡德特发了一封绝密电报(见图3-4)，然而英国人截获了这封电报，将其送往密码破译机构——“40号房间”，在那里报文内容被迅速破译，其中写道：

“我们计划于2月1日开始实施无限制潜艇战。与此同时，我们将竭力使美国保持中立。如计划失败，我们建议在下列基础上同墨西哥结盟，协同作战，共同缔结和平。我们将会向墨西哥提供大量资金援助，墨西哥也会重新收复在新墨西哥州、得克萨斯州 和亚利桑那州失去的国土……。”

这个意思再清楚不过了：德国将与墨西哥结盟，并一起进攻美国。

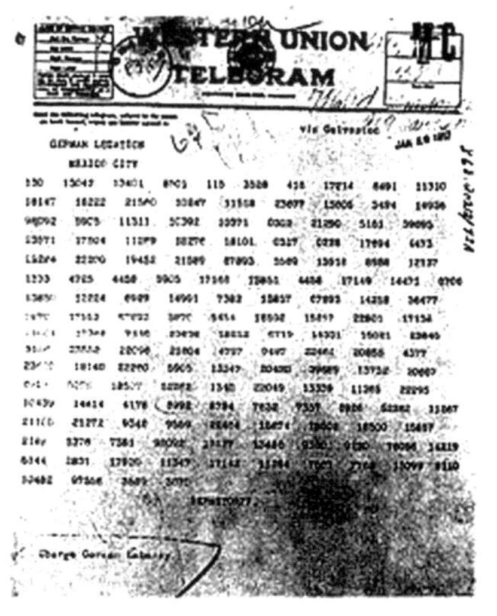
WESTERN UNION
TELEGRAM
GERMAN LEGATION
MEXICO CITY

图 3-4　阿瑟·齐默尔曼电报

众所周知，第一次世界大战初期美国是准备保持中立的，而齐默尔曼电报点燃了美国人的怒火，使其放弃中立，参与到战争当中，从而改变了第一次世界大战的进程。因此，这封电报被公认为有史以来改变历史进程最深，对时代影响最大的一封电报。它的破译使人们进一步认识到密码破译的重要性。

自此之后，一些系统研究密码破译的著作开始出版。1916 年，美国军官帕克·希特出版了《军事密码破译手册》，其中介绍了各种典型密码的破译方法，还介绍了如何破译多表代替密码和"移位代替"结合使用的密码。美国参战后，希特的《军事密码破译手册》就作为训练美国远征军未来的密码分析人员的教科书。

第一次世界大战中，人们深深体会到密码破译也能成为克敌制胜的利器。在随后的第二次世界大战中，密码破译更是成为最重要的情报来源。作为人类文明史上最大的浩劫，第二次世界大战使成千上万的人死于战祸。当这个动荡的世界已经安放不下一张平静的书桌时，大批有正义感的科学家义无反顾地投入到反法西斯战斗中。他们让自己的学识发挥作用，在空气动力学、爆破、水下弹道、对空射击学、雷达、核武器、计算机等方面均做出了卓越贡献，在密码破译方面也是成果斐然。这其中最突出的就是英国情报部门对德国军用密码 Enigma 的破译。

长期以来，密码一直采用手工作业的方式，明文必须通过操作员手工计算来得到密文。这种状况一直持续至第一次世界大战结束。1918 年，德国发明家亚瑟·谢尔比乌斯发明了一种机械装置，可以利用机器实现加密解密，即通过内部转子的机械运动和连接板简单替换的组合，构造出一种复式代替系统。谢尔比乌斯将这种密码机命名为 Enigma，意为"谜"。

从外观上看，Enigma 密码机(见图 3-5)就像一台老式打字机，它由键盘、转子和显示器组成(见图 3-6)。键盘共 26 个键，排列与今天使用的计算机顺序相同，但是没有空格、标点符号和数字键。键盘上方的显示器是 26 个标注了字母的小灯泡，显示器上方是三个直径为 6 cm 的转子。

Enigma 采用的加密方法还是多表代替，但是整个过程都用机器实现。只要用键盘输入明文，通过转子的转换，显示板上就会按顺序显示加密后的字母，当按下一个字母时，转子转动一次，使明文与密文字母的对应关系发生改变。转子之间有齿轮连接，三个转子，形成的对应关系达到 $26^3=17\ 576$ 种。

当然操作员不必知道具体加密过程，只须记录下密文即可。解密过程正好相反，调整好机器设置与加密状态一致，只要输入得到的密文，显示板上对应的明文字母就会一个接一个地亮起来。

图 3-5　Enigma 密码机

(a)

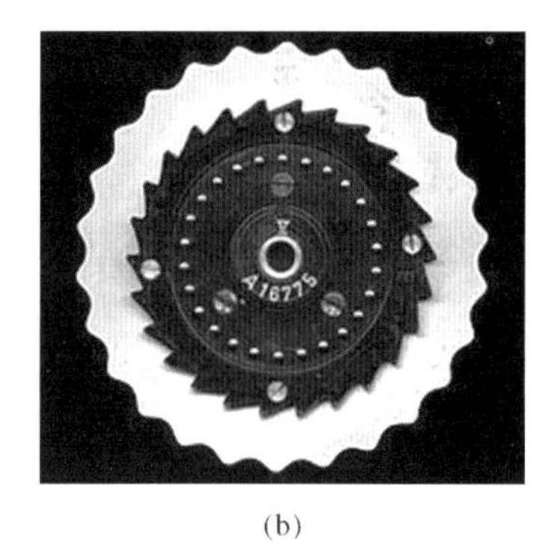

(b)

图 3-6　Enigma 密码机的结构

(a)内部结构；(b)转子结构

为了增加密钥量，德军对 Enigma 密码机进行改进，在键盘与第一个转子之间加了连接板，用一根连线把一个字母与另一个字母相连，起初有 6 根连线，从而可以使 6 对字母两两互换。三个转子也可以拆下来交换位置，这就有了 6 种不同的排列。就是说，密钥量增加为原来的 6 倍。1938 年 12 月，德国人对 Enigma 密码机进一步强化，增加两个转子，从五个转子中选择三个装入机器，这就使密钥量扩充了 10 倍。1939 年又将连接板上的连线增加为 10 根，这样改进后的密钥量达到了 15 900 亿亿个。

Enigma 密码机问世之后，鉴于其复杂的设计和庞大的密钥量，人们一度认为它已经达到了机械密码的巅峰。Enigma 密码机不仅在邮局、银行等民用部门得到应用，也被德军大量采购作为军用密码。短短十年间，德国军队就装备了大约 30 000 台 Eingma 密码机（见图 3－7）。

图 3－7　战场上的 Enigma（图左下即为 Enigma 密码机）

然而，此时许多国家都意识到了密码破译的重要性，并组织力量破译敌方密码。针对德军之"谜"，英国首相丘吉尔在伦敦郊外的布莱切里庄园（见图 3－8）集中了一批顶尖的数学家和语言学家，夜以继日地破译 Eingma。1940 年，Enigma 被以数学家阿兰・麦席森・图灵（Alan Mathison Turing，1912—1954）（见图 3－9）为首的团队所破译。

图 3－8　布莱切利庄园

图 3－9　阿兰・麦席森・图灵

Enigma 的破译使盟军长出了"千里眼"和"顺风耳"，通过破译密码，盟军得到了大量作战情报，从而在许多战役中掌握了主动权。比如 1941 年 5 月，英国情报机关截获并破译了希特勒给海军上将雷德尔的一份密电，使号称当时世界上最厉害的一艘巨型战列舰"俾斯麦"号在首次出航中即葬身鱼腹。据统计，到第二次世界大战结束时，布莱切里庄园已经破解了超过 250 万份 Enigma 电文，为同盟国的胜利做出了卓越贡献。英国首相丘吉尔兴奋地称赞密码学家是"一群从不呱呱叫，但却会下金蛋的鹅!”

第二次世界大战中,美国情报部门对日军密码的成功破译也是历史上最重要的密码破译事件之一。

1940 年 8 月,威廉·弗雷德里克·弗里德曼领导的破译小组破译了日本的紫密,这使日军一举一动都处于美军监视之下。

1942 年,日本海军的 JN-25b 密码被美军中的“日本通”、人称“魔术大师”的情报分析专家约瑟夫·罗彻福特破译,由截获的电报中,美军不仅推断出日本的联合舰队将在同年 6 月 3 日进攻中途岛,还清楚地查明了日本的参战兵力,甚至对部队番号、各舰的舰长,以及海上航行路线都了如指掌。随即美国人发了一个假情报,声称“中途岛缺水”来迷惑日本人。最后,美国人在知己知彼的情况下取得了中途岛海战的大胜。

通过密码破译,美军还掌握了日本海军大将山本五十六的行踪。1943 年 4 月,美军截获了日本海军大将山本五十六准备视察的电报,掌握了其详细行程。这封电报成为山本的催命符。为报两年前日军偷袭珍珠港之仇,美国高层领导决定不惜任何代价干掉(击落)山本。1943 年 4 月 18 日,山本五十六及其随从人员乘坐两架陆基轰炸机,在 6 架零式战斗机护航下飞往巴莱尔,不料美军的 18 架闪电式战斗机早已守候在航线上,经过短短 3 min 战斗,山本的座机坠落到东南亚的一片密林之中,这个战争恶魔当场毙命。

知识链接

山本五十六事件

1943 年春天,日军刚被逐出瓜尔达纳尔岛,补给线受到盟军空袭骚扰。为了控制不断恶化的战局,日本海军大将山本五十六决定前往所罗门群岛各基地进行鼓舞士气和视察部队的巡视。这些基地连同若干其他单位必须事前得到通知,以便作好迎接联合舰队司令长官前来视察的准备工作。

4 月 13 日下午 5 时 55 分,第八舰队司令官司将五日后山本巡视日程广播给所属第一基地部队、第二十六航空战队,第十一航空部队各指挥官、第九五八航空队司令和巴莱尔守备队指挥官。由于收报单位大小不一,加上需要确保海军首脑的安全,日军通信人员选择当时分发最广的高密度 JN25 密本对这一消息加密。

不幸的是,这个情报所镀的保护壳已被盟国密码分析的酸液所溶解。与中途岛作战前的破译一样,各分散的密码破译单位交换了破译成果,当时可能还加上得到数星期前自搁浅的潜水艇“伊 1”号缴获文件的帮助。虽然在两周前(4 月 1 日)刚换了乱数,但是大部分已还原。在美军太平洋舰队无线电小队,这些被还原的乱数已穿孔在卡片上,可供 IBM 机器处理。太平洋舰队无线电小队的截收人员截收到第八舰队司令官司广播的电报,当这份电报输入这个密码分析机器的时候,很快吐出了电报的日文明文。

由于这封电报有多个收报单位，报务分析人员判断它不是一般的电报。电报明文交给拉斯韦尔陆战队中校翻译，译文如下：

联合舰队司令长官将依照以下日程视察巴莱尔、肖特兰和布因：

(一)0600，乘中型攻击机离腊包尔（战斗机六架护送）；0800，抵巴莱尔。立刻乘驱潜艇（由第一基地部队准备一艘）前往肖特兰；0840，抵肖特兰。0945乘同一驱潜艇离肖特兰；1030，抵巴莱尔。（在肖特兰准备攻击艇一艘和在巴莱尔准备汽艇一艘作交通艇用。）1100，乘中型攻击机离巴莱尔；1110，抵布因。在第一基地部队司令部午膳（第二十六航空战队高级参谋出席）。1400，乘中型攻击机离布因；1540，抵腊包尔。

(二)视察程序：在听取部队现状简短汇报后，视察部队（含第一基地部队医院病员）。但各部队当日任务应照常进行，不得中断。

(三)除各部队指挥官司着陆战队服装佩带略绶外，队员着当日服装。

(四)如天气不佳，视察顺延一日。

这份破译出来的电报，相当于日本最高指挥官的一张死状。

那么日本人会不会因此怀疑盟国已经破译日本密码，从而更换密码呢？这岂不是可能剥压盟国今后更有价值的情报。对此，美国人的想法是：一鸟在手胜过两鸟在树。一时失去这一情报来源当然不好，但是当时盟军正处在休整和巩固阵地时期，比起在大战役中不致有更大的不利。盟军在两个半月内暂不计划实施大规模的进攻。因此，即使日军在山本死后立即更换密码，密码分析家们也有战局相对平静的十周时间来破译新密码。

日本海军大将山本五十六的死状就这样签署、盖印和发出了。

4月17日下午，陆军航空队约翰·米切尔少校和托马斯·小兰菲尔上尉两人步入瓜达纳尔岛亨德森机场陆战队一个潮湿发霉的防空壕，拿到一份绝密的蓝纸电报，其中详细说明了山本的行程，包括抵达每个地点和离开的时间。飞行员否定事先提出的在山本乘驱潜艇自巴莱尔前往肖特兰途中用机枪进行扫射的建议，因为识别山本的座艇很困难。研究结果，两人决定空中截击山本座机。这个计划取决于山本座机行程的准时，并需周密安排他们自己的时间表。

次晨，第十二、三三九、七〇各战斗机中队的P-38型战斗机18架在上午七时二十五分（美军时间）自亨德森机场起飞。35 min后，在七百多海里外，山本一行的编队也按预定时间起飞了。美机实施无线电静默，在蒙达、伦多瓦和肖特兰附近贴着海面飞行一个四百三十五海里的半圆形，以逃避雷达的探测。米切尔看着罗盘和速度计驾驶飞机飞行，在起飞两小时又九分钟后掠过海浪冲向布干维尔海岸。米切尔按秒准确计算飞行时间。突然，整个事情犹如预演过一样完满。山本一行飞机编队的黑点就出现在五海里外的天空。

“敌机，高度十”，坎宁中尉冲破无线电静默大声叫道。米切尔率领14架战斗机升至二万呎高空隐蔽，迎击敌机。兰菲尔扔下副油箱，同僚机飞行员巴伯中尉在护卫山本座机的零式战斗机发觉前，爬高飞至山本座机右方两海里内和前方一海里，转而发动进攻。山本的座机坠落在热带丛林中。

在布干维尔丛林深处，山本的忠实副官司找到山本依然坐在椅上的烧焦的尸体。5月21日，一个日语新闻广播员用沉痛悲绝的声音广播了这一消息。山本之死震惊日本全国。“山本只有一个，无人能代替得了他，”那个接替他任联合舰队司令长官的人说，“他的死对我们是一个难以忍受的打击。”

密码分析使美国赢得了一次相当于大战役的胜利。

——戴维·卡恩《破译者》，艺群译

值得一提的是，第二次世界大战期间中国在密码破译上也有杰出成果。1938年，为了破译侵华日军的密码，“美国密码之父”赫伯特·奥斯本·亚德利(Herbert Osborn Yardley，1889—1958)应国民党政府聘请来到中国，他率领的破译团队经过不懈努力，终于破译了日军密码，挽救了大量中国军民的生命。

知识链接

亚德利与密码破译

1912年，23岁的亚德利通过考试来到了华盛顿，当上了美国国务院的机要员，负责抄收和破译一些密码和文件，随着工作的深入，亚德利渐渐地迷恋上了这份工作。从此，亚德利将破译密码作为自己终身追求的目标。第一次世界大战期间他成为通信兵后备军官，他大为震惊地发现美国总统的密码已经超过10年没有更换，不久就提出保护美国密码的建议，1917年奉命主管军事情报局破译科(今天美国国家安全局NSA的前身)，组织领导美军的密码破译活动。

第一次世界大战结束后，亚德利在1919年5月向陆军参谋总长提出建议成立“密码研究和破译的永久性机构”的计划。三天后，陆军参谋总长批准了这项计划。这就是位于纽约的大名鼎鼎的“美国黑室”，是军事情报处的分支机构。亚德利也因此被称为美国“密码之父”。

黑室从1917年至1929年设法破开电报45 000余份，其中包括阿根廷，巴西、智利、中国、哥斯达黎加、古巴、英国、法国、德国、日本、利比里亚、墨西哥、尼加拉瓜、巴拿马、秘鲁、圣萨尔瓦多、圣多明各(后为多米尼加共和国)、苏联和西班牙的密码，对其他很多密码也作了初步分析。

1931年亚德利出版了《美国黑室》(见图3-10)，详细叙述破译小组的工作。此书问世后产生了轰动效应，一个直接后果是使19个国家改变了外交密码。但这本书使国务院处于尴尬的境地，也违背了秘密工作的准则，美国政府以危害国家安全罪起诉亚德利，他本人也遭到同行的唾弃。

(a)　　　　　　　　　　(b)

图 3-10　亚德利及其所著《美国黑室》

与此同时，在大洋彼岸的中国，人们却注意到了这个处境尴尬的密码学家。

自重庆作为抗战陪都后，日本侵略军为动摇国民政府的抗战决心，从 1938 年到 1943 年，对重庆进行了持续数年的“战略轰炸”。日军轰炸机来往无阻，给中国军民制造了巨大伤害和恐慌。国民党军统局下属的密电组屡次截获潜伏重庆的日本间谍发出的密码电报，但却无法破译。国民党军统局负责人戴笠报请国民政府委员长蒋介石批准，以高薪聘请亚德利来华帮助破日军密码。

1938 年 11 月，化名为“罗伯特·奥斯本”的亚德利经香港抵达中国战时陪都重庆。国民政府授予他少校军衔，并组建专职破译小组。在亚德利的领导下，该小组破译了大量日军密码，并清除了多名内奸，为保卫陪都重庆乃至整个中国的安全做出了巨大的贡献。

1940 年 7 月，亚德利离开了生活两年多的重庆，启程回国。他将自己在重庆破译密码的传奇经历写成一本书:《中国黑室——谍海奇遇》。

总之，第二次世界大战期间各国情报部门都极重视破译敌方密码，把它当作一场“没有硝烟的战争”。意大利军事情报处处长切萨蕾·阿梅曾经说:密码分析通常是最便宜、最新和最真实的情报来源。众多的数学家和语言学家投身于密码破译之中，取得了辉煌的成就。也正是密码破译上的大量成果影响甚至改变了战争趋势，并最终促使世界反法西斯战争的全面胜利。

第二次世界大战中还使用了一些特殊的密码，它们可能不算是严格意义上的密码，但却很好地发挥了保护信息的作用。比如美军曾使用印第安土著语言纳瓦霍语当作通信密码，这种语言的语法、音调及词汇都极为独特，不为世人所知，除本民族外，全世界几乎没有人能听懂这种语言。在太平洋战场上，美国海军军部让北墨西哥和亚历桑那印第安纳瓦约族人使用纳瓦霍语传递情报。吴宇森导演的电影《风语者》

(Wind Talkers)(见图 3－11)再现了这一历史事件。实际使用中,纳瓦霍语密码从未被破译,称得上是密码学与语言学最成功的结合。

图 3－11　电影《风语者》海报

二、密码为什么会被破译

破译密码能否成功,可用以下四个因素来衡量,即:不屈不挠的意志、周密的分析方法、直觉的知识和运气。

——帕克·希特《军事密码破译手册》

纵观整个密码史,我们发现,由人类设计的所有密码,只要使用时间足够长,最终必然会被破译。被破译,似乎成了密码系统的宿命!那么密码为什么会被破译呢?从密码破译中又可以得到什么样的经验和教训,从而对密码的设计和使用产生某种启示呢?

鉴于密码最基本的应用是保密通信,为了搞清楚密码为什么被破译,我们需要了解一下通信的方式和内容。

(一)通信的方式

通信的方式,就是信息传递的方式。通信的过程可以理解为信息在“路”上跑,这条“路”有个专有名词——信道。

初学者对密码学往往会产生这样的印象:既然保密,那就要连信道一起保密。

只要稍微动动脑筋,我们就会发现这是不可能的。首先,如果信道可以保密,还有必要加密吗?直接在保密的信道上传递明文岂不是更方便。其次,建立起一条秘密信道(比如派 1 000 个士兵荷枪实弹地押送信息)固然安全,但这样的信道不论是建设还是维护,花费的代价都是巨大的。

因此，密码学中通常假定密文是在公开信道上传递的，这种信道不需额外的维护代价，只要利用现有通信设备和线路即可。从这个意义上可以说密码是实现保密通信最便宜的方式。

通信方式的变迁如图 3－12 所示。

在现实世界中我们使用着各种类型的公开信道，包括邮政系统、电话、无线通信、计算机网络等。实际上，通信的发展史，就是人们对信道不断探索的历史。

1837 年，美国人萨缪尔·摩尔斯发明了世界上第一台电磁式电报机。

1864 年，英国人詹姆斯·克拉克·麦克斯韦建立经典电动力学，并预言电磁波的存在。

1876 年，美国人亚历山大·贝尔发明了世界上第一部有线电话。

1901 年，意大利人伽利尔摩·马可尼成功实现了跨大西洋的无线电电报通信。

1926 年，世界上第一个大型纵横制自动电话交换机在瑞典松兹瓦尔市投入使用。

1946 年，世界上第一台数字计算机 ENIAC 在美国宾夕法尼亚大学问世。

1969 年，美国国防部创建了第一个分组交换网络 ARPANET。

1973 年，摩托罗拉公司工程师马丁·库帕发明了第一部手机。

1996 年，国际电信联盟构建了 IMT－2000，即第三代移动通信系统。

2018 年，首个第五代移动通信(5G)技术标准 R15 诞生。

图 3－12　通信方式的变迁

这些重要的发明，悄然改变着世界，给人们的生活带来极大便利。

无线通信技术出现之后，首先被军事将领们利用，成为战争中的通信工具。它加速了司令部之间的通信，减轻了生产大量电线的经济负担和敷设电线的人力负担。然而，经济实惠的背后是巨大的安全风险。携带着重要军事情报的电磁波无处不在，这使敌方可以不受限制地截获电报，从而为密码分析提供了源源不断的密文。

戴维·卡恩在《破译者》一书中指出：

有线电报产生了现代密码编码学，无线电则产生了现代密码分析学。有线电报从内部推动了密码学的发展，无线电则从外部推动了它的发展。电报给密码学以外形和内容，现在无线电则把它带进了现实生活的舞台。无线电完成了有线电报所开始的工作。因此，在 1914 年至 1918 年第一次世界大战首次广泛使用的无线电，使密码学臻于成熟。

第一次世界大战是密码史上一个伟大的转折点。战争中无线通信的大量使用，使密码破译由一种辅助的情报来源上升为主要情报来源，进而促使密码学日臻成熟，并最终发展成为一门科学。

今天，无线通信已经成为最重要的通信方式，互联网＋、物联网、云计算的兴起，以及智能手机的普及应用，使每个人的工作和生活都离不开无线通信。想象一下，大量的电磁波在空中穿行，其上加载的所有信息都任由密码破译者截获，如果不使用密码保护，整个世界将没有任何秘密可言。

有线通信是否更安全呢？非也。它虽比无线通信强一点，但在长长的线路上，很难确保敌人不通过搭线窃听来得到信息。

可以说，今天人们使用的绝大多数信道都是开放式的，破译者可以十分便捷地任意截获密文，这是密码破译的前提。

（二）通信的内容

通信的内容，就是要传递的信息，它的源头是自然语言。历史上许多密码都是由语言学家破译的，这表明可以借助于自然语言的某种规律来破译密码。

自然语言有什么规律呢？这要从书写方式说起。

今天人们用电脑打字，速度快的十分钟就能输入上千个字。而在数千年前，人们的祖先要想写点什么，首先得去砍竹子，然后将它切成整齐的长条，再用小刀一笔一划地刻上去，最后还得用线把竹简连起来。这个过程异常艰难，大半天也刻不了一句话。由于刻竹简太费事，刻下的文字当然越简洁越好。古汉语的精简程度登峰造极，如果没有经过训练，是很难读懂一篇古文的。随着纸和印刷术的发明，读写变成很普通的事，写在纸上的话也越来越啰嗦，越来越接近口语，从而造成这样一个事实：在一段文字中选择性地去掉一些字，甚至修改一些内容，仍可表达完全相同的意思。

看这样一段话：

研表究明，汉字的序顺并不定一能影阅响读，比如你当看完这话后句，才发这现里的字全是都乱的……

一般人瞄一眼就能知道大概要表达什么意思，然而实际上这句话是语无伦次的，甚至根本没法把它顺畅地读出来！

如果我们再从中去掉几个字，变成这样：

研表究明，汉字序顺并不影阅响读，比如你看完这话，才发这现里字全都乱……

虽然更加语无伦次，但还是可以看出大致意思来。

这种情况不光在汉语中存在，世界上大多数语言均是如此。比如在英语中，使用最频繁的一个三字母单词是定冠词“the”，然而这个词根本没有实际意义，去掉一篇文章中所有的“the”，完全不影响阅读。

请看以下英文段落：

> In the event of this not succeeding, we propose an alliance on the following basis with Mexico: That we shall make war together and make peace together. We shall give generous financial support, and an understanding on our part that Mexico is to reconquer the lost territory in New Mexico, Texas, and Arizona. The details of settlement are left to you.
>
> ——摘自“阿瑟·齐默尔曼电报”

把其中的定冠词全部去掉，可得到如下一段意思完全不变的话：

> In evet of this not succeeding, we propose an alliance on following basis with Mexico: That we shall make war together and make peace together. We shall give generous financialsupport, and an understanding on our part that Mexico is to reconquer lost territory in New Mexico, Texas, and Arizona. Details of settlement are left to you.

如果进一步地删减，去掉一些不重要的词，得到如下的片段：

> …… not succeeding, alliance …… with Mexico: make war together make peace together. …… give generous financial support, …… Mexico reconquer New Mexico, Texas, and Arizona. Details left.

虽然不太完整，但一些关键信息，同墨西哥结盟啦，资金援助啦，墨西哥收回新墨西哥、德克萨斯和亚利桑那三个地区啦，仍旧保留，还是可以读出大致含义。

一般来说，一份消息中包含的符号数量比它实际上的信息量（即实际需要的符号数）要多，所以对于自然语言，可以选择性地去掉或修改一些内容而不影响基本含义。基于这个特点，信息论的奠基人克劳德·艾尔伍德·仙农（Claude Elwood Shannon（以下简称“仙农”））（见图 3-13）发明了“多余度”（redundancy）这个词，意思是“不必要的多余”。

图 3－13 **克劳德·艾尔伍德·仙农**

（Claude Elwood Shannon，1916—2001）

据统计，英语中大约75％的字母都是多余的，换言之，在一篇英语文章中，去掉3/4的单词，仍可表达同样的意思。

形成多余度的原因很多，语法规则、发音规律、语音偏好等，主要是由于人们使用语言的习惯而造成的。

那么，多余度对密码破译有什么影响呢？仙农认为，多余度奠定了密码分析的基础。

一方面，设想有两份电报，一份中全是所谓“干货”，没有一个多余的字，而另一份中有一些冗余。把这两份电报加密，得到两份密文，哪一份更好破译呢？凭直觉判断，显然是第二份。因为破译第二份密文时可以靠联想和猜测，而第一份因为没有了多余度，猜测起来难度要大得多。

另一方面，从加密方的角度，为了对抗密码分析，可以试着减少明文的多余度，从而增加破译者猜测的难度。为了做到这一点，可以在加密之前对明文（自然语言）先进行编码，让编码后的明文多余度尽可能地小，说白了就是增加明文空间的混乱程度，或熵。这就是信源编码。可以把信源编码想象为通过编码制造了一种新的“语言”，这种语言几乎不存在多余度。信源编码不仅用于增加密码系统的安全性，还更多地用于压缩数据以提高通信的效率。由此衍生的数据压缩技术今天已经广为普及，成为人们享受信息社会种种便利的一个必要条件。

当然，为了破译密码，还必须有足够多的密文。破译者得到的密文越多，破译的难度也就越小。那么在破译一个密码时，要让破译结果唯一确定，需要多长的密文呢？为了表示这个密文长度，仙农定义了“唯一解距离(unicity distance)”或“唯一解点(unicity point)”，还发明了一个复杂的公式来计算它。这个公式随加密方法的不同而变化，但其中明文多余度是必不可少的一个变量。

利用仙农的公式，可以求出英文单表代替密码的唯一解距离为27个字母，就是说在破译单表代替密码时，为了唯一确定明文，需要的密文长度至少是27。当然，27个密文字母只是破译密码的必要而非充分条件，就是说，要想成功破译，必须至少有27个字母，但是有了27个字母还不一定破译成功。

至于多表代替，若破译者知道了代替表数量及使用顺序，则唯一解距离是代替表个数(即周期)的两倍。若代替表的使用顺序未知，则唯一解距离是周期的53倍。

仙农的公式有点复杂，这里不准备详细介绍它。但是要指出，除了计算唯一解距离，这个公式还有一个有趣的用途，就是确定密码破译的可信程度。如果有人说自己破译了一个密码，那就要问问他用了多长的密文，然后用仙农公式计算一下唯一解距离，如果使用的密文长度小于唯一解距离，则可以认为他在吹牛。

一般来说，我们认为如果假设的体制和密钥所破开的一段密报的长度显著地大于唯一解码量，则破译结果是可靠的。如果长度和唯一解码量相等或短于唯一解码量，则破译结果是非常不可靠的。

——克劳德·艾尔伍德·仙农

仙农的理论指出需要多少密文才能破译密码，然而并非有了这些密文就一定能破译。密码破译远比我们想象的要难。通常的情况是，破译者得到了成千上万的密文，却依然无法破译。

(三)密码在设计和使用上的原因

密码之所以被破译还有两个关键因素：一是设计上存在问题，二是使用不当。

早期的密码破译是“黑屋”[①]式的——破译者呆在黑屋子里，对着堆积如山的电报埋头苦干。而破译方法，就是尝试使用各种可能的方法，还要连蒙带猜地碰运气。后来，随着密码体制越来越复杂，密码破译必须依赖一些特殊的破译条件，比如需要大量的密文，需要一些明文和它们对应的密文，等等。

从漫无头绪地猜，到采用各种科学方法，人类在破译密码上表现出了极高的智慧。由于密码必定会经受许多看不见的对手的破译，用加密的方法来保护重要信息，相当于拿着一个盾牌上战场，这个盾牌必须直接面对敌人的刀劈矛刺。因此，如果一

① 因此历史上一些密码破译机构直接就被命名为“黑室”。

种密码在设计上存在问题，则其被破译的可能性极大。即使设计得足够复杂，也不能抵挡住破译者那颗好奇的心。他们会试遍世间所有的方法来破译手上的密文。

密码被破译的另一个原因是使用不当，历史上由于密码操作员的不熟练、漫不经心或者懒惰而造成的泄密事故比比皆是。

电影《模仿游戏》重现了第二次世界大战期间阿兰·图灵 破译德军 Enigma 的传奇故事。其中有这样一个情节，图灵研发了机器 Bombe 来破译密码，但机器造好后却依然对 Enigma 一筹莫展。一天在酒吧闲谈时，无意中受女同事琼话语的启发，发现每封电报都采用“希特勒万岁”作为固定不变的结尾，这使图灵瞬间脑洞大开，得到灵感，最终破译了 Enigma。

给每封电报加上固定的结尾，无论是为了表忠心，还是奉命行事，从密码使用角度看，都是极大的失误。而此类失误也绝非电影编剧的凭空想像，历史上许多密码正是由于操作员使用不当而被破译。比如有的操作员为了省事，没有使用更换后的新密钥，而是直接用过期的密钥来加密。有的操作员擅自把女朋友的生日作为初始口令，有的操作员把不该加密的信息，比如“新年好！”也自作聪明地加密了。这些行为都会给无孔不入的破译者提供线索，最终导致极严重的后果。

1931 年，瑞典密码学家伊夫·居尔登出版了《世界大战中密码机构的贡献》，这部著作研究了第一次世界大战中的密码学及其对战争的影响。此书揭开了黑屋分析的神秘面纱，说明加密错误和密文量太大对密码破译起着决定性作用，并总结了第一次世界大战错误使用密码的教训，促进了密码学的发展。

尽管如此，由于种种原因，在密码的使用中，还是有各种无法消除的错误。第二次世界大战中，这种错误带来的影响则更加显著。

知识链接

最爱说话的军事机构

第二次世界大战中德国 U505 号潜艇的被俘，就是滥用密码的结果。潜艇指挥部 B 机关的领导德尼茨，固执地对潜艇保持战术控制，以便集中力量捕捉最丰富的目标，而联合攻击的计划和指挥又必须依据潜艇的通信情报。德尼茨要求所有通信都要加密。这就导致潜艇通过密码电报报告艇上有人牙痛，或者祝贺在司令部的朋友的生日，因此潜艇指挥部也被戏称为“战争史上最爱说话的军事机构”。密码的滥用使美军截获了大量的密码电报，为破译提供线索，最终破译了潜艇密码，并成功地跟踪了 U505，将其捕获。而俘获潜艇的美军舰员则守口如瓶，保持缄默，使潜艇指挥部认为 U505 已被击沉，从未怀疑事情的真象，也未更换密码。

在欧战结束前 11 个月中，同盟国在这类情报的帮助下，击沉潜艇近 300 艘——

几乎每天一艘。法拉戈在他的大西洋之战研究中写道："用最简单的话说，同盟国打赢这场潜艇战，德国打输了，就因为德尼茨讲得太多。"

SIGABA密码机丢失事件

第二次世界大战中当然也有大量正确使用密码的例子值得借鉴。比如SIGABA密码机丢失事件，就体现出同盟国对通信保密的高度重视。

由威廉·弗里德曼设计的SIGABA又名M-134-C，是一种类似于德国Enigma和英国的打字密码机(TYPEX)的转轮密码机。这种密码机十分可靠，德国密码分析人员经过漫长的努力，也无法破译电报。

但是，如果其中有一部密码机落入——即使是短暂地——敌军之手，融合在这种密码机中的全部编码就会泄露。因此，在战区内大概再也没有其他东西像ABA(SIGABA的简称)那样受到严密保护。一些接近前线的部队每晚会把ABA转移到后方。在不使用时，ABA则被拆分之后装入沉重的保险箱——一个保险箱放密码机，另一个保险箱放转轮，第三个保险箱存放着密钥表。武装卫兵不间断地看管着ABA，在严密的防控措施下，ABA的安全性得到了有效保证。

但在1945年2月3日，一辆运载ABA的卡车在法国科耳马尔丢失，这一事件在美军总部引起一片惊慌，艾森豪威尔亲自督促他的第六集团军群司令不惜一切代价找回丢失的ABA。六个星期后，在离科耳马尔不远的吉森河河谷里找到这三个保护ABA的保险箱(法军司机为了"借用"卡车而把保险箱推入河中)。这次搜索花去了无数的人力和时间，然而重要的电报被保住了。几周之后，正是这些电报中的作战计划使同盟国走向第二次世界大战的最终胜利。

——戴维·卡恩著《破译者》，艺群译

总结一下，密码被破译的直接原因无外乎如下几方面。

(1)信道是公开的，敌人可以获得大量密文。

(2)自然语言有多余度。

(3)密码在设计上的原因。

(4)操作员使用不当。

然而，上述这些并非最根本的原因。仙农指出，密码之所以会被破译，其根本原因是：密钥在重复使用。只要重复使用密钥，这个密码就一定会被破译！

为什么密钥重复使用了就会被破译呢？这需要从信息论的角度分析。我们暂且把这个问题搁置一旁，先来看看一些简单的密码是如何破译的。

三、单表代替和多表代替的破译方法

(一)单表代替的破译

单表代替中最简单的莫过于恺撒密码,它将明文与密钥相加来得到密文,如果明文与密钥之和超过了26,需减去26以使密文数字落在0～25之内。因此,恺撒密码的加密过程可以写成:

密文=(明文+密钥) mod 26

当密钥为0时,密文与明文完全相同,相当于没有加密。如果密钥超过了25,比如密钥是89,则可以从密钥中减去26的3倍,得到11,所以,密钥选89或11,实际上是一回事。从这个意义上,可以认为恺撒密码的密钥只有25种可能,就是数字1～25。

如果破译者得到了一份密文,他又知道密文是明文与密钥相加的结果,便可以用所有可能的密钥(1～25)来解密,直到得到一段有意义的话为止。如果找到了正确密钥,解密后一定能得到明文,就是一段有意义的话。否则如果密钥不正确,则解密后很难得到有意义的信息。这种把所有可能的密钥都试一遍的方法称为穷举破译。

例如,密文是:

fecpr tipgk rercp jktre aluxv kyvjv tlizk pfwrt ipgkj pjkvd

先假设密钥是1,给每个密文数字减去1,得到:

edboq shofj qdqbo ijsqd zktwu jxuiu skhyj oevqs hevqs hofji oijuc

看不出来是什么意思,那就再用2来试,假设密钥是2,解密得到:

dcanp rgnei ocoan hirpc ajsvt iwtht rjgxi ndupr gdupr ineih nhitb

仍无意义,继续试下去……一直试到17,解密得到:

onlya crypt analy stcan judge these curit yofac rypts ystem

这下基本能看出意思了,再把单词分开,得到一句完整的话:

Only a cryptanalyst can judge the security of a cryptosystem.

同时也得到了密钥:17。

由上述过程可以发现,穷举破译恺撒密码,运气好的话试一次就能成功,运气不好的话则需要多试几次,但最多也不会超过25次。这个过程还是比较轻松愉快的。

破译其他单表代替密码就没这么轻松了。

恺撒密码的代替表是用加法计算出来的,而一般单表代替的代替表是26个字母的任意一种排列,这样构造出的代替表数量巨大,共有

$$26! = 403\ 291\ 461\ 126\ 605\ 635\ 584\ 000\ 000 \approx 4\times10^{26}$$

种可能性!

在代替密码中，代替表就是密钥。要对 4×10^{26} 种密钥进行穷举，也许破译者在有生之年都别想成功，必须另想别的办法。

注意到单表代替只有一张代替表，所有的明文都用这张表加密。也就是说，不管代替表数量多么庞大，一旦把加密时用的表确定下来，就会一直用下去，从而产生一个必然结果，那就是明文与密文的对应关系是固定的。这样一来，明文中所有的 a 都被加密成一个固定的字母，比如 t，而明文中所有的 e 可能都被加密成 s。

这时候，数数法，也就是统计分析法，闪亮登场啦！

首先可以确定，明文中有几个 a，密文中就有几个 t。我们数一下密文中 t 的个数，就得到了明文中 a 的个数。

那么问题来了，你怎么知道 a 对应的是 t，而不是另一个字母呢？

当然不知道！但是可以猜。

在猜之前，可以先思考另一个问题：是否密文中每个字母出现的次数都相同？

这个嘛……其实不同。

仙农说过，自然语言是有多余度的，而多余度是由人们使用语言的习惯造成的。习惯上每个符号的使用频率并不均匀，有的符号用得多些，有的用得少些。比如汉语里有几千个常用汉字，还有上万个不常用汉字。英语也一样，字母 e、t、a 用得较多，而 z、x、q 用得相对较少。人们统计出了英文字母的使用频率，见表 3－1。更直观地，可将英文字母的使用频率由表格画成如图 3－14 中的柱状图。

表 3－1　英文字母的使用频率

A　8.167	B　1.492	C　2.782	D　4.259	E　12.702	F　2.228	G　2.015
H　6.094	I　6.966	J　0.153	K　0.772	L　4.025	M　2.406	N　6.749
O　7.507	P　1.929	Q　0.095	R　5.987	S　6.327	T　9.056	U　2.758
V　0.978	W　2.360	X　0.150	Y　1.974	Z　0.074		

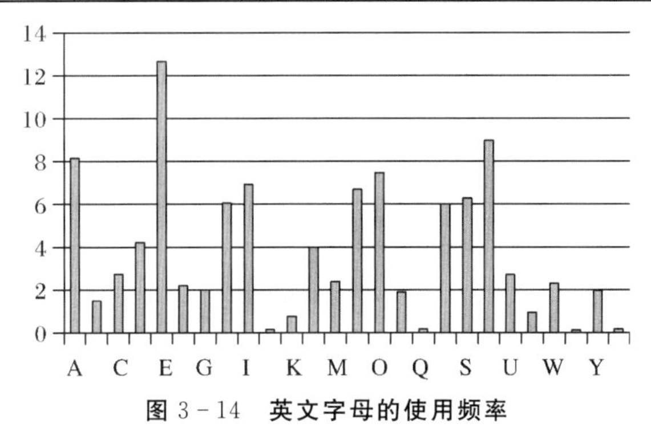

图 3－14　英文字母的使用频率

这表明，在统计了大量英文文章之后，会发现在包含 100 个字母的段落中，平均出现 8.167 个“A”，1.492 个“B”，2.782 个“C”，……，字母“E”出现次数最多，达到

12.702次，而“Z”出现最少，只有0.074次。

还可进一步地把所有字母按照使用频率进行分类，见表3-2。

表3-2 英文字母分类

分类	使用频率分类字母表	每个字母约占百分数
Ⅰ	极高使用频率字母集：E	12%
Ⅱ	次高使用频率字母表：T，A，O，I，N，S，H，R	6%～9%
Ⅲ	中使用频率字母集：D，L	4%
Ⅳ	低使用频率字母集：E，U，M，W，F，G，Y，P，B	1.5%～2.3%
Ⅴ	次低使用频率字母集：V，K，J，X，Q，Z	1%

在统计了字母使用频率之后，就可以对密文进行统计分析了。方法很简单：数一下密文中哪个字母出现最多，则这个字母对应的明文很有可能是“E”，再数一下第二多的，可能就对应着明文“T”，依此类推，便可以找到明文与密文字母间的对应关系，也就是说，仅仅凭借数数，就能还原代替表。

在实际操作中，由于种种原因，猜测的结果可能出现偏差，比如F、W、G、M，这几个字母的频率相差不大，将密文统计结果直接对应到明文可能会出错，此时可以结合语法规则和构词法，对语义加以猜测，便能得到正确的明文。

当然，这种方法要奏效，必须有足够多的密文，因为样本较少时，统计数据并无太大用处。比如我10岁的女儿某天塞给我一张纸条，上面写着：

XTNBYQNBFE

好吧，你赢了。这密文实在太少，没有办法统计。谁又能猜到明文是“I want candy”呢？

有时候，特殊的明文也会让统计分析束手无策，比如有这样一段明文：

From Zanzibar to Zambia and Zaire, ozone zones make zebras run zany zigzags.

如果用统计分析，那这段话中z和a出现得最多，达到10次，所以加密之后这两个字母的密文字母出现得也必然最多。但是如果把这两个密文字母之一当作是e的密文，就大错特错了。

知识链接

统计分析的无奈

1969年法国作家乔治斯·佩雷克写了一本200页的小说《逃亡》，其中没有一个含有字母e的单词。更令人称道的是英国小说和评论家吉尔伯特·阿代尔成功地将《逃亡》译成英文，而其中居然也没有一个e。阿代尔为这本译著取名《真空》。

为了提高统计分析的准确性，除了统计单个字母之外，还可以统计出双字母、三字母及多种常用字母组合的频率，比如英文中最常用的双字母组合是 th 和 he，而最常用的三字母组合是 the。通过统计比较，可以更准确地推断出代替表来。

总之，自然语言中各个字母的使用频率不同，这为破译单表代替提供了依据。事实上，所有单表代替都可由统计分析的方法，通过统计字母的使用频率来破译。

(二)多表代替的破译

维吉尼亚、博福特和弗纳姆密码是最著名的 3 个多表代替密码，在历史上它们发挥了重要作用。人们一度认为多表代替就是密码技术的巅峰，它们看上去是如此难破译，又是如此简便易用，真是完美！

然而，被破译是一切密码的宿命，即使是称雄一时的多表代替。从破译单表代替的统计分析法入手，不安分的天才们开始破译多表代替，并且很快得到灵感。虽然多表代替看上去很复杂，但破译它也并非完全不可能，通过仔细分析，还是能得到字符频率的某些统计信息，原因在于多表代替的代替表个数是有限的。比如构造了 3 个代替表，在加密时轮流使用这 3 个表，这就形成了加密的周期。如果两个相同字母的间隔恰好是 3 或 3 的倍数，则这两个字母对应的密文也一定是相同的，利用这一点可以找出代替规律。

以维吉尼亚密码为例。这种密码有 26 张可能的代替表，分别以字母 A 至 Z 开头，如图 3－7 所示。第一行字母按原始顺序排列，以下每一行都由上一行循环左移一位得到。实际加密时，需要一个额外的密钥来指示对每个明文字母用哪张表加密。

设密钥为 KEY，长度是 3，也就是说共有 3 张代替表，明文中的第 1 个字，用 K 开头的代替表加密(即把 A 加密成 K，B 加密成 L，……)，第 2 个字用 E 开头的代替表加密，第 3 个字用 Y 开头的代替表加密。由于密钥长度是 3，所以第 4 个字母又用 K 开头的表加密。

设明文为：

TO KNOW SOMETHING OF EVERYTHING, AND EVERYTHING OF AT LEAST ONE THING

用上述规则加密时，首先把明文分成 3 个字母一组：

TOK NOW SOM ETH ING OFE EVE RYT HIN GAN DEV ERY THI NGO OAT LEA STO NET HIN G

其次，再对每组分别用 K、E、Y 开头的表加密，我们把明文与密钥对齐：

TOKNOW SOM ETH ING OFE EVE RYT HIN GAN DEV ERY ……

KEY KEY KEY KEY KEY KEY KEY KEY KEY KEY KEY KEY ……

最后，按照每张表的规则逐个代替，就得到密文：

DSI XSU CSK OXF SRE YJC OZC BCR RML QEL NIT OVW DLG XKM YER VIY CXM XIR RML Q

对比一下明文和密文，会发现前3个O距离恰好是3，也就是密钥长度，

TOK NOW SOM

因为它们都是用以“E”开头的表加密的，对应的密文都是S，这就为破译提供了线索。可以分析明文中重复出现的字符，若其间距是3的整数倍，则相同明文必定对应着相同的密文，这样一来，只需要分别对3个代替表进行统计分析即可，相当于破译3个不同的单表代替。

当然，破译者事先根本不知道密钥长度，因此破译的焦点就集中在如何推测出密钥长度来。注意到破译者手中仅有密文，他只能通过观察密文来猜测密钥长度。如果有许多重复出现的字母或字母组合，其间距都是某个数的整数倍，则密钥长度很可能就是这个数。

再看一个例子，密钥为RUN，假设明文是：

TO BE OR NOT TO BE, THAT IS THE QUESTION

加密后的密文为：

KIO VIE EIG KIO VNU RNV JNU VKH VMG ZIA

观察这段密文，寻找其中重复的出现的字母片段。不难发现“KIOV”出现了两次，“NU”也出现了两次，而且两个“KIOV”间隔是9，两个“NU”间隔是6，它们都是3的公倍数，这意味着密钥长度很可能是3，这时候不妨用3试试。

假设密钥长度为3，接下来的任务就是用统计分析法分别破译3个单表代替，这个任务显然要容易得多。

因此，如果破译者手中有足够多的密文，通过观察密文中的重复，并进行尝试，便可以推测出密钥周期，进而破译维吉尼亚密码。从这个思路出发，1854年，查尔斯·巴比奇成功破译了维吉尼亚密码。巴比奇破译的第一步是寻找密文中出现超过一次的字符串，这种重复的原因可能有两种：一种是明文中同样的字母使用密钥中同样的字母加了密，此时密文一定相同；另一种可能是明文中两个不同的字母序列用密钥中不同部分加密后，碰巧密文也相同。第二种可能性是有的，但是概率较小。

与巴比奇同时代的普鲁士退役军官弗里德里克·威廉·卡西斯基也独立地发现了维吉尼亚密码的破译方法。1863年，他发表了《加密和解密的艺术》，其中介绍了自己发明的“卡西斯基检验法”，其基本依据是：在密钥反复与明文反复的重合处，密文亦出现反复。比如，密文的第23位是字母组合UL，在63位又出现，在103位又出现，则这3个数之间的距离就有可能是密钥长度的倍数，我们可以算一算：

$$63-23=40$$

$$103-63=40$$

这说明密钥长度是 40 的因子，可能是 4，5，10，20，40，接下来可以用这几个数分别试试，当然工作量可能会比较大。

为了让破译过程更加轻松愉快，我们继续观察，如果还有其他字母或字母组合也有重复，并且重复的距离是 45，那就列出 45 的因子：3，5，15，45。

注意到在 40 与 45 的因子中，只有 5 是同时出现的，所以其他数字都可以被排除出局，只留下 5。

现在还剩下什么工作？对，假设密钥长度是 5，然后分别破译 5 个单表代替即可。

1920 年，美国密码学家威廉・弗里德曼在卡西斯基检验法的基础上，发明了重合指数法（Index of coincidence，IC），可以破译所有的多表代替。

总之，由于多表代替仍保留了字符频率的某些统计特征，从对周期的分析入手，可以破译维吉尼亚以及其他一些多表代替密码。当然，为了让统计分析方法起作用，破译者手中必须有大量密文。

四、现代密码破译

任何人，从最无能的外行到最好的密码学家，都能设计出他自己无法破译的算法。这并不难。难处在于设计出别人无法破译的算法。

——布鲁斯・施耐尔

在解决自然科学问题时，科学家们通常会采取这样的步骤：分析、假设、推断和证实。首先通过分析掌握一些规律，然后针对具体问题提出某种假设，再从逻辑上推断这种假设是否合理，最后用实验方法加以证实。

“分析—假设—推断—证实”，这也是密码分析的一般步骤。在实际的密码破译中，可能需要统计字母出现次数，然后假设字母“e”可能被加密为“X”，据此推断应当出现某些可能的明文，并证实上述假设是对的，或者错的。这两种情况都会引起一系列的新推论。

在推理过程中，又可以使用两种方法：演绎法和归纳法。演绎法以频率分析为基础，它们是破译任何密码体制的一般方法；归纳法则以可能发生的事实，或以好运气（如获得了同一明文用不同密钥加密的两份密文）为基础，它们是特殊的破译方法。

毫无疑问，密码设计者是世界上最有勇气的一群人，面对数量未知、计算能力未知、身份和地理位置未知的潜在破译者，他们必须考虑到所有最坏的情况，在设计密码时做出各种假设，并选择最可靠的方法。一个新问世的密码在投入使用时，如同走进了《三体》中的黑暗森林，要同时面对无数未知的陷阱、机关和敌人。黑暗森林中，为了保护自己，需要考虑敌人的进攻能力，以及拥有何种有利条件。密码破译同样也必须考虑破译者的破译条件。

根据破译者具备的条件，现代密码破译一般可分为4种级别：唯密文，已知明文，选择明文和选择密文。

第一级，唯密文攻击。

破译者手中只有一些密文。密码破译就是从密文中求出密钥和明文的过程，目的是为了获取信息，如果破译者连密文都没有，破译也就无从谈起。

密文来自哪里呢？当然是公开的信道。

作为破译的第一步，破译者需要从公开信道上截获一些密文，仅仅凭借对密文的分析来推断出明文和密钥。显然这样破译起来难度最大，但反过来说，对密码设计者而言，设计一个能抵抗唯密文攻击的密码，应该是最低的要求了。

第二级，已知明文攻击。

此时破译者不仅有一些密文，还通过某种途径得到了这些密文所对应的明文。

你可能会产生疑问，明文都知道了还破译什么？注意破译者的目标是当下截获的这份密文（称为目标密文），这份密文对应的明文他并不知道，只知道其他一些（可能过期的）明文及其对应的密文。在此基础上破译目标密文。

已知明文攻击显然比唯密文攻击容易得多，一些简单的密码，比如单表代替、多表代替、置换密码等，密文与明文之间的关系十分简单，完全无法应对这种攻击。所以今天的密码设计必须足够复杂，要足以应对已知明文攻击。

然而怎样得到已知明文呢？途径是很多的。可以由情报人员窃取，也可以由既成事实中推断。比如“新年好！”这样的信息，非常有可能在新年那天大量出现。再比如，在战场上，若敌方的哨所遭到炮火轰击，则截获的电报中很有可能包含“炮兵”“轰击”等字样。

有时还可通过无线电问话、密码员的疏忽、公开的外交照会以及类似途径获得明文。

有时发给几个接收方的同一消息会有固定格式的报头，这也能提供一些线索。

密码破译者利用已知的或假设的明文，列出以密钥或未知明文为未知数的方程，再解这些方程，便破译了密码。这是密码破译的基本方法，说起来简单，做起来却如同大海捞针。面对一个奋战多日却依然毫无头绪的密码，破译者需要承受的精神折磨是常人难以想象的。

第三级，选择明文攻击。

假设密码分析者有了一台加密机，他不知道密钥，但能获得自己选择的任何明文所对应的密文（用同一密钥加密），在此条件下去破译目标密文。这个条件似乎也太优越了，如果能进行选择明文攻击，一些设计简单的密码是不堪一击的。可以想象一下用选择明文攻击破译多表代替或者置换密码的情形，简直就是十拿九稳。

但是，破译者究竟怎样获得选择明文攻击的条件呢？方法是有的，比如趁午餐期间办公室无人时偷偷溜进去做一些操作。比如设法诱使敌方按照这些明文发出相应的密文电报，然后再截获这些电报。由于明文是密码分析者自己选择的，所对应的密文应该提供更多的信息。

此外，针对现代公钥密码，选择明文攻击则可以轻而易举地实现。因为公钥密码将加密密钥公开，任何人都可以任意选择消息并加密得到密文。

选择明文攻击给密码设计者提出了很高的要求。对于今天使用的密码而言，抗选择明文攻击是一个最基本的条件。这不难理解——在黑暗森林中绝对不能存在侥幸心理，任何一点疏忽都可能是致命的。

第四级，选择密文攻击。

这种攻击的目标通常也是公钥密码。此时攻击者的条件优越得无法想象：他竟然有了一台解密机，可以任选密文输入解密机中，得到相应的明文。那这时候还破译什么呀？注意，这里的“任选”其实是有条件的，攻击者手中截获了一条密文，即目标密文，他的最终目的是得到这条密文的明文，然而却不能把这个密文输入到解密机中，否则真的就不需要破译了。

也就是说，在选择密文攻击中，破译者除了目标密文之外，可以任选密文并得到解密服务，然后根据得到的信息来破译。如果此时还不能破译，就说明这种密码设计得非常安全，可以放心地应用于种种重要场合。设计一种抗选择密文攻击的密码，对于密码设计者来说是一个挑战，也是今天对密码设计的基本要求。

可是攻击者凭什么能得到解密服务呢?

设想这样一种情况：假设某公司雇用了一个天真的密码操作员小 A，他是一名刚入职的新手，急于表现。他当然知道公司的机密是不能泄露的，但这时候，如果有人冒充经理打电话来：“把这段话解密一下，传回到某个邮箱!”

小 A 解密后发现这是一句无关紧要的话，他很乐于助人，很快就传去了，这个冒充者，就得到了一次解密服务。

这种依靠骗术来套取秘密的方式，人们给它起了个名字叫“社会工程学”，它是一种特殊的黑客行为。一般的黑客总是精通计算机和网络技术的，然而社会工程学攻击者主要凭借人际交往来得到信息。若想进一步了解这种神奇的技术，可以参考传奇黑客凯文·米特尼克（Kevin David Mitnick，见图 3-15）写的《欺骗的艺术》一书。

从上述 4 种级别的破译可以看出，随着破译者手中的筹码逐渐增加，破译的难度越来越小，同时给密码设计提出的要求也越来越高。今天看来，仅使用单个代替或置换构造的密码，已经远远不能满足需求了。

图 3-15　凯文·米特尼克(Kevin David Mitnick)

密码学家们早就意识到,如果仅仅给出一种数学上可逆的运算,根本不能算是密码设计。今天的密码设计过程大体上是这样的,在构造了加密算法和解密算法之后,必须拿出一个形式化的证明,声称这种密码具有选择明文攻击或选择密文攻击下的安全性。证明的方法与我们所熟悉的数学证明不太一样,看上去非常古怪,然而在逻辑上却是合理的,也被实践证明是正确的。本书第十二章将详细介绍这种古怪方法。

人类必须为在黑暗森林中的生存付出代价,把地球文明变成确实安全的文明。

——刘慈欣《三体》

《《第四章

从古典密码到现代密码

不要低估你的敌手，特别是应假设敌手知道加密和解密算法。所以密码系统的强度依赖于密钥的保密，而不是算法。

——奥古斯特·柯克霍夫斯(Augueste Kerckhoffs)，1883

内容提要

古典密码的两个假设
密码算法的理论保密性
序列密码与分组密码

大体上讲，密码学的发展可以分为两个阶段，分别称为古典密码和现代密码，两者的分界线是1949年克劳德·艾尔伍德·仙农发表的一篇文章《保密系统的通信理论》。

知识链接

仙　农

仙农出生于美国密歇根州的盖洛德，他于1932年入密歇根大学就读电气工程和数学，1936年毕业后来到麻省理工学院任助教；1939年获麻省理工学院的波勒斯研究席位(Boweles Fellow)，全力从事中继和转换网络理论的研究；一年后，以优异的研究成果在该院取得电机工程技术硕士和数学博士学位；1940—1941年间，由美国国家研究委员会资助去普林斯顿大学从事研究工作；此后即以数学家身分加入贝尔电话实验室。仙农的主要科学工作都是在这里完成的；1956年回到麻省理工学院任教授，但仍兼任贝尔电话实验室的顾问直至1972年。从1958年起，仙农就任麻省理工学院的多纳(Donner)科学教授，1980年退休。

仙农是信息科学的奠基人，他最伟大的成就是创立了经典信息论。

仙农是一位毕达哥拉斯主义者，他信奉科学工作的最终目标是确立定量的数学上的规律；他认为通信不仅仅是架电缆和装电话，而是一门值得深入研究的严谨科学。作为信息论的奠基人，仙农第一次用数学方法研究"通信""信息""消息"等概念，为了解释信息传递的原理，他给出了信息量、信源熵、信道容量的严格定义，发明了一整套理论来描述信源、信道和信息传输过程，还讨论了通信的可靠性和效率问题，指出可以通过编码方法提高通信的可靠性和效率。这些研究工作被写成一篇长达 80 余页的论文，名为《通信的数学理论》，于 1948 年分两期发表在《贝尔系统技术》杂志上。由此宣告了信息论的诞生。

在 1949 年，仙农又发表了另一篇论文《保密系统的通信理论》。在这篇文章中，仙农用信息论的观点研究保密通信过程，深入而精准地研究了密码学的本质问题，提出了关于密码设计与分析的一系列深刻结论，包括什么样的密码能提供理论保密性（即信息论意义上的安全性），密码设计应遵循何种原则，密码的实际应用，等等。

虽然在长达数千年的时间里，密码一直用于保护重要信息，但它并没有发展出严谨的理论体系。古典密码使用的加密方法种类繁多，形态各异，然而其中绝大部分都是凭借直觉和技巧设计的，从这个意义上，古典密码更像是某种艺术，而不像是严谨的科学。仙农的文章发表之后，在其影响之下，密码学得到跳跃式发展，一下子由古典密码进化为现代密码，由艺术发展为科学，由文字游戏变成足以让数学家们认真对待的严肃学科。

从 1949 年直至今天，在这 70 多年间，密码学家们一直遵循着仙农的原则来设计密码，因此《保密系统的通信理论》一文当之无愧地成为密码史上的里程碑。

纵观密码的发展史，从古典密码到现代密码，可以说经历了一个奇妙的过程，虽然两者有严格的分界线，但又不能完全割裂开，现代密码并不是天下掉下来的，而是古典密码发展到一定程度的必然产物。那么两者之间究竟有什么样的联系呢？

我们从古典密码的应用说起。

一、古典密码的两个假设

古典密码，历经了数千年的发展，古人运用自己的聪明和智慧，造出了天书、恺撒密码、漏格板、棋盘密码、Playfair、多表代替等各种精妙的密码。不管这些密码在形式上如何千变万化，但其使用的加密方法归结起来只有两种：代替和置换。前者是改变明文的表现形式，后者是改变明文的排列方法。

恺撒密码和天书密码分别是代替和置换的典型代表。前者利用加法来构造代替表，后者则借助于棍子来打乱明文字符的排列顺序。

从使用者角度看，这两种密码都很好用；从破译者角度看，它们也很好破译！

假设破译者得到了一串密文如下：

fecpr tipgk rercp jktre aluxv kyvjv tlizk pfwrt ipgkj pjkvd

如果他不知道对方使用了何种加密方法，那么破译将无从下手。但是，假设破译者通过某种方式知道了加密方法。

如果是天书密码，则只要找一根同样粗细的棍子，把羊皮纸缠回去，便能读出原始信息。虽然他不知道棍子有多粗，但可以找几根不同粗细的棍子来试，这个并不难做到。

如果是恺撒密码，虽然密钥未知，但可以用穷举法试一试。

假设密钥为 1，给每个字母减去 1，得到解密结果：

edboq shofj qdqbo ijsqd zktwu jxuiu skhyj oevqs hevqs hofji oijuc

无意义，说明密钥不是 1。再令密钥为 2，继续试，……，一直试到密钥为 17，得到前四组密文的解密结果为：

onlya crypt analy stcan

虽然空格的位置不对，但从中大致上能看出几个单词。于是继续用 17 解密，并把解密后得到的单词分开，得到一句有明确意义的话：

Only a cryptanalyst can judge the security of a cryptosystem

这样就破译了密文，而且还知道了密钥是 17。

用穷举法破译恺撒密码，运气好的时候，猜一次就能成功，运气不好的时候，要多猜几次，但是最多也不会超过 25 次。

因此，如果破译者知道加密方法，大多数古典密码都是不堪一击的。要想利用古典密码保护信息，必须符合两个基本假设条件，那就是：算法要保密，密钥也要保密。科学研究往往始于假设而归于实证。提出一个假设，再证明这个假设成立或者不成立，便得到一个合理的结论。下面我们也试着分析一下这两个假设是否合理。

先看第一个假设：算法要保密。

一个密码算法能否真正做到安全保密？

要回答这个问题，就要从保密通信的应用环境出发。一般来说，有利益冲突，才有保密通信，密码不管是用于两国交战，还是用于商业活动，它的使用是有风险的。破译者为了己方的利益，会不择手段地用各种方法获知信息。在这种背景下，加密算法是不是能永远保密呢？

事实可以说明一切。

1946 年 9 月，解放战争初期，在山西临汾附近发生了一场著名的“临浮战役”，鉴于附近有官雀村，有时也称其为“官雀战役”。

交战双方：共产党方面是解放军将领陈赓率领的部队，国民党方面是胡宗南麾下的国民党整编第一师第一旅。

国民党的一师一旅号称“天下第一旅”，其旅长是毕业于德国陆军炮兵学校的黄正诚，军官是清一色的黄埔学生，士兵都是有战斗经验的老兵，实力很强，素质很高。然而这支高素质的部队，使用的密码却比较简单。具体加密规则如图 4－1 所示。

> (1)用“上级长官名字+本级长官名字”表示部队代号,比如整编第一师的师长叫罗冷梅,上一级即第一军的军长叫董介生,因此第一师的代号就是“介梅部”。
>
> (2)用“柴米油盐酱醋茶”表示七种军事行动。
>
> (3)表示兵力规模时,用“三人组”代表连,“四人组”代表营,“五人组”代表团。

图 4-1 “天下第一旅”使用的“密码”

举个例子,如果发出的电报内容为“明天四人组去浮山买茶”,对应的明文就是“明天派一个营攻占浮山”。

这样一种简单的代换密码,简直如同儿戏,破译它易如反掌!

战役的结果是可想而知的,由于通信密码太简单而造成大量信息泄露,威名赫赫的“天下第一旅”最终在临浮战役中全军覆没(见图 4-2)。

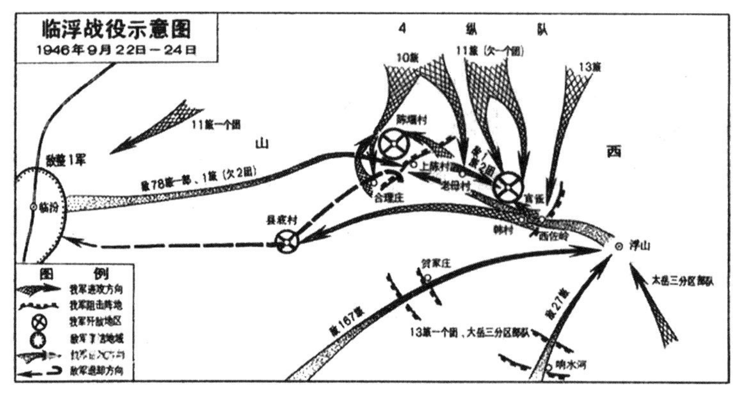

图 4-2 临浮战役示意图

这个例子说明:由于设计的原因,加密算法是不可能永远保密的。

读者可能会提出异议:那是因为这种密码实在过于简单,稍微懂一点情报工作的人都能猜出来。如果把密码算法设计得更复杂些,敌人就不一定能破译了。

下面再看一个复杂的例子。

1949 年之前,最复杂的密码莫过于第二次世界大战期间德军使用的 Enigma 密码机(见图 4-3),这种密码在问世之初由于设计复杂、安全强度高而广受欢迎,一时间各种商用版本活跃在邮局、铁路、银行等领域。1926 年,德国海军首先采购了Enigma密码机,后来美国、日本、波兰、西班牙、意大利等国家也都装备了各种型号的 Enigma 密码机。由于传播范围太大,又存在诸多民用版本,破译者要得到一部密码机是易如反掌的。这就意味着,Enigma 密码机的算法不可能永远保密。也正是由于知道了算法,才有可能利用种种数学方法来破译它。

所以,将算法设计得更复杂些,并不能解决算法本身泄露的问题。

事实上,在 Enigma 密码机最高级版本,密钥量可以达到

$$403\ 291\ 461\ 126\ 605\ 635\ 584\ 000\ 000 \approx 4 \times 10^{26}$$

这意味着仅靠穷举破译,在当时的条件下,根本不可能成功,所以德军很自信地

将这种密码命名为“谜”。

图 4－3　Enigma 密码机

然而，实际情况却是早在战争结束好几年前，英国就悄悄破译了 Enigma 密码机，并因此对德国的所有作战计划、部署全部都了如指掌，最终在诺曼底登陆战中给了德国人最惨痛的打击。Enigma 密码机的成功破译，除技术因素之外，更多的是由于德军加密员使用不当，以及战场上缴获的密码机和密码本。

所以，由于使用上的原因，即密码使用范围广，使用时间长，以及使用者的操作不当，密码算法也不可能永远保密。

以上事实告诉我们，寄希望于算法保密来保护信息，几乎肯定是做不到的。既然假设一不成立，那么，只能依靠假设二，即密钥的保密。

19 世纪时，荷兰密码学家奥古斯特·柯克霍夫深入研究了密码在战争中的应用后，提出一个关于密码设计的著名准则：密码算法的安全性完全寓于密钥之中！

这就是著名的柯克霍夫斯准则，它的出现颠覆了人们对于密码的认识，人们开始意识到，一个真正安全的密码，它的算法应该是公开的。

这个观点振聋发聩！

> 对手不可低估，特别是对手知道加密算法。因此，密码系统的强度取决于对关键信息的保密程度，而不是算法。
>
> ——奥古斯特·柯克霍夫，1883

二、密码算法的理论保密性

密码系统的算法能公开吗？像恺撒和天书这样的密码显然是不能公开的，因为一旦公开了算法，用纸和笔就能完成破译。所以在算法公开的前提下，密码设计者们能想到的出路就是设计更复杂的算法。

历史上曾经有两种号称“无敌”的密码，一个是多表代替密码，另一个是 Enigma 密码，然而它们最终都难逃被破译的宿命。特别是后者的破译甚至影响了第二次世界大战的战局！

第二次世界大战之后，人们开始深入思考信息加密的本质，为什么古往今来所有的密码都被破译了？世界上究竟有没有不可破译的密码呢？

对这个问题，仙农给出了肯定的回答，其答案以一个定理的形式出现在其论文《保密系统的通信理论》中：

> 一个密码系统(M, C, E, D, K)是理论保密的，当且仅当每个密钥被使用的概率都相同，并且对于任意明文 $m \in M$ 和密文 $c \in C$，存在唯一的密钥把 m 加密成 c。
>
> 其中，M、C、K 分别表示明文空间、密文空间和密钥空间，E、D 是加密、解密算法。

也就是说，仙农认为存在理论上安全的密码，但是必须符合两个条件。

(1)密钥空间内的每个密钥被等概率地使用。

(2)每个明文都有可能被加密成所有的密文，并且对应到每个密文的可能性都相同。

然而满足理论保密性的密码，它的加密算法是什么样子呢？仙农没有给出任何解释！不是他疏忽了，而是确实毋须有任何要求。

最安全的密码，竟然对加密算法没有要求！这令人难以置信。

好吧，我们先试着构造一种密码，满足仙农理论保密性的条件。既然不指定加密算法，那就用最简单的加法试一试。

这种密码加密的对象是汉字，加密过程如下。

首先把汉字编码成为四位数字(四位数字，最多可以表示 4^{10} =10 000 个汉字，足以满足日常使用)，假设密钥也是数字，加密时，把编码后的明文数字和密钥对应起来相加，并去掉进位(即逐位地模 10 相加，记作"⊕")，就得到了密文，对汉字的加法加密如图 4-4 所示。

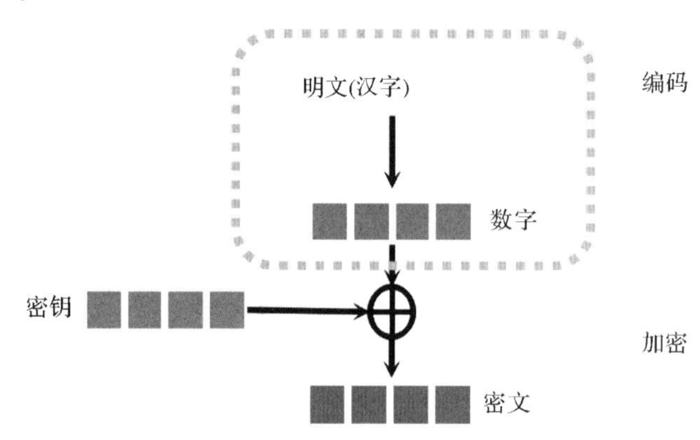

图 4-4　对汉字的加法加密

图 4-4 中，编码部分需要对 10 000 个汉字逐一编码，制成一个固定的编码本(有点类似于邮局的明码电报本)。编码方案一旦确定，就要使用一段较长的时间，在这

段时间内，编码本可能会丢失，也可能由于工作人员的有意或无意行为而落到敌方手中……总之，由于使用时间较长，编码泄露的可能性是比较大的。因此不妨做最坏的打算，假设编码本是公开的，中文电码表如图 4-5 所示。

中文电码表

啊 0759 阿 7093 埃 1002 挨 2179 哎 0740

唉 0780 哀 0755 皑 4114 癌 4074 蔼 5676

矮 4253 艾 5337 碍 4293 爱 1947 隘 7137

鞍 7254 氨 8637 安 1344 俺 0219 按 2174

暗 2542 岸 1489 胺 5143 案 2714 肮 7542

昂 2491 盎 4138 凹 0425 敖 2407 熬 3581

翱 5063 袄 5984 傲 0277 奥 1159 懊 2020

澳 3421 芭 5359 捌 2193 扒 2091 叭 0665

图 4-5　中文电码表

既然认为编码可以公开，算法又是如此的简单，那么，系统中唯一需要保密的，就是那串与明文相加的密钥了。这串密钥必须严格保密。通信双方在加密之前，要通过一个秘密渠道来共享这串密钥，这是使用这种密码的前提条件。

密码的安全性完全寓于密钥之中，这正体现了密码设计的柯克霍夫斯准则。

现在假设双方已经共享了密钥，要开始秘密通信了。

设明文信息为：首战告捷，编码后变成数字：3582 9706 1265 4308，再与密钥相加，得到密文。

解密方收到密文后，从密文中减去密钥序列，再逐位做模 10 的减法，就得到了明文消息，如图 4-6 所示。

明文：	**首**	**战**	**告**	**捷**	
	3582	**9706**	**1265**	**4308**	
密钥：	**7214**	**2985**	**4122**	**1969**	⊕
密文：	**0796**	**1681**	**5387**	**5267**	

密文：	**0796**	**1681**	**5387**	**5267**	
密钥：	**7214**	**2985**	**4122**	**1969**	⊖
	3582	**9706**	**1265**	**4308**	
明文：	**首**	**战**	**告**	**捷**	

图 4-6　加密与解密

根据前面的讨论，加密和解密算法应该是公开的，因此这里唯一需要保密的就是密钥。通信双方需要建立一个秘密信道来共享密钥，然后再通信。那么，通过秘密信道传递的密钥应该是什么样的呢？是不是任意一串数字都可以当成密钥来用呢？

这个问题需要从密码安全性的角度来回答。

假设破译者截获了一串密文：0259 6473 8932 1075。

如果不知道密钥，要判断明文是什么，几乎无从下手。然而一旦破译者通过某种

渠道知道了明文的第一个字是:首,对应着编码 3582,那么他只需要用这组明文与第一组密文相减,便得到了一组密钥,即

$$0259-3582=7777$$ ①

这串密钥数字十分特殊,就是四个重复的 7。

一名经验丰富的破译者当然不会忽略如此明显的提示,他会自然而然地猜:下一组会是什么呢? 6666 还是 8888,或者就是 7777?

先用 7777 试一试:用第二组密文 6473 减去 7777,得到数字 9706,查编码表对应的汉字是“战”。

“首战”是一个有明确意义的词语,这说明,这样的猜测是靠谱的,破解尝试成功了(见图 4-7)。

图 4-7 破译尝试

继续往下猜,索性假设所有的密钥都是 7,与密文相减得到全部明文:首战告捷,从而全部破译(见图 4-8)。

图 4-8 全部破译

同时,破译者也得到了密钥:7777 7777 ……,从而以后截获的电报,都可以用这串 7 直接解密。

为什么会这样呢?

显然是由于密钥太简单了。用重复的数字当作密钥,其实就相当于单表代替,是很好破译的。不要说是一串 7,就是“5555 6666 7777 8888 ……”,对那些聪明绝顶而又经验丰富的破译者来说,也完全不在话下。

大家可能会想,谁会这么傻,选择这样简单的密钥来保护重要信息呢?

历史上还真有,那就是第一次世界大战中的俄国。当时俄军使用的加密算法是

---

① 这里的运算均为模 10。

多表代替,还算比较先进,但是作战部队由于怕麻烦,竟然选择了形如"99999 66666 ……"这样的密钥,结果很快就被德军破译。

▶知识链接◀

第一次世界大战中俄军的密码

1914 年,第一次世界大战初期,俄军由于通信条件落后,新的通信密码和密钥未能及时下发,导致所有的军事信息都未做任何加密处理,直接以明文形式利用无线电发出。这样做的恶果是,德军完全掌握了俄军的全部部署,在 8 月的丹宁堡战役中,俄军惨败,整个第二集团军除 2 000 多人突围外,几乎全军覆没。

那年 9 月 14 日,俄军统帅部吸取教训,规定所有的军事命令都要用密码加密。此时俄军使用的是一种简化的多表代替,用一张代替表对若干个字母连续加密,把 33 个俄文字母按顺序写在第一行,下面有 8 个代替表,在最左边一列为每个代替表编号。本来这种密码可以充分发挥多表代替的优点,打乱字母频率,在当时的破译技术和条件下能满足一定的安全性要求。

然而俄军在使用中,竟然由于怕麻烦而用同一个代替表连续加密若干个字母,所以,实际使用的密钥是这样的:99999 66666 ……,它根本不具备多表代替的优点。这样的密钥除了易被频率分析攻击外,还往往反映出明文字母重复出现的形态,例如 attack 中重复出现的两个 t,它完全相当于一个单表代替。对于密码分析人员来说,破译这种密码轻而易举。

根据上述分析我们知道了,一串重复的数字是不能当成密钥的。即便不重复,有明显规律的一串数字也是不行的。因为由已知的一小段密钥能推算出后面的密钥。

然而,破译者从何处得知一小段密钥呢?

答案是已知明文攻击。

所谓已知明文攻击,就是破译者掌握了一定的明文密文对,然后进行攻击。举个例子。比如在第一场战役中,红军胜,蓝军败,这时蓝军截获了一串密文:0259 6473 8932 1075,虽然不知道密钥,但他可以猜,由既成事实,破译者会猜:这会不会是红方发出的告捷电报呢?据此猜测对应的明文是:首战告捷。从而把密文与明文相减,得到一小段密钥。

当然实际上可能没这么简单,他也许需要试很多次才碰巧猜对一次,也许还得借助于其他手段比如社会工程学。而如下的电报内容可能更易猜出:

"新年好!"

"祝小李生日快乐!"

"明天有台风,下雨收衣服啦!"

……　……

总之,如果运气好的话,破译者能设法得到一些已知明文,从而推算出一小段密钥。如果密钥有明显的规律,比如破译者得到的密钥是:3456 7893 4567,那么后面的密钥数字又是什么呢?

显然是 8934。

由此看来,有规律的一串数字,也是靠不住的。当然,像“3456 7893 4567 ……”这样的密钥还是过于简单。实际使用的密钥应该更加复杂,虽然有规律,但是一眼看不出来。别忘了,破译者大都是数学家,他们掌握着各种各样的数学工具,比如卡方检验,可以分析出密钥的规律来,从而由已知的一小段密钥推测出其余的密钥。这比预测彩票中奖要容易得多!

因此,为了安全,我们选择的密钥应该是不可预测的,就是说,无法由已知的部分推测出未知的部分。

不可预测性,在数学上被称为随机性。

随机事件在日常生活中十分常见。反复抛一个硬币,或者掷一个骰子,记录下每次的结果,就得到了一串随机数。这样的数字序列作为密钥,显然很难猜测,因为不管重复实验多少次,也永远无法预知下一个数字是什么(前提是使用了正常的硬币或骰子)。

比如掷硬币时,掷了 9 次都是正面,那么能认为第 10 次一定是正面吗?显然不能。第 10 次掷出正面的概率仍为 1/2。

假设有一串完全随机的、取值为“0,1,2,…,9”的密钥序列,记作 $k_1k_2k_3k_4\cdots$,则每个 k_i 取值 0~9 中每个数字的概率都相同,写成数学公式就是:

$$\Pr[k_i=0]=1/10,\Pr[k_i=2]=1/10,\cdots,\Pr[k_i=9]=1/10$$

而且,由第一个无法预测第二个,所以已知 k_1 取值时,k_2 的条件概率,实际上就是 k_2 本身的概率,即

$$\Pr[k_2=b\mid k_1=a]=\Pr[k_2=b]=1/10$$

由前两个无法预测第三个,

$$\Pr[k_3=c\mid k_1=a,\ k_2=b]=\Pr[k_3=c]=1/10$$

等等。其中 Pr 表示概率,a, b, c 为$\{0,1,2,\cdots,9\}$中的数字。

总之,对于一串真正的随机数,是无法由已知部分预测未知部分的。

假如用这串数字加密后的密文被破译者截获,此时即便破译者进行的是已知明文攻击,他也无能为力,原因如下:

假设第 i 个密文数字 $c_i=3$,那么它对应的明文是什么呢?显然有可能是任何数字。

密钥取 0,明文就是 3,密钥取 1,明文就是 2,……,并且,明文取每个数字的概率

都是1/10，如图4-9所示。

$$Pr[m_i=0]=Pr[m_i=1]=\cdots\cdots=Pr[m_i=9]=1/10$$

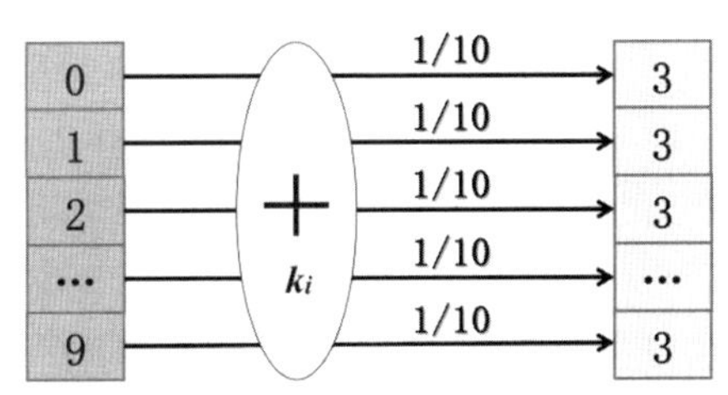

图4-9　密钥随机时，每个明文被等概率地加密成3

破译者尴尬了，因为此时由截获的密文中猜明文，相当于没有密文时凭空去猜明文，截获的这个3对于明文猜测没有任何帮助！

再回头看看这个密码的基本特征：

(1)密钥是完全随机的一串数字；

(2)每个密钥被使用的概率都相同；

(3)每个明文数字都有可能被加密成每个密文数字；

(4)对任意的明文 m 和密文 c，存在唯一的密钥把 m 加密成 c。

与仙农关于理论安全密码的条件对照一下，完全符合！

这种密码的优越性在于，对破译者而言，即便可以实施已知明文攻击，也只能得到一个密钥片段，然而这段密钥没有任何用处，因为密钥是永远不重复使用的随机数，知道一小段，根本没法预测后面的密钥，也就无法破译将来截获的密文。

而如果破译者进行的是唯密文攻击，则完全无能为力！因为这种密码达到了仙农所说的理论安全性，从信息论角度讲，就是“密文中不含明文的任何信息”。

利用最简单的加法，就能构造出理论安全的密码。这种密码对加密算法要求不高，但对密钥要求极高——密钥必须是完全随机的数字，而且不能重复使用，也就是说，密钥至少要和明文一样长。这样的密码被称为“一次一密”(one time pad，见图4-10)。

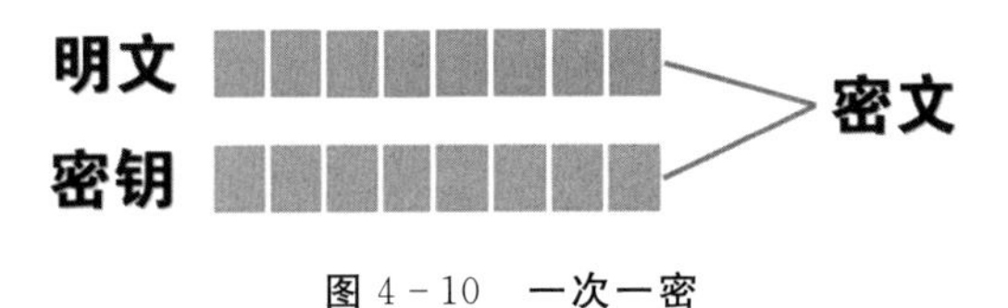

图4-10　一次一密

所谓一次一密，是指具有如下两个特征的密码：

(1)密钥是真正的随机数。

(2)密钥与明文长度相同。

仙农证明了一次一密是唯一一种理论安全的密码。

知识链接

一次一密

一次一密最早由美国密码学家莫博恩提出，莫博恩本人过去曾断言唯一安全的连续密钥是一串“和报文本身一样长”的密钥。对美国电话电报公司加密体制的研究，使他更强烈地确信这一点。在密码分析中，密钥任何形式的重复使用，都会使它们面临被破译的危险。无论是一份电报内部的重复，还是几份电报之间的重复，无论这种重复是由于原始密钥的反复使用，还是一串长密钥的简单重复，都不能避免被破译。因此，密钥的重复是不能容许的。莫博恩认为，密钥既要避免重复又要避免有意义，就必须是既无限又无任何含意。因此，他把随机密钥和不反复密钥结合起来，构成了一次一密。这种密码使用永远不重复的随机密钥，并为每一个明文符号都提供一个新的不能预知的密钥符号。

由于一次一密对算法没有要求，采用简单的加法就能加密，因此密码学家们不用殚精竭虑地去寻找一对数学上可逆的变换，在实际应用中，都用一次一密就好，再也无须设计其他密码，密码学家们可以解甲归田了。

事实果真如此吗？

虽然退耕田园也不错，但投身于科学研究或许更加令人陶醉。

黑格尔说：“凡合乎理性的东西都是现实的，凡现实的东西都是合乎理性的。”今天全世界的人们使用着各种各样的现代密码体制，它们采用了许多复杂方法来设计，密钥也并非是与明文等长的随机数。换言之，都不是一次一密。这些密码之所以存在，必然有一定的道理。

重新审视一次一密，它最大的优点是安全，其次是加密速度快（因为算法简单），但它算不算是完美的密码呢？是不是能很方便地用在任何场合呢？

事实上，一次一密在第二次世界大战后曾经流行了一段时间，但是后来慢慢不流行了。因为它有一个缺点：对密钥要求太高。密钥是与明文等长的随机数，明文有多长，密钥就得有多长，这个愿望很美好，实现起来却困难重重。

首先，当通信量很大时，要产生与明文一样多的随机数，这本身难做到。真正的随机数，只能通过自然的物理过程产生，比如：掷骰子或掷硬币，但是这样效率太低，如果要靠掷硬币的方法产生用于加密大量明文（比如源源不绝的战场实况信息）的密钥，可能会把掷币的人累死。

其次，得到了随机密钥之后，还得把它通过秘密信道传给通信的另一方，这才能让双方都拥有一样的密钥，从而完成加解密操作。然而我们知道，秘密信道的建立是十分不易的，在上面传递少量信息也许能做到，如果要传递的信息数量巨大，这个秘密信道本身就成为一个潜在的泄密源！

最后，即使通信双方成功地共享了一串随机密钥，也需要在管理上下很大的功夫。要保证这串密钥不泄露，还要随时掌握密钥的使用情况，以确保不重复使用。而当这串密钥用完之后,需要生成另一串随机数,新的一轮折磨又开始了。

总之,一次一密在使用中,面临的问题是随机密钥的产生难、传递难、管理难。当需要的密钥量极大时,密钥的生产、登记、分发和管理中存在的种种问题,必将成为密码使用者的噩梦!

因为不好用,长期以来,一次一密只用于少量信息的通信,或者一些特殊场合,比如谍报人员临时性的通信。而为了传递一次一密的密钥,间谍们也是想尽了各种方法。

▶知识链接◀

间谍使用的密码

一次一密所用的密钥(称为乱码本)曾与一些俄国高级间谍同时出现。

美国捕获的高级俄国间谍鲁道夫·艾贝尔有一本小册子式的一次一密乱码本,大小相当于一张邮票。1957 年 6 月 21 日,联邦调查局的特工人员在纽约莱瑟姆旅馆逮捕他时,发现了这个乱码本。艾贝尔把乱码本用纸包好,藏在一块用沙纸包着的挖空的木头里面,好像他无意中扔入字纸篓的一块正用沙纸擦的木头(艾贝尔的伪造身份是一个木刻艺术家)。

1961 年初,在伦敦郊区俄国间谍海伦和彼得·克罗格的别墅内,发现了藏在一个打火机下面的六本卷着的一次一密乱码本,这两名俄国间谍实际上是美国人洛娜和莫里斯·科恩。

1963 年,原子能科学家朱塞普·马特利被指控为苏联间谍,在英国从事间谍活动。当他在机场被捕时,藏于香烟盒中的两小包乱码本也被公诸于世。盒中有七支香烟原封未动,另外六枝用胶水黏在一起,并且部分被切开装进了乱码本。

三、序列密码与分组密码

既然一次一密不好用,密码学家们自然要寻求其他的方法。第一个想法就是模仿一次一密,构造一种保密程度高,同时又好用的密码。从这个思路出发,得到现代密码的第一个分支:序列密码。

序列密码,又叫流密码(stream cipher),它的加密方式是:将明文字符与密钥对应起来,逐位地加密,这里的字符,可以是字母或数字。在加密时,明文被写成一串,称为明文序列,密钥也写成一串,称为密钥序列,取出一个明文符号,再取出一个密钥符号,直接相加得到密文。

序列密码是对一次一密的模仿,它要发挥一次一密在安全性上的优势,同时又克服它在实际应用中的缺点。

通过上面的讨论，我们知道一次一密使用起来最大的难点是密钥太长，其次是要求密钥随机。密码学家们对症下药，设法解决这两个麻烦。

为了解决密钥太长的问题，他们给出的方法很直接：缩短密钥的长度。使用比较短的密钥，当然就好传好记了。究竟短到何种程度呢？可以非常短，比如：123456，就像电脑的开机口令，又好记又好用。

当然，直接使用这个短密钥加密是不行的，会严重影响安全性。但可以把这个短密钥输入到一个计算机程序中，产生（计算）出一串很长的密钥，如图 4-11 所示。实际通信的时候，只需利用秘密渠道共享这个短密钥，然后通信双方再一齐生成相同的长密钥用于加解密，万事大吉！

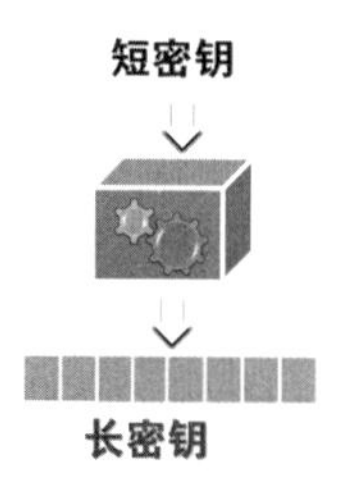

图 4-11　由短密钥生成长密钥

为了解决密钥随机性的问题，上面所说的产生长密钥的算法必须严格设计，使其输出序列不易预测。

综合以上两点，可以说，序列密码是在仙农保密理论指导下，对一次一密的模仿。其工作原理（见图 4-12）为：通信双方在秘密信道上共享一个短的密钥种子，然后用这个种子作为输入，运行一个密钥生成算法，得到相同的一串长密钥，再用这串密钥去加密明文。因此，应用序列密码的条件是通信双方必须拥有相同的密钥生成算法，此外还要有一个秘密信道来共享密钥种子。

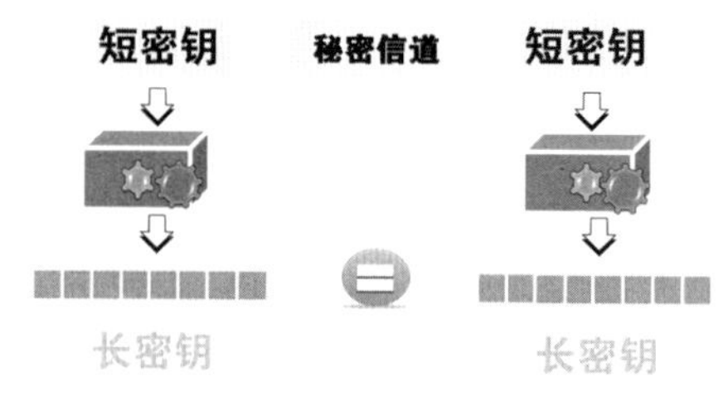

图 4-12　序列密码的工作原理

序列密码的优点可以简单地总结为四个字：安全、高效。安全，是因为密钥具有随机性；高效，是因为算法足够简单。这两个优点使它被广泛应用于世界各国的军队、外交等重要部门。但是序列密码也有弱点，那就是实现起来代价太高，特别是对密码使用者的素质要求较高，因此在商用领域，序列密码不算是一种特别理想的密码。

为了保护商业机密，20 世纪 70 年代初，以美国 IBM 公司为代表的商家企业开始另辟蹊径，研究构造其他类型的密码。他们的想法是在算法上做文章，设计出特别复杂的算法，即使公开了，破译者也无能为力，由此诞生了现代密码的另一个分支——分组密码（见图 4-13）。

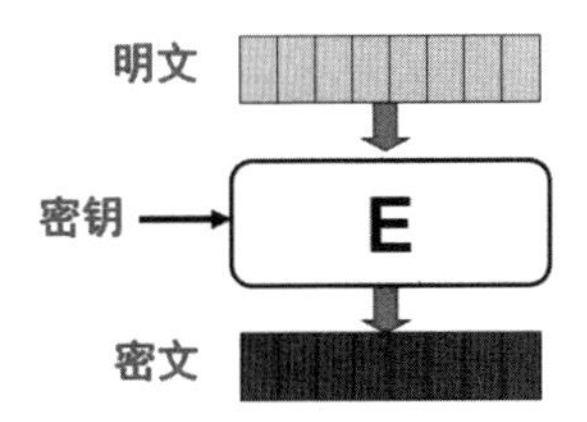

图 4-13 分组密码（E 为加密算法）

分组密码深受古典密码中多字母代替的启发——把好几个字母当作一个整体同时加密，这就是“分组”的思想。同时加密一组字母，算法当然要比加密单个字母更复杂，从而可以增加破译的难度。

简言之，分组密码是这样加密的：在加密之前，先把明文分成一组一组，然后对每组明文用相同的密钥，相同的算法来加密。

这里有两个要点：一是对明文要先分组，再加密；二是每组明文用相同的密钥加密。

所有明文都用同一个密钥加密，这与仙农对理论安全性的要求完全背道而驰，因此分组密码肯定无法达到理论安全性。但如果算法足够强大，也能安全地使用。所以分组密码对算法要求极高，加密算法一定要足够复杂，这也是分组密码设计的核心问题。

那么，什么样的算法才算足够“复杂”呢？

一个字，乱！

乱体现在两个方面，一是明文与密文之间的关系要尽量复杂，二是明文差别较小时，密文要差别很大。这就是仙农在《保密系统的信息理论》中提出的两个密码设计准则：混乱和扩散。

所谓混乱，是指把明文、密文和密钥三者之间的统计关系和代数关系变得尽可能复杂，敌手即使获得了一些明文密文对，也无法求出密钥的任何信息。

扩散，则是指让明文每一比特的变化影响密文中尽可能多的比特，以掩盖明文的统计特性。

这就是分组密码的设计准则，今天所有的分组密码都充分体现了这两个准则。

将算法设计得复杂些，可以带来两个好处：一是能保证安全性；二是降低了对密钥的要求。分组密码可以一直使用较短的密钥，而不用像序列密码那样需要生成一长串密钥，这就大大减少了密钥管理成本。由于使用方便，分组密码一直是商用密码的首选方案。

序列密码和分组密码，都与仙农的文章《保密系统的通信理论》高度相关！可以说，这篇文章对于现代密码的影响，怎么高估都不为过。有人这样评价它：

This paper opened up almost unlimited possibilities to invention, design and research.

可以简单译为：这篇文章引发了几乎无穷多的发明、设计和研究。

那么这句话是谁说的呢，他叫 Horst Feistel。在密码学从古典到现代的演变进程中，仙农的上半场高调落幕，下半场第一个出场的人物，就是这位 Horst Feistel。他是数据加密标准 DES 的设计者，密码界大名鼎鼎的人物。他所设计的 DES 密码，是第一个敢于公开全部设计细节，并在全世界范围内使用长达 40 年的商用密码标准。而以他的名字命名的 Feistel 结构，也成为设计分组密码的重要模型。

简单总结一下，从加密方式看，现代密码包含序列密码和分组密码两个分支。尽管它们采取的设计思想和实现方法各不相同，但有一点是相同的，即加密和解密使用同一个密钥，或者即使两个密钥不同，但从一个也可以轻而易举地算出另一个。这样的密码称为对称密码或单钥密码（与之相对应的是双钥或公钥密码）。

对称密码的整体思路是这样的：

——由于一次一密对密钥要求太高，不好用，所以在实际中还是倾向于使用较短的初始密钥。

——当密钥较短时，为保证安全性而采用了两种不同的技术，由此衍生出现代密码的两个分支（见图 4－14）：一种是在密钥上下功夫，让密钥尽可能地随机，方法是用短密钥通过某个精心设计的算法来生成近似随机的长密钥，这就是序列密码；另一种是在算法上做文章，使用短密钥加密，但是设计一个十分复杂的算法来保证安全性，这就是分组密码。

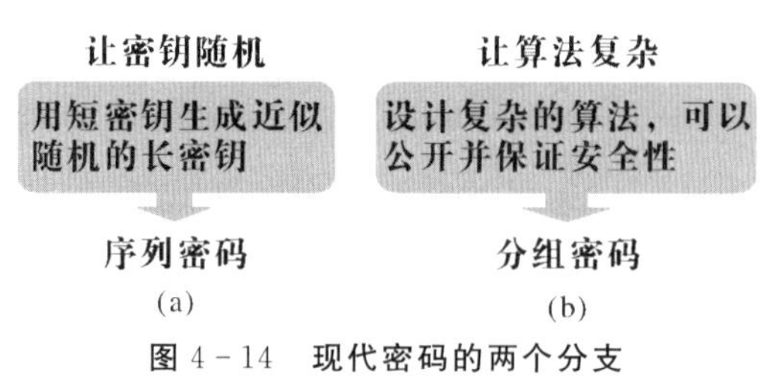

图 4－14　现代密码的两个分支

(a)序列密码；(b)分组密码

大体上讲，可以认为序列密码是对一次一密的弱化，分组密码是对多字母代替的强化。

虽然密码应用于战争已有数千年的历史，但直到 1949 年以前，人们大多凭直觉来设计密码，这个时期的密码就是古典密码，它更像是一门艺术，而缺乏科学的理论来支撑。从恺撒密码到一次一密，再到分组密码，密码的设计越来越复杂，理论基础也越来越牢固。人们不断改进着密码的设计，也在对前人的质疑中取得突破。

建立于强大数学基础之上的现代密码，由于计算量庞大，不论是加密解密，还是密码的破译，均需借助计算机来完成，这使密码学与语言学彻底分离，而成为计算机科学的分支。

理论上的飞跃打破了应用壁垒。自 20 世纪 60 年代起，随着现代计算机技术和网络技术的飞速发展，密码开始向各个领域渗透。今天，密码学已经成为集代数、数论、信息论、概率论于一身，并与通信、计算机网络和微电子等技术紧密结合的一门综合性学科。它被应用于电子商务、电子政务、网上银行、无线通信等多种场合，保护着从军用到商用，再到个人隐私等各方面的信息。除保密通信以外，它还可用于实现数字签名、消息认证、身份认证，成为现代信息网络安全的基石。

《《第五章

揭秘序列密码

谋成于密，败于泄。三军之事，莫重于密。一人之事，不泄于二人；明日所行，不泄于今日。

——(明)揭暄《兵经百篇》

▶内容提要◀

什么是序列密码

序列的随机性

密钥序列的产生方法

序列密码的应用

一、什么是序列密码

将明文与密钥对应起来，逐位进行加密的密码系统，称为序列密码，又称流密码(stream cipher)。序列密码在加密之前，先把明文写成一串，叫作明文序列，密钥也写成一串，称为密钥序列。

序列密码的加密过程十分简单：最简单的数学运算莫过于加法，而序列密码正是采用加法来加密的，把明文序列中的符号与对应的密钥符号直接相加，产生一个密文符号，如图 5-1 所示。

注意到加法也有许多种，比如这样的加法：3＋9＝2，或这样的加法：1＋1＝0，前者是模 10 加，后者是模 2 加①。在图 5-1 中将加法统一用符号“⊕”表示。

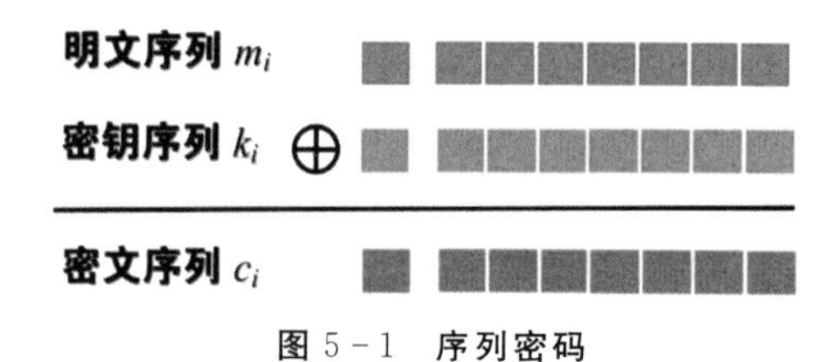

图 5-1 序列密码

① 即逐比特的异或运算，其规则为：1＋1＝0＋0＝0，0＋1＝1＋0＝1。

回顾第一章提到的各种古典密码，看上去序列密码的加密运算比某些古典密码还要简单，那么它能提供安全保护吗？

首先，算法简单有一个最大的好处，就是速度快。用计算机做加法，一瞬间就能完成。其次，安全与否不能仅凭直觉来判断。根据仙农的观点，一个达到理论保密性的密码，对算法其实是没有要求的，只要密钥足够随机就行。所以设计和使用序列密码的关键全部集中在密钥上，至于加密算法，采用像模 2 加(异或)这样的运算并无不妥。

序列密码的通信过程是这样的：首先通信双方要拥有一个相同的确定算法来产生随机数，在加密之前他们通过秘密信道共享一个随机数种子，用这个种子生成相同的密钥序列。信息的发送方将密钥与明文相加，得到密文，利用公开信道传递，接收方收到密文后，用同一密钥序列解密得到密文，如图 5-2 所示。

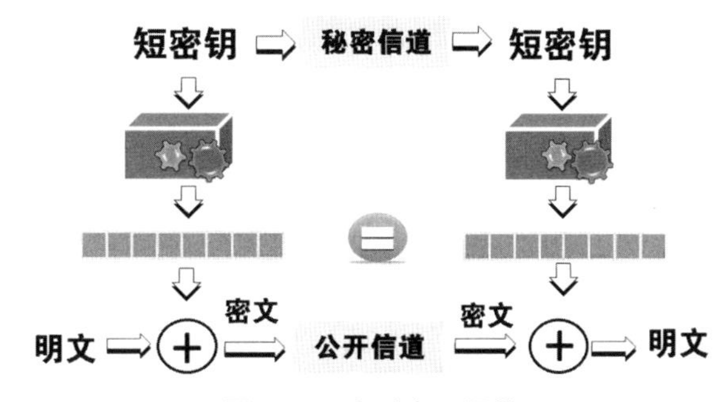

图 5-2 序列密码通信

这里的秘密信道，可以是武装押运，也可以是专线电话，或者虚拟专用网络，等等，总之，要确保万无一失。在秘密信道上传递的信息不宜太多，否则它将成为新的泄密源。因此，序列密码总是用一个比较短的密钥种子通过计算来得到长串的加密密钥。然而生成的长密钥总有用完的时候，如果用完之后又回头再用一遍，那就变成重复使用，增加了被破译的风险。所以序列密码在使用中，要求经常更换种子，让加密密钥永远不重复使用，这样做就接近于一次一密，能最大限度地提供安全保护。

知识链接

日本的 JN25 密码

第二次世界大战期间，大量的通信使日本海军缩短了密码使用周期。战前规定几年更换一次密码，而新的标准要求舰队每六个月至一年更换一次密码体制，每 1～6 个月更换一次乱数，战术用密本则需每月更换。

据文献记载，日本的 JN25 密码在战争期间大约更换了 12 个版本。

然而到了第二次世界大战后期，贪婪的日本人一度占领了多达 2 000 万平方千米的土地，过长的战线使密钥更换十分不便。中途岛海战之前，本来计划应于 1940 年 4 月 1 日把 JN25B 换成 JN25C(这两个东西都是密本)，但狂妄的日本人认为更换密码不算什么急事，几次战役胜利使他们感觉自己的密码并没有被破译，更由于日本人占领的地方太大，换起来太麻烦，所以换密码的事情被一推再推。到了1940年5月1日还是没换，又向后推了一个月，到1940年6月1日才换。结果在1940年5月初时，用JN25B加密的电报有90%的内容都能被美军破译。这使美军能够集中有限的兵力对付日本海军向中途岛的进攻，最终直接影响了战局。

密钥要定期更换，这是一个常识，世界上绝大部分密码体制都是这样要求的。然而即便能及时更换种子，使产生的密钥永远不重复使用，也不能将图5－2中的密码等同于一次一密。

这是为什么呢？

注意这里的密钥序列是通过一个确定算法计算出来的，这样生成的一串密钥序列，即使看上去随机性很好，也不能算是真正的随机数。

真正的随机数只能通过自然过程产生，比如掷骰子、掷硬币、白噪声、宇宙射线、光电效应等等。这些方法能产生真正的随机数，可真要利用它们来产生长串的加密密钥，似乎不好操作——要让通信双方同时利用自然过程生成完全相同的随机数，比如两个人同时掷硬币，掷了1 000次结果都完全相同，这也不是不可能，但可能性只有微乎其微的$1/2^{1\,000}$。

所谓真正的随机序列，实际上就是不能重复生成的序列，假如无法重复生成，又怎能让通信双方共享？所以在实际应用中，只能退而求其次，不通过物理过程，而是用机器来生成一些序列，它们看上去与真正的随机序列差不多，但是由于产生过程是确定的，所以只能称为"伪随机序列"。生成这些序列的算法，相应地被称为"伪随机数发生器"。

知识链接

真随机数发生器

真随机数发生器是一种通过物理过程而不是计算机程序来生成随机数字的设备。这些设备通常利用一些能生成统计学随机的"噪声"信号的微观现象，如热力学噪声、光电效应和量子现象等，这些物理过程是完全不可预测的。

硬件随机数生成器通常由换能器、放大器和模/数转换器组成。其中换能器将物理过程中的某些效应转换为电信号，放大器及其电路可以将这些电信号的振幅放大到宏观级别，而模拟数字转换器则用于将输出变成数字，通常为二进制。通过反复采样这些随机信号，便能得到一系列的随机数。

比如，测量一段时间内的电视静电电流，就能生成真正的随机数字序列（见图5－3）。

图 5-3 随机序列

对这个随机序列进行可视化，比如根据每个数字来确定行动方向，并画出方向变化的轨迹，这个行为称为随机游走（见图 5-4）。这种变化在任何方向都缺乏规律，有点像粒子的布朗运动。

图 5-4 随机游走

物理不可克隆函数（Physically Unclonable Function，PUF）也是一种随机数生成方法，其输出依赖于电路的线路延时和门延时在不同芯片间的固有差异。这种延时实际上是由一些不可预测的因素引起的，如制造差异、量子波动、热梯度、电子迁移效应、寄生效应以及噪声等。因此一个 PUF 电路是很难模拟、预测或复制的。由于物理攻击需要改变芯片的状态，会对 PUF 产生影响，因此 PUF 具有很好的抗物理攻击性能。

二、序列的随机性

面对一个给定的序列，如何判断它的随机性“好不好”呢？对于这个问题，有时候直觉可以起作用。比如下面两个序列：

000000000000000000000001

0000000111111100000001111111

第一个序列中只有最后一位是 1，其他都是 0。第二个序列虽然 0 与 1 个数相同，但排列很有规律，7 个 0，7 个 1，再 7 个 0，7 个 1。我们看一眼就能立即断定，这两个序列的随机性不怎么样，因为它们看上去太“整齐”了。

但另一些序列就不那么明显了。比如下面两个序列，哪个随机性更好些呢？

100011110100111001011100

001011000111001000111001

仅凭直觉很难做出判断。

只能说随机性好的序列不应有明显规律，难以预测。然而预测起来究竟有多难，仅凭直觉可得不到答案。在科学中直觉只起辅助作用，要彻底解决问题还必须有严谨的方法和态度。为了衡量机器产生的序列随机性究竟怎样，人们制定了一系列的参数和规则。其中，最重要的3个参数是：周期、游程分布和自相关函数。

(1)周期。如果一个序列看着很长，但它其实是一个较短的序列经过多次重复而得到的，那就不能说这个序列随机性较好。何时开始重复，这一点很重要，因为重复的部分是可预测的。重复部分的长度就是序列的周期。

知识链接

周　期

人类早就认识到了周期的作用。古代中国人和美索不达米亚平原上的苏美尔人都擅长观测天体运动，而且不谋而合地认为如果能预测天体的运动，就能预言地球上的事件。显然天文观测比预测地球上将要发生什么事容易得多。因此，在每个晴朗的夜晚，他们都会观察并记录下夜空中每个星体的位置，并将观测结果详细记载在天文日志中。根据这些记录，可以推算历书，得知播种日和宗教节日。

苏美尔人从行星所有的运动中识别出周期性运动，并据此预测行星行为。例如，他们发现月球周期是18年，金星周期是8年，而水星周期是46年。结合这些周期，他们发明了一种称为星历(goal-year-text)的东西。

对古人来说，预测天体的活动很简单，只要观察、记录和分析就可以了。虽然当时的人们普遍相信唯心的占星术，但研究方法却有一定的科学性。

如果我们要预测一个密钥序列，根据已知的部分写出未知的部分，那么首要任务就是找出它的周期，有时候周期可以通过观察法来发现。

比如这样一个序列 01100 01100 01100 01100 ……

可以看出周期是5。

真正的随机序列是永远不重复的，我们当然期待机器产生的序列也不会重复。然而遗憾的是：只要序列是用机器产生的，就不可能不重复。因为所有的计算机都是有限状态自动机，状态有限，意味着总会在某个时刻把所有状态都经历过一遍，而此时输出的序列必然开始重复。既然重复不可避免，自然希望周期越大越好。

周期是衡量序列随机性的一个重要指标，然而它并非唯一指标，换句话说，仅仅“周期较长”还不一定是一个“好”的序列。

看这样两个序列：

1000 0000 0000 0000 0000 0000 0000 0000 0000 0000 1000 0000 0000 0000 0000 0000 0000 0000 0000 0000 1000……

1010 0110 0111 1010 0110 0111 1010 0110 0111……

前者的周期为 40，后者的周期为 12，但第一个序列显然不如第二个，因为每 40 个符号中只有一个 1，其他都是 0，如果用它来加密一串明文，则每 40 个符号只有一个被改变，密文与明文相似度极高。

所以仅仅周期长还不够，在一个周期内，0 与 1 出现的概率要基本相同。正如掷硬币时，正面与反面朝上的概率大致相同，真正的随机序列中每个数字出现的概率也应该是相同的。

这就是衡量随机性的第一个准则：0～1 平衡性——在序列的一个周期中，0 与 1 的个数要相同（周期为偶数）或相差 1（周期为奇数）。

（2）游程分布。随机性通俗地说就是要看上去很“乱”。因此，序列中 0 与 1 的排列方式不能太整齐。所谓游程，就是指序列中连续出现的相同符号片段，比如：01110，是长为 3 的 1 游程，100001，是长为 4 的 0 游程[①]。

游程实际上反映了序列中符号片段的种类，如果序列中游程的种类比较少，那它就相对比较容易预测。看下面两个序列：

1010 1010 1010 1010 1010 10101010　（1）

1000 0000 0010 0000 0000 0000 0100　（2）

序列（1）只有两种游程，即“0”和“1”，长度都是 1；序列（2）中 1 游程有 3 个（见图 5－5），长度都是 1，0 游程有 3 个，长度分别为 9、12 和 2，总体看来品种也很少，所以这两个序列都是容易预测的。

1	000000000	1	000000000000	1	00	（2）

图 5－5　序列（2）的流程

一个足够“乱”的序列，其中游程的品种必定足够多，最好是各种长度的游程都有，而且 0、1 游程的数量接近，这样的序列才给力。

这就是衡量随机性的第二个准则：游程分布的均匀性——一个随机性强的序列，应该包含各种长度的流程，并且 0、1 流程数量相同。

更精确的表述是：在序列的一个周期中，0、1 游程数量相等，且长为 1 的游程数占游程总数的一半，长为 2 的游程数占游程总数的 1/4，……，长为 k 的游程数占游程总数的 $1/2^k$。

这里再给出两个序列，用上述标准评估一下：

0011 0001 1100 0011 1100 0001 1111　（3）

0100 1110 1001 1101 0011 1010 0111　（4）

序列（3），一直到结尾都没有重复，不妨认为全部 28 个符号就是一个周期，其中

---

① 游程可用数学方法定义：在序列 $x_1, x_2, \cdots, x_i, \cdots$ 中，若有 $x_{t-1} \neq x_t = x_{t+1} = \cdots = x_{t+l-1} \neq x_{t+l}$，则称（$x_t, x_{t+1}, \cdots, x_{t+l-1}$）是一个长为 l 的游程。

共有 8 个游程，0、1 各占一半，而且各种长度都有，比较均匀。

序列(4)，容易发现其周期为 7，现在取出一个周期：0100111，其中共 4 个游程，0、1 也各占一半。可以说，序列(3)和(4)几乎都满足第二个准则。

然而再看序列(3)，它其实很有规律(见图 5-6)，两个 0，两个 1，三个 0，三个 1，……所以，要预测后面的数字，也是比较容易的。这就说明，仅仅根据前两个准则还不足以描述随机性，还需要更多的参数和假设。

00 11 000 111 0000 1111 00000 11111 (3)

图 5-6 序列(3)的流程

(3)自相关函数。现在做这样一个操作：把序列的一个周期循环左移，再跟原先的序列比较，看有几位相同，几位不同。

对序列(3)和(4)分别试验，先左移一位。

序列(3)	0011	0001	1100	0011	1100	0001	1111
左移一位	0110	0011	1000	0111	1000	0011	1110

对比之后，发现有 19 位相同，9 位不同。

再看序列(4)，取出一个周期，左移一位之后比较，有 3 位相同，4 位不同。

序列(4)	0100111
左移一位	1001110

好像有点不一样，但是哪个好点呢？看不出来。那就再多做几次，把序列(3)左移两位，比较结果：12 位相同，16 位不同；左移三位，比较结果：11 位相同，17 位不同。

序列(3)	0011	0001	1100	0011	1100	0001	1111
左移二位	1100	0111	0000	1111	0000	0111	1100

序列(3)	0011	0001	1100	0011	1100	0001	1111
左移三位	1100	0111	0000	1111	0000	0111	1000

再看序列(4)，分别左移二、三、四、五、六位，比较之后，一个奇怪现象出现了：不管左移多少位，比较的结果都一样，都是 3 位相同，4 位不同。

序列(4)	0100111
左移二位	0011101

序列(4)	0100111
左移三位	0111010

序列(4)	0100111
左移四位	1110100

序列(4)	0100111
左移五位	1101001

序列(4)	0100111
左移六位	1010011

奥秘究竟在哪里呢？

其实，这个新操作跟一个新的参数有关，这就是自相关函数，从字面意思看，它是指一个序列与自身“相关”的程度。

自相关函数的计算方法如下：把序列的一个周期循环左移，再与原序列比较，数出相同的位数和不同的位数，两者相减，再除以周期 p。左移一位，算出来的值记作 $R(1)$，左移 n 位，记作 $R(n)$。

其严格定义是：若假设序列的周期为 p，则自相关函数定义为 $R(j)=\dfrac{A-D}{p}$，这里 j 取值为 1 到 $p-1$ 之间的整数，A 是序列循环左移 i 位后与原序列比较，相同的位数，D 则是不同的位数，即

$$A=|\{0\leqslant i<p;x_i=x_{i+j}\}|\qquad D=|\{0\leqslant i<p;x_i\neq x_{i+j}\}|$$

注意到若左移的位数恰好是一个周期（或周期的倍数），则求出来的就是同相自相关函数。

比如序列(4)周期是 7，现在将其左移 7 位，会怎样呢？显然与原序列完全重叠。就是说比较之后有 7 位相同，0 位不同，由此得到 $R(7)=1$。事实上，任意序列的同相自相关函数都是 1，讨论它价值不大。

如果左移的位数不是周期的倍数，那就是异相自相关函数，比如将序列(4)左移一位，比较结果有 3 位相同，4 位不同，算出来 $R(1)=-1/7$，这就是一个异相自相关函数。

虽然你学会了计算，但是一定心存疑问：这个自相关函数与随机性有什么关系？

其实可以这样理解：如果一个序列不管循环左移几位，与原序列比较的结果都差不多，则认为这个序列与自身相关程度较弱。换言之，随机性较好。这是为什么呢？

想象一下，如果是一串真正的随机序列，无论向前移动几位，都还是一个真正的随机序列，与原序列比较时，在每一位上相同的概率和不同的概率都是 1/2。

举个例子，人们知道掷硬币能得到随机数，假设前六次掷出了：正正反正反正，现在不要第一个，从第二个开始，当然也是一串随机数，这两串随机数比较，结果如何呢？在

每一位上,相同的概率和不同的概率自然都是1/2,就是说一半相同另一半不同。

因此,一个真正的随机的序列与它的平移序列比较,在每一位上相同的概率应该等于不同的概率。并且不管左移多少位,比较结果都一样——不管从哪儿开始,都是一串真正的随机数(见图5-7)。这就是自相关函数的内涵。

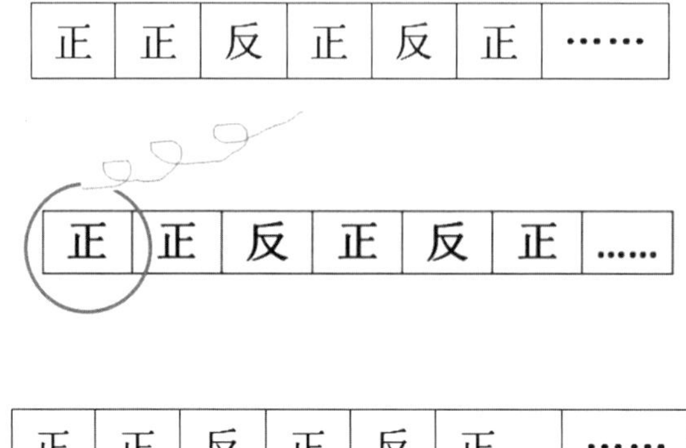

正	正	反	正	反	正	……
正	反	正	反	正	……	……

图5-7 真随机序列向前平移后仍为真随机序列

由此也得到衡量随机性的第三个准则:所有异相自相关函数都相等。

通过以上分析可知,用3个准则来精确刻画序列的随机性,即:0、1平衡性,游程分布的均匀性,以及异相自相关函数的等值性。这三条准则由美国数学家所罗门·哥隆布(Solomon W. Golomb,1932—2016)提出,被称为Golomb随机性假设。长期以来,人们一直用它们来衡量序列的随机性。

总结一下,衡量序列随机性主要有3个参数[①]:周期、游程分布和自相关函数,还有三条准则,即:

(1)0、1个数要平衡。若序列的周期为偶数,在一个周期内,0、1的个数相等;若序列的周期为奇数,则在一个周期内,0、1的个数相差1。

(2)游程分布要均匀。在一个周期内,长度为1的游程数占游程总数的1/2,长度为2的占1/4,依此类推,长度为k的游程数占游程总数的$1/2^k$。并且对于任意长度,0游程与1游程个数相等。

(3)异相自相关函数要相等。所有的异相自相关函数值相等,即无论循环左移多少位,只要不是周期的倍数,则左移之后的序列与原序列比较的结果都一样,这样的序列随机性最好。

---

① 实际应用中随机性的评估远远不止3个参数和3个准则。比如美国NIST随机性测试标准中就包含16项指标。2012年3月21日,我国开始实施行业标准《随机性检测规范》,其中规定了检测二元序列随机性的16个项目,包括单比特频数检测、块内频数检测、扑克检测、游程总数检测、游程分布检测、自相关检测、矩阵秩检测等。

三、密钥序列的产生方法

序列密码的核心问题集中于如何生成密钥序列。事实上由短的种子出发，经过确定的过程生成近似随机的数字，这种方法的发明者是计算机科学先驱冯·诺伊曼(John von Neumann，1903—1957，见图 5-8)。

1946 年，冯·诺伊曼参加了为美国军方研发氢弹的工作，其中要使用大量的随机数来模拟核聚变过程。我们知道，早期的计算机既没有内存也没有硬盘，比如那台占地 170 m^2，重达 30 多吨的大家伙 ENIAC①，虽然每秒能做 5 000 次加法运算，但其中的存储设备却小得可怜，只是 CPU 中一个区区 10 bit 的寄存器，用于保存计算的中间结果。再想额外保存点什么，比如程序和数据之类，只能借助于穿孔纸带(见图5-9)。

图 5-8　冯·诺伊曼

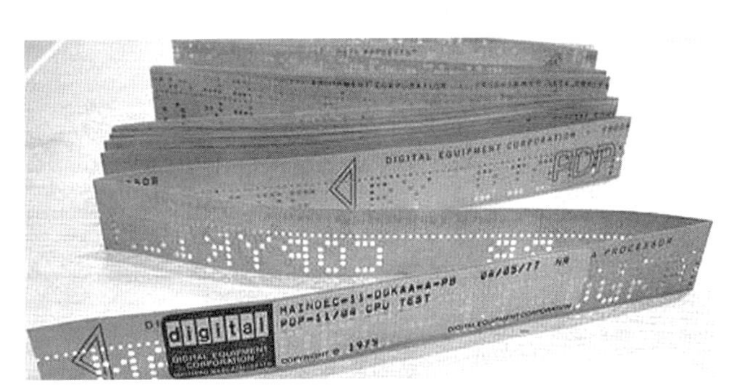

图 5-9　穿孔纸带

在这样的计算条件下，要保存长串的随机数绝对不现实。为解决这个问题，冯·诺伊曼开发了一个算法——用机器来生成随机数，用几个就产生几个。

方法是这样的：首先选一个数字作为种子，然后计算这个数的二次方，并截取结果的中间部分，当作下一次计算的输入。这样继续下去，记录下所有的输出，就生成了一串看似随机的数字。这个过程叫作中间二次方法(见图 5-10)。

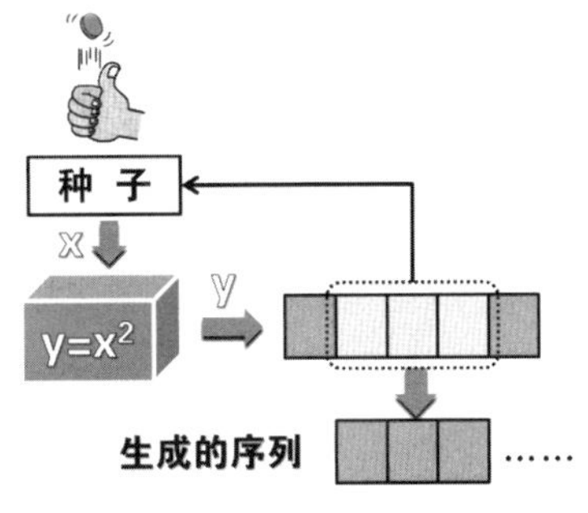

图 5-10　中间二次方法

① 世界上第一台计算机。

比如，假设种子是121，第一次求二次方，计算121×121＝14 641，输出中间3位即464；同时将464反馈回去再求二次方，取中间3位152，输出464 152，这样继续下去，最后得到输出序列为464 152 310 610 721 198 920 ……

这个输出的序列看上去很像一串真正的随机序列，但其实不是，因为它有周期。事实上，计算到第七组数字“920”之后就会再次输出464，从而开始重复，所以它的周期是21。似乎有些短。

周期短说明选的种子不好，如果选别的数字作种子，也许会得到周期更长的序列，比如选种子为321，此时输出序列为321 304 241 808 286 179 204 161 592 046 116 345 902 136 849 208 326 627 312 734 875 562 584 105 102 040 600 000 000 ……，虽然最后全都变成0，但前面的部分似乎还不错。

事实上，用中间二次方法产生随机数，输出序列的周期取决于种子长度、中间选择的位数以及种子本身。

如果选择种子为3位数字，中间也取3位，那么中间3位数最多有1 000种可能性，因此输出序列的周期不会超过1 000组数字，也就是长度不超过3 000。然而我们发现，很难找到一个种子，使得输出序列周期达到3 000。而最糟糕的情形就是最后归结于“000”，此时只能重新选择一个种子了。

由于这种方法很难控制，人们转而寻求其他方法来生成随机数。比如有一种简单的方法称为链式加法(chain addition)：序列的起点是原始种子，然后将种子中连续两位数字相加，其和附在末端，组成序列的下一部分，重复这一过程，可得到一串序列。

设种子为3 964，3＋9＝12，去掉进位得2，接着计算9＋6＝15，6＋4＝10，将“250”附在3 964之后，得到：3 964 250。

然后用4＋2得6，继续这个过程，把6续在0后面，2＋5＝7续在6后面，依此类推，得到一串数字：3964 2506 7563 21……

还有更复杂的方法，比如线性同余法(Linear Congruential Generator)。在C语言及其他一些程序设计语言中，内置了一个提供随机数的函数Rand()，其核心算法就是线性同余法。

具体过程是这样的：选4个整数m,a,c,x_0，其中m一般比较大，它规定了取值范围，a,c,x_0都大于0小于m。x_0就是第一个随机数(种子)，其余的随机数由以下递推公式求出：

$$x_{n+1}\equiv(ax_n+c)\bmod m$$

最后生成的序列记作$\{x_n\}$。

例如，令$m=23, a=2, c=5$，由递推公式$x_{n+1}=(2x_n+5) \bmod 23$生成输出序

列,当种子 $x_0=3$ 时,输出序列为:

3,11,4,13,8,21,1,7,19,20,22,3,11,4,13,8,21,1,7,19,20,22,……

观察发现,这个序列的周期为 11。

那么线性同余发生器输出的序列周期最大可以达到多少呢?注意到输出序列中,每个数字不会超过 m,而只要有一个数出现了第二次,那就会从这里开始重复,所以线性同余发生器的周期最大为 m,而能否达到 m,取决于所选择的参数。

就产生伪随机数而言,中间二次方法和线性同余法都不算太好,因为它们的输出序列难以控制。然而有一种建立于数学理论之上的方法,可以产生随机性较强的序列,那就是线性反馈移位寄存器 LFSR(Linear Feedback Shift Register)。用 LFSR 产生随机序列,当输入长度为 n 比特时,输出序列的周期最长可以达到 2^n-1,并且基本满足 Golomb 的 3 条随机性假设。这种序列称为 m 序列。

关于 LFSR 及其输出序列,感兴趣的读者可以阅读本书附录二。

作为现代密码的两大分支之一,序列密码具有安全强度高和加解密速度快的优点。密钥序列的随机性保证了序列密码的安全性,而简单的加密算法使其拥有极高的效率。正是由于这两个优点,序列密码在军事、外交、政府以及商业部门的通信安全中得到广泛应用,特别是移动通信、传感器网络、物联网等终端计算资源有限的环境中,序列密码极具优势。

在今天这个万物互联的时代,智能手机的普及应用拉近了序列密码与普通人的距离。比如全球移动通信系统 GSM(Global System for Mobile communications)中曾使用的 A5/1,蓝牙协议中使用的 E0,无线通信协议 WEP(Wired Equivalent Privacy)中的 RC4,以及曾在无线视频识别 RFID(Radio Frequency Identification)安全中发挥作用但最终被破译的 CTYPT01 等都是序列密码。值得一提的是,国际 4G 移动通信中采用中国密码学家设计的祖冲之(ZUC)密码作为加密标准,这标志着中国的密码学研究已经居世界前列。

《《第六章

分组密码的设计

科学只有通过对现存状况作连续不断的重新考察，甚至对那些似乎已确立的理论作连续不断的重新考察，并且寻找新思想，才能获得进步。

——吴大猷

内容提要

分组密码的本质——分组代替

分组密码的设计准则——混乱、扩散

分组密码的实现方法——整体置换＋小块代替＋迭代

自 1949 年之后，密码的发展遵循着两种设计思路：一种是在密钥上做文章，让密钥尽可能地随机，用短密钥去生成近似随机的长密钥，而加密算法则相对比较简单，这就是序列密码；另一种是在算法上下功夫，设计非常复杂的算法，可以公开并保证安全性，但是对密钥要求较低，使用一个短密钥就好，这就是分组密码。

实际应用中，鉴于秘密信道的建立十分不易，因此通信双方通过秘密信道共享一个短密钥之后，最好就使用这个短密钥加密所有信息，分组密码正是这样做的。考虑到算法要公开，密钥又比较短，为了确保安全性，分组密码对于加密算法有极高的要求。可以说，分组密码是密码学中最能体现“设计”的部分，它的算法设计是那样精巧而完美，既有极高的复杂度，又能快速实现，充分展现了设计者的非凡智慧和算法的结构之美！

一、分组密码的本质——分组代替

回顾古往今来的密码，人们会发现绝多数加密算法都采用代替的方式对明文进行变换，即把明文中的字替换为其他字。代替密码的密钥可以表示为一张两行的表格，第一行是明文，第二行是对应的密文。

对于英文字母而言，代替表的数量是巨大的，达到了

$$26! = 403\ 291\ 461\ 126\ 605\ 635\ 584\ 000\ 000 \approx 4 \times 10^{26}\text{种}$$

所谓单表代替是指，所有明文都用同一张代替表加密。这样一来，明文中所有的 a 可能都将加密为 d，而这样做绝对不安全，它的克星就是统计分析法。由于自然语言中每个字母的使用频率不同，统计密文中每个字母及字母组合出现的频率，便能破译单表代替。

那么，构造代替表时不用字母，而是用一些怪符号，比如表 6－1 第二行的符号，是不是会更安全些呢？

表 6－1　“另类”代替表

a	b	c	d	…	w	x	y	z
△	ö	□	√	…	▽	◇	γ	♣

这样做其实没什么用。因为密文符号的形式并非决定性因素。在有经验的破译者眼中，怪字符的使用丝毫不影响统计分析。

荷兰密码学家 Kerckhoffs 早就预见到了这一点。对于密码设计，他提出了两个基本原则。第一个已经众所周知：“密码的安全性完全寓于密钥之中”。第二个原则是针对利用无线电报发送的密码而提出的。Kerckhoffs 认为：如果密码系统中使用的符号不能用摩尔斯码发送，则这种密码体制是不能接受的，就是说，不能使用方框、三角、叉或其他类型的“怪”符号。虽然这两个原则最初仅仅针对军事和外交中使用的密码而提出，但它们显然也影响着现代商用密码的设计。

既然使用什么样的符号不在考虑范围之内，那我们不妨假设所有的符号都用 0 和 1 表示，就是说，只考虑对二进制信息的加密。

比如，26 个英文字母可以用 5 个比特来表示，如果构造单表代替，可能是表 6－2 中的样子。

表 6－2　英文字母的二进制代替表

明文	二进制表示	密文
A	00000	00100
B	00001	01001
C	00010	10001
……	……	……
Y	11000	0110
Z	11001	10110

表 6－2 实际上与其他单表代替密码没有本质区别，由于字母数量太少，根本不能抵抗统计分析。

为了对付统计分析，可以考虑增加代替表的个数，这就是多表代替。所谓多表代替，是指使用多张代替表加密，并预先定好使用顺序。可以将使用顺序看作是密钥。

多表代替大大增加了统计分析的难度。这是由于，如果使用多张代替表，那明文中的 a 就有好几种加密结果，统计起来比使用一张代替表要麻烦得多。

弗纳姆密码就是一种简单的多表代替，它针对二进制信息加密。其中使用两张代替表：表 0，把明文 0 加密成 0，1 加密成 1，相当于没有变；表 1，0 被加密成 1，1 被加密成 0(见图 6－1)。

具体加密时使用哪张代替表则用一个密钥序列来指示。

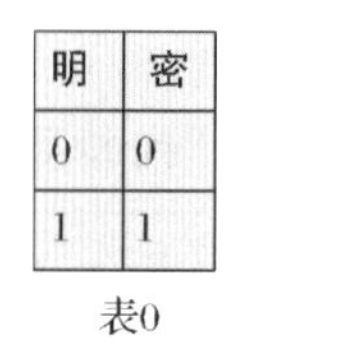

明	密
0	0
1	1

表0

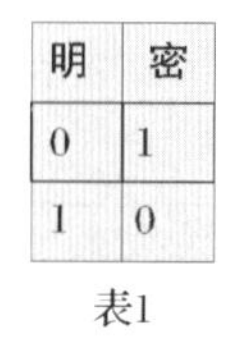

明	密
0	1
1	0

表1

图 6－1　弗纳姆密码的代替表

比如，假设密钥是 10010，明文的二进制编码为 00101，加密时，把明文和密钥对应起来，第一个 0 用表 1 加密，第二个 0 用表 0 加密，然后 1 用表 0，0 用表 1，1 用表 0，加密后，密文就变成 10111。

弗纳姆密码本质上就是明文与密钥按位模 2 加(见图 6－2)，把明文和密钥对应起来，按位相加即可。

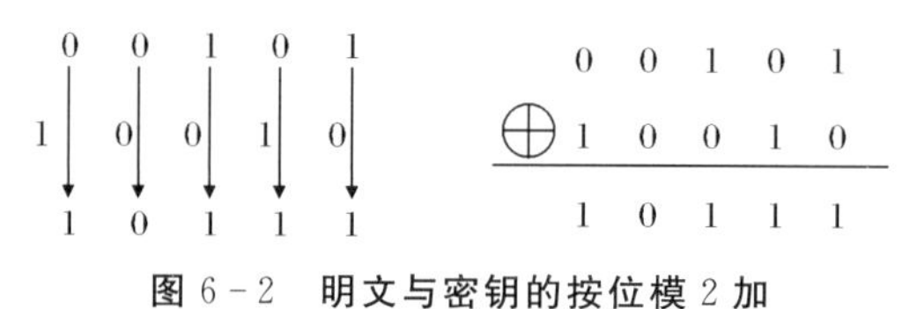

图 6－2　明文与密钥的按位模 2 加

而这实际上就是序列密码——取出一个明文，再取出一个密钥，相加得到密文。

序列密码操作简便，但它有一个缺点，那就是错误传播。在通信和计算的过程中，由于机器故障或来自外界的各种干扰，机器很可能会出错。而在由种子产生密钥序列时，如果有一位出错，那以后的密钥就都错了。

看一个例子，前面提到的中间二次方法，种子是 121，求它的二次方，取出中间三位是 464，再求 464 的二次方，取出中间三位 529，依此类推，可以得到一串伪随机密钥：

464 152 310 610 721 198 920 ……

但是，如果在计算中有一位数字出错，比如第一次计算中将 464 误算为 467，那么输出序列就变成了：

467 808 286 179 204 161 592……

错误被传播出去，最终导致通信双方的密钥完全不同，根本没有办法解密。可谓失之毫厘，谬以千里！

为了控制错误传播，思路是：为了不让一粒老鼠屎坏了一锅汤，可以提前把汤分装到几个小碗里，这样污染的程度也有限。为了控制一个错误影响的范围，可以把明文分成小组，再把密钥固定下来，每组明文都用相同的密钥加密。也就是说，不是用一个种子产生长密钥，而是重复使用一个短密钥。

这样做的好处：首先可以保证密钥不会错；其次，如果在加密或解密过程中产生了任何错误，影响的也只是一组密文或解密结果；最后，如果密文在信道上传输时由于干扰而出错，其影响范围也是有限的。

由此产生一种新的密码结构——分组密码，它将明文分成长度相同的小组，每组都使用相同的密钥和相同的算法来加密，如图 6－3 所示。

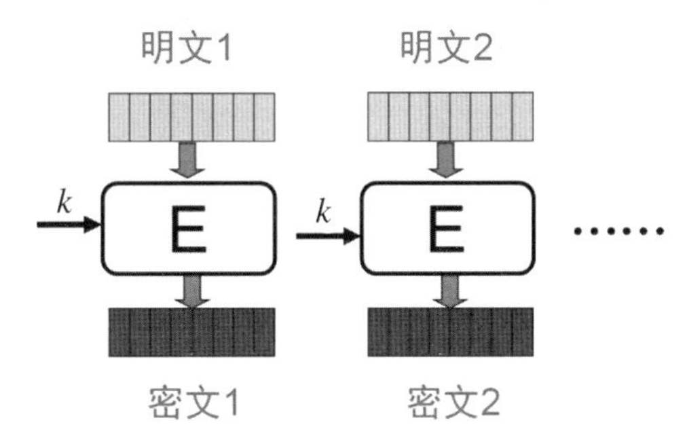

图 6－3　分组密码加密(每组使用的密钥 k 都相同)

然而问题来了，如果每组明文都用相同的算法和密钥加密，那么，加密算法是什么样子呢？还能不能像序列密码那样按位模 2 加？

可以试一试。将各组明文分别记作 $m_1, m_2, \cdots$，密文记作 $c_1, c_2, \cdots$，每组明文都用固定不变的密钥 k 加密，这里假设明文、密文和密钥的长度都相等。

若加密算法是按位模 2 加，则有

$c_1 = m_1 + k$

$c_2 = m_2 + k$

……

现在有一个破译者，能对上述密码实施已知明文攻击，则只须直接将密文与明文相减便得到密钥 k，或者说，瞬间就破译成功了。所以，为了增加密码的安全性，必须设计更复杂的算法，让明文中的一个符号影响密文中尽可能多的符号，而不是像序列密码那样，只影响一个。

实际上仔细观察一下，就会发现，分组密码的加密本质上还是代替，但是，一次需要对好几个比特同时代替，这被称为“分组代替”(见图 6－4)。

图 6－4　分组代替

分组代替就是把 n 个比特，一次性地用另外 n 个比特来代替(见图 6－4)。然而此时代替规则究竟是什么样子呢？

看一种简单的分组代替：把输入和输出直接用线相连，不妨称之为简单换位[①]。

$n=3$ 时，假设把第 1 个明文字符换到第 3 位，把第 2 个换到第 1 位，第 3 个换到第 2 位，则输入与输出间的关系如图 6－5 所示。

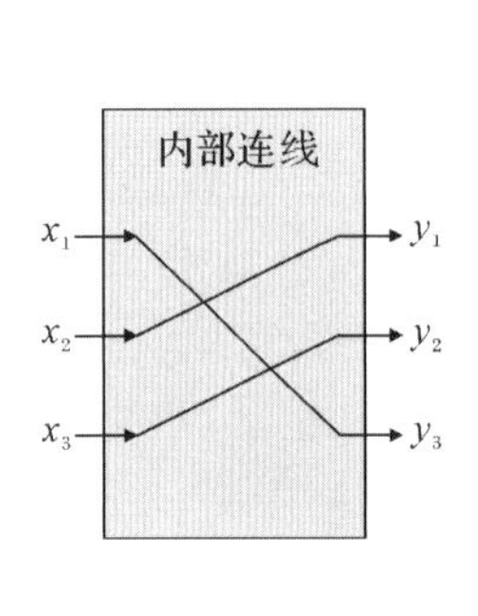

输入	输出
000	000
001	010
010	100
011	110
100	001
101	011
110	101
111	111

图 6－5　$n=3$ 时的输入与输出间的关系

简单换位是很容易实现的，即使 n 增加到 15，也只需要连 15 根线（见图 6－6）。

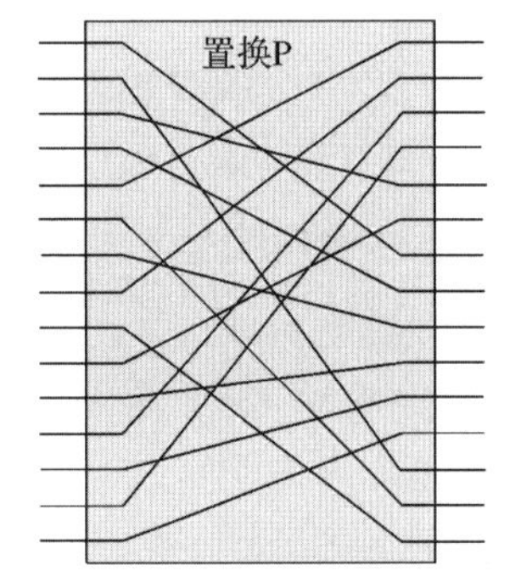

图 6－6　$n=15$ 时的简单换位

它虽然好实现，但也好破译。因为密钥量太小。试计算一下：第一个符号 x_1，可以连到输出端任何一个，有 15 种选择；第二个符号，有 14 种选择；第三个，13 种。依此类推，连线方法一共是 15！种。

$$15! = 1\ 307\ 674\ 368\ 000$$

这个数字按理说已经足够大了，但是，针对这样的分组代替，还是能找到快速破译方法。

假设破译者得到了加密机，能对这种密码进行选择明文攻击，就是说可以任选明文，并得到相应的密文。

首先选择明文为：1000 0000 0000 000，"1"在第一位，由于加密方法是简单换位，所以输出中也只有一个 1。如果输出的密文是：0000 0010 0000 000，其中"1"在第 7 位，则可以判断，加密时把位置 1 上的符号换到了位置 7。这就确定了一根连线。

① 实际上就是置换。

再选择第二个输入为：0100 0000 0000 000，“1”在第二位，假如得到的输出是这样：0000 0000 0000 100，“1”在第 13 位，那就说明把位置 2 上的符号换到了位置 13，又确定了一根线。

利用这种方法，只要试 14 次就能确定所有的连线，也就得到了整个代替表，或者说，得到了密钥。

这是 $n=15$ 的情况，如果 $n=3$，破译起来就更容易了。

所以，简单换位绝对不安全。原因在于，它极大压缩了密钥空间。

试想：n 比特到 n 比特的代替，应该有多少种代替方式？

n 个比特，可以表示 2^n 种信息，那么这样的代替表，应该有 $2^n!$ 个，然而简单换位最多只有 $n!$ 种代替表。所以当 $n=3$ 时，3 个比特可以表示 8 种信息，本来应该有 $2^n!=40\ 320$ 种代替表，而简单换位的代替表数量不过是 $3!=6$。两者相差了6 000 多倍！

上述现象可以用数学方法解释：若这里用公式来表示 n 比特的代替方法，将输入记作 $x_1, x_2, \cdots, x_n$，输出记作 $y_1, y_2, \cdots, y_n$，则输入与输出间的关系可以写成一个多元函数 f，即

$$(y_1, y_2, \cdots, y_n)=f(x_1, x_2, \cdots, x_n)$$

这里的 f 可能具有各种形式，是 n 个输入任意相加或相乘的结果，然而简单换位将这个公式简化成了“$y_j=x_i$”，这显然只是其中最简单的一种。

所以，要构造安全的分组代替，简单换位肯定是不行的。

那究竟该如何构造呢？

以下分析一下分组代替的一般形式。当 $n=3$ 时，3 个比特表示 8 种信息，对 8 种信息进行代替，8 种信息的代替表见表 6-3。

表 6-3　8 种信息的代替表

输　入	输　出
000	010
001	111
010	000
011	110
100	011
101	100
110	101
111	001

而 3 个比特（8 种信息）的分组代替，刚才讨论过，一共有 40 320 种。若把 8 种信息从 0 到 7 编号，则表 6-3 的代替规则如图 6-7 所示，实际上就是 8 个符号的换位。其内部结构是 8 个位置的换位。

输入		输出	
二进制	十进制	十进制	二进制
000	0	2	010
001	1	7	111
010	2	0	000
011	3	6	110
100	4	3	011
101	5	4	100
110	6	5	101
111	7	1	001

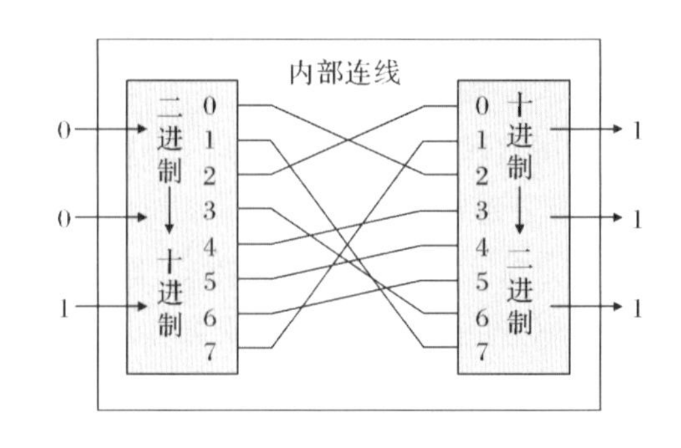

图 6-7　3 比特的分组代替

由图 6-7,在构造 n 个比特的分组代替时,整体上是 2^n 个符号的代替,内部则是关于 2^n 个位置的置换。3 比特的分组代替,实际上就是 8 个位置的置换,一共有 8!＝40 320 种代替表。

现在再看 n 的取值,n 取 3 的时候,代替表有 8!＝40 320 种,看上去挺多。

然而考虑到明文空间只有 8 个符号,回想英文单表代替,明文空间有 26 个符号,从理论上讲 26 个符号的代替表共有 $26! \approx 4\times10^{26}$ 种,然而 26 个符号用统计分析可以轻而易举地破译。那么当明文空间减少到 8 个符号时,统计分析破译更是不在话下。

所以 n 取 3 是太小了,必须增大 n 的取值。

当 $n=5$ 时,是 $2^5=32$ 种符号的代替表,统计分析也能破译,即使 n 取成 10,也不过只有 1 024 个符号,仍可用统计分析破译。这些都不是很安全。

那么,n 取 15 呢? $n=15$ 的时候,$2^{15}=32\ 768$,30 000 多个符号,统计分析的难度大大增加。然而有了足够多的符号之后,代替表的内部又是什么状况呢? 内部连线的数量当然必须是 32 768 根,就是 32 768 个符号的置换! 实际操作起来难度也将大幅度增加。

打个比方,新华字典中收录了 8 000 多个汉字,要在其中找一个字,可以按拼音或部首来查字典,因为这 8 000 个汉字的排列是有序的。

密码体制中的代替表,第一行可以按顺序排列,第二行却要越乱越好,完全无序。这就意味着,加密还好办,解密却要去查一张无序的表。如果 $n=15$,解密就相当于手上有一本包含 32 768 个字的字典,里面的字是完全打乱的,要查这个字典,那么只能从头到尾一页页地翻,直到找到为止,这让人无法忍受!

为提高解密速度,可以把解密规则做成另一张表格,就是说,把加密时的表格上下两行交换，再重新排序，使密文有序排列。

速度的问题解决了，然而要保存这两张表格，通信双方还需要花费大量的存储空间！

要想安全，就得忍受速度慢和操作上的不便；要想效率高，就得牺牲安全性！在密码学中，安全性与效率之间永远存在矛盾。不过这种矛盾并非不可调和。在实际应用中，不必一味追求最安全，只要能提供必要的保护即可，这就需要密码设计者在安全性与效率间取得折中。

通过刚才的讨论，已经知道分组代替从整体上看是代替，内部则由置换构成。还知道了 n 取得太小时不安全，n 取得太大则效率会降低。为了达到安全性与效率间的平衡，一个自然的想法是：那就取个不大不小的 n 值。

可这个不大不小的值到底是几呢？比如取 $n=10$，对一些人来说计算量尚可，而另一些人可能就无法忍受。$n=10$ 时的密码分析对一部分破译者而言是个难题，而另一些拥有强大计算能力的破译者则认为是小事一桩。众口难调，怎么破？

为了解决这个问题，必须从更深的层次来理解分组密码。事实上，对于分组密码的安全性，仙农有着十分精辟的见解，并在此基础上提出了分组密码的两个设计准则，混乱和扩散。

二、分组密码的设计准则——混乱、扩散

所谓安全性，说白了只有一个标准：难破译。要破译一个密码，通用的方法是把密文看作是将明文和密钥输入到某个函数中计算得到的输出，然后试着由输出求输入。

那么作为密码设计者，怎样让一个密码难破译呢？一个字：乱。

仙农认为，“乱”体现在两个方面：一是明文与密文之间的关系要尽量复杂，这就是混乱原则；二是明文差别较小时，密文的差别应该比较大，这就是扩散原则。

具体而言，混乱原则是指要把明文、密文与密钥之间的统计关系和代数关系变得尽量复杂，使得敌手即使获得了一些明文-密文对，也无法求出密钥的任何信息。从破译的角度看这是很好理解的——如果明文与密文之间有某种简单的关系，比如，线性关系，那么通过简单的分析，就能得到明文。密钥与密文的关系情况类似。

比如对英文字母进行加密，设加密算法为：$c=(am+b)\bmod 26$，其中 m、c 分别是明文和密文，a 和 b 是密钥。这里显然明文与密文是线性关系。

现在破译者进行已知明文攻击，他手中掌握了一些明文和对应的密文。

设明文为“I love you”，对应的密文为“zirmnvrj”。将这些字母变成数字并列表比较，见表 6-4。

表 6－4　明文与密文的对应关系

m	8	11	14	21	4	24	14	20
$am+b$	25	8	17	12	13	21	17	9

可以列出一个方程组来求解密钥 a、b：

$$\begin{cases}8a+b=25 \bmod 26\\11a+b=8 \bmod 26\end{cases}\longrightarrow\begin{cases}a=3\\b=2\end{cases}$$

由于密文与明文、密钥之间的关系太简单，这种密码不堪一击！

因此密码设计应该满足混乱原则——明文与密文、密钥与密文之间的关系要尽量复杂，让破译者即使得到了已知明文-密文对并列出方程组，也很难求出方程组的解。

扩散原则又该如何理解呢？

设想一个攻击游戏，假设攻击者已经得到了两组明文-密文对：(m_1, c_1)、(m_2, c_2)，并且两个明文差别不大，m_1 的内容是“22 日物资运抵西安车站”，m_2 的内容是“23 日物资运抵西安车站”，两个密文的差别也不太大，明文相似、密文也相似的情形如图 6－8 所示。

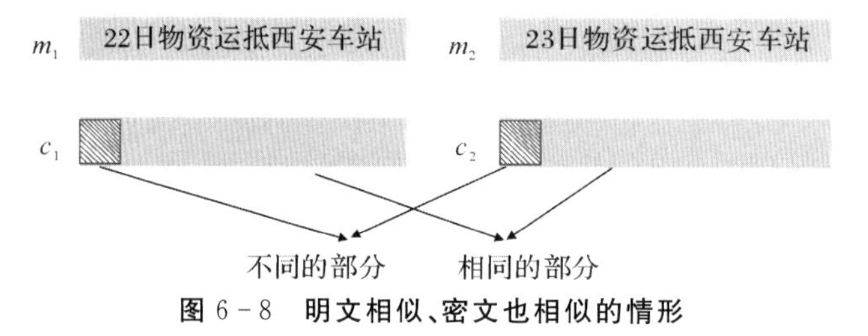

图 6－8　明文相似、密文也相似的情形

图 6－8～图 6－10 的密文中红色阴影表示不同的部分，蓝色表示相同的部分。

现在攻击者又截获了一个新密文 c_3，通过观察发现它与 c_1，c_2 也有点像，只有一小部分不同，如图 6－9 所示。那么攻击者自然会猜测：c_3 对应的明文会不会也是有物资到站呢？这是极有可能的。

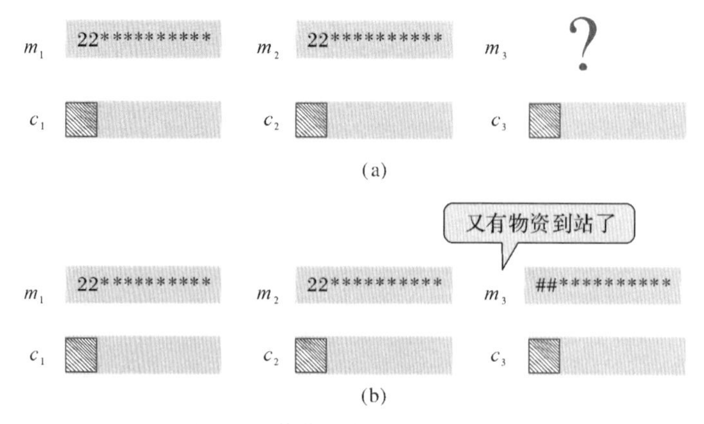

图 6－9　截获新密文及对明文猜测

(a)截获到新密文 c_3；(b)对明文 m_3 的猜测

所以，如果相似的明文总是被加密成相似的密文，则不算是好算法。一个好的算法，应该把相似的明文加密成差别较大的密文，这就是扩散原则。就是说，如果有两组明文非常相似，只有 1 位不同，而对应的密文 c_1 和 c_2 像图 6 - 10 中那样，则有可能是安全的。

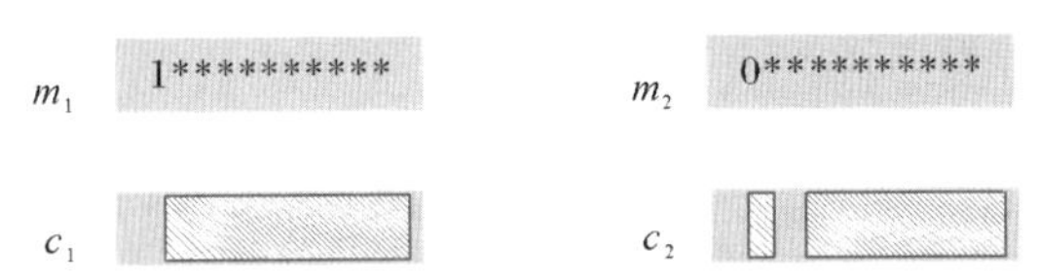

图 6 - 10　满足扩散准则的加密

所谓扩散，是指让明文每一比特的变化影响密文中尽可能多的比特，以掩盖明文的统计特性。在密码学中，扩散又被形象地称为雪崩效应。雪山上一声咳嗽会引起灭顶之灾，正如信息加密中，明文 1 比特的变化会让密文面目全非。

那么，明文改变 1 比特，应该影响密文多少比特呢？是否越多越好？

答案是否定的。

如果是越多越好，一个极端情况是明文改变 1 比特，影响了密文的所有 n 个比特，这样一来，如果破译者截获了两组密文，对应位置上的每个符号都不一样，则可以断定它们对应的明文只差 1 比特，这就在无形中得到了明文信息。

所以，一个完美的扩散密码，明文改变 1 比特，密文应该刚好在一半位置上发生变化。这被称为严格雪崩准则，此时破译起来难度最大。

混乱与扩散准则来自于仙农 1949 年写的文章——《保密系统的通信理论》。作为信息科学的奠基人，仙农不仅开创性地提出了信息论的理论基础，而且还用信息论的方法研究保密通信，使密码学真正成为一门科学。他提出的混乱和扩散准则，长期以来一直用于指导密码设计。

了解了设计准则之后，就要进入具体的分组密码设计。

三、分组密码的实现方法——整体置换＋小块代替＋迭代

混乱和扩散说起来容易，怎样实现它们呢？通过第一节的分析我们知道，n 个比特的直接换位，易实现，但不安全；n 个比特的分组代替，虽然安全，但在内部要连 2^n 根线，难以实现。

密码学是一门实用科学，一个好的密码算法，必须尽量取得安全性与效率之间的平衡。既然换位容易实现，那么不妨就对所有 n 个比特进行整体上的换位；而对于较大的 n，分组代替实现起来不方便，那就把组分得小些。具体来讲，就是说对 n 比特先进行整体上的换位，再分成若干个小块，逐块构造分组代替。这样就能既保证安全性，又兼顾了效率。

图 6 - 11 中展示了一个 15 bit 的分组代替，其中“P”表示换位(permutation)，“S”表示代替(substitution)。加密时，先把 15 bit 明文进行整体换位，然后分成 5 个小

块，每小块的 3 bit 分别进行代替，均使用表 6－3 中的代替规则。

假设输入是 1000 0000 0000 000，经过换位后，1 的数量没有变，仍旧只有一个，但位置变了。然后把输出的 15 bit 分成小块代替，其中唯一一个 1 分到第三小组，根据表 6－3 的代替规则，第三组的输入为 100，输出 011，其他组的输入都是 000，输出也均为 010。把所有代替表的输出组合起来，就构成了输出 010 010 011 010 010。

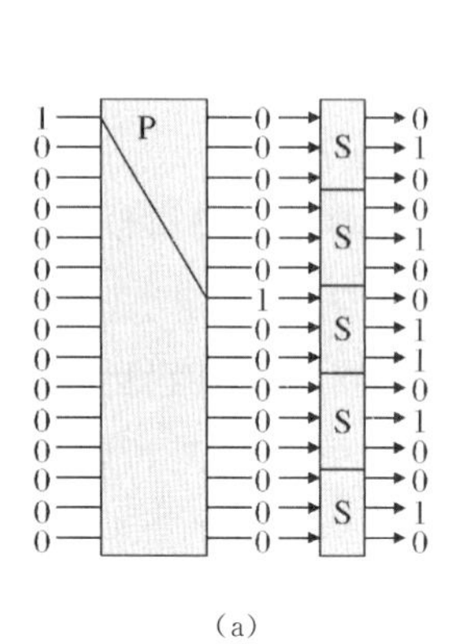

输入	输出
000	010
001	111
010	000
011	110
100	011
101	100
110	101
111	001

(a)　　　　(b)

图 6－11　分组代替

(a)整体置换；(b)小块代替

比较一下，明文 100 000 000 000 000 被加密成了 010 010 011 010 010，看起来似乎不错！

如果觉得这样还不够安全，那就把上述两个步骤多重复几遍，以达到更好的混乱和扩散效果。

一次不行就多加密几次，这个朴素的想法也是仙农提出的，这样的密码被命名为“乘积密码”①。

所谓乘积密码就是：把一个安全性较弱的密码迭代多次，得到安全性增强的密码。

根据乘积密码的思想，这里把图 6－11 中的过程再来重复一轮，对 15 bit 的两轮加密效果如图 6－12 所示。

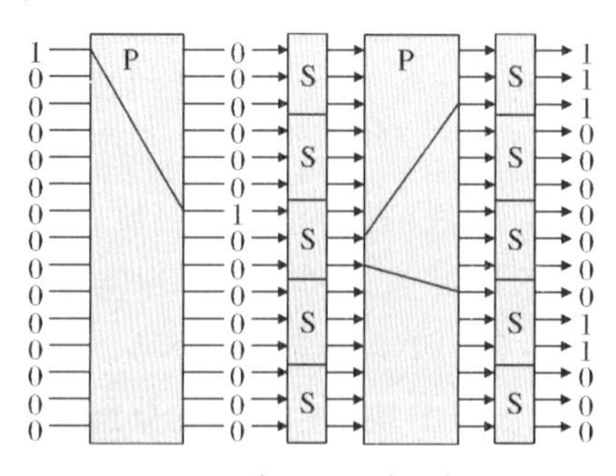

图 6－12　对 15 bit 的两轮加密

① 这里乘积的意思是通过简单算法的叠加而构成一个复杂算法，跟算数中的乘法没有什么关系。

经过两轮加密后，原先的明文 100 000 000 000 000 被加密成了 111 000 000 011 000。

如果这样还不放心，那就再来一轮，直到满意为止。今天的分组密码，通常需要加密 10 轮以上，才能达到安全标准。

总结一下，分组密码的本质是分组代替。为了构造出又好（安全）又快（高效）的分组代替，可以对每组明文采用整体置换和小块代替相结合的处理方法，其中整体置换实际上提供扩散效果，而小块代替起混乱作用。为了提高安全性，需要把这个过程重复多次，最后使所有输出都成为关于所有输入的一个复杂函数。这就是构造分组密码的通用方法。

在这种通用方法之下，任何人都可以尝试着设计密码了。

动手设计之前，还需考虑一个细节：算法中的整体置换和小块代替是什么样的？是不是随手写一个就能用呢？

比如对 15 bit 的明文加密时，使用如下的置换有没有问题？

$$\begin{pmatrix} 1 & 2 & 3 & 4 & 5 & 6 & 7 & 8 & 9 & 10 & 11 & 12 & 13 & 14 & 15 \\ 2 & 3 & 1 & 5 & 6 & 4 & 8 & 9 & 7 & 11 & 12 & 10 & 14 & 15 & 13 \end{pmatrix}$$

比如采用表 6-5 中的“简易”代替表（把输入中的 0 变成 1，1 变成 0，即按位取反）是不是安全，能不能提供足够的混乱？

表 6-5　一种“简易”代替表

输入	输出
000	111
001	110
010	101
011	100
100	011
101	010
110	001
111	000

找到好的代替和置换，这成为分组密码设计的关键。很显然，好的置换和代替不是随手就能写出的。

为了衡量置换表与代替表“好”与“不好”，或者说，它们是不是能提供足够的混乱与扩散，人们制定了一系列的准则来判定，比如平衡性、非线性度、相关免疫度、差分均匀性等等。构造满足这些准则的密码，并非一蹴而就的事情，除了要具备深厚的数学基础，还要经过审慎的思考和严格的测试。

表 6-6 是数据加密标准 DES(Data Encryption Standard)中的一个代替表，它把 6 bit 的输入替换为 4 bit 的输出，查表规则将在第七章详细介绍。

表 6-6 DES 中的一个代替表

	0	1	2	3	4	5	6	7	8	9	10	11	12	13	14	15
0	14	4	13	1	2	15	11	8	3	10	6	12	5	9	0	7
1	0	15	7	4	14	2	13	1	10	6	12	11	9	5	3	8
2	4	1	14	8	13	6	2	11	15	12	9	7	3	10	5	0
3	15	12	8	2	4	9	1	7	5	11	3	14	10	0	6	13

表 6-7 中的置换也来自于 DES,其中 32 个数字的排列看上去毫无规律。

表 6-7 DES 中的一个置换

16	7	20	21
29	12	28	17
1	15	23	26
5	18	31	10
2	8	24	14
32	27	3	9
19	13	30	6
22	11	4	25

为了避免误用不好的代替表和置换表,一种普遍认可的做法是,当密码设计者找到了好的代替和置换后,就把它固定在算法中,让所有的人都用同样的表格,而不是自己去寻找。然而如果将所有的细节都定下来并且公开,算法中没有了任何保密因素,就只能称为编码,而非密码。

因此在分组密码每轮的迭代中,必须加入一个密钥来提供保密性,各轮迭代使用的密钥称为子密钥,它由一个初始密钥通过某种算法生成。设计分组密码时,除了考虑怎样处理明文之外,还需要设计一个附加的模块,即子密钥产生算法,产生的子密钥被巧妙地结合到每轮变换之中,这才构成一个完整的分组密码。

经过一番复杂的设计之后,再将算法的全部细节公开。如果这个算法足够好,便有可能成为加密的"标准"。有了标准,一切都变得简单了,在完全相同的规范之下,密码算法可以大量生产并推广使用。普通用户只需要使用密码就行了,不用搞清楚密码实现中的细节,更无须亲自设计密码。

历史上,正是分组密码开了密码算法标准化的先河,标准化使密码开始大量应用于非机要部门,包括商业及个人信息的加密,也促成了密码学研究的飞速发展。

《《第七章

漫谈商用密码

国家鼓励商用密码技术的研究开发、学术交流、成果转化和推广应用,健全统一、开放、竞争、有序的商用密码市场体系,鼓励和促进商用密码产业发展。

——《中华人民共和国密码法》第三章第二十一条

▶内容提要◀

走近 DES

高级加密标准 AES

其他商用密码

1974 年初,美国国家安全局(National Security Agency, NSA)发生了一场激烈的争吵,起因是一个名为 Lucifer 的密码系统。在西方传说中,Lucifer(路西法)是天堂中最美丽的天使,曾任天使长的职务,但由于过度骄傲,妄图与神比肩,最终堕落为撒旦。这个名为 Lucifer 的密码,它的加密流程(见图 7-1)看上去不同凡响,既如天使般美丽,也像魔鬼般复杂。

针对这个复杂的密码,NSA 的专家们形成两种完全对立的意见:一种意见是把它藏起来,使其永远不见天日,因为它太复杂了,简直无法破译,这使这些一流的密码专家失去了绝对权威;另一种意见则主张把它公开,因为那时候美国国家标准局((这个机构专门制定和研究美国各类标准))正在征集商用加密标准,而这个算法是所有提交的算法中最好的一个,既然这么好,为什么不采用呢?

这个算法来自于当时世界上最大的计算机公司——IBM 公司。

话说 IBM 公司早在 20 世纪 60 年代就意识到,要大量生产个人计算机并在市场上广受欢迎,就不能不考虑对计算机中的数据提供安全保护。于是迅速成立了一个密码研究团队,该团队的主要成果之一就是 Lucifer 加密算法,主要设计者名叫 Horst Feistel(还记得这个人吗?)。

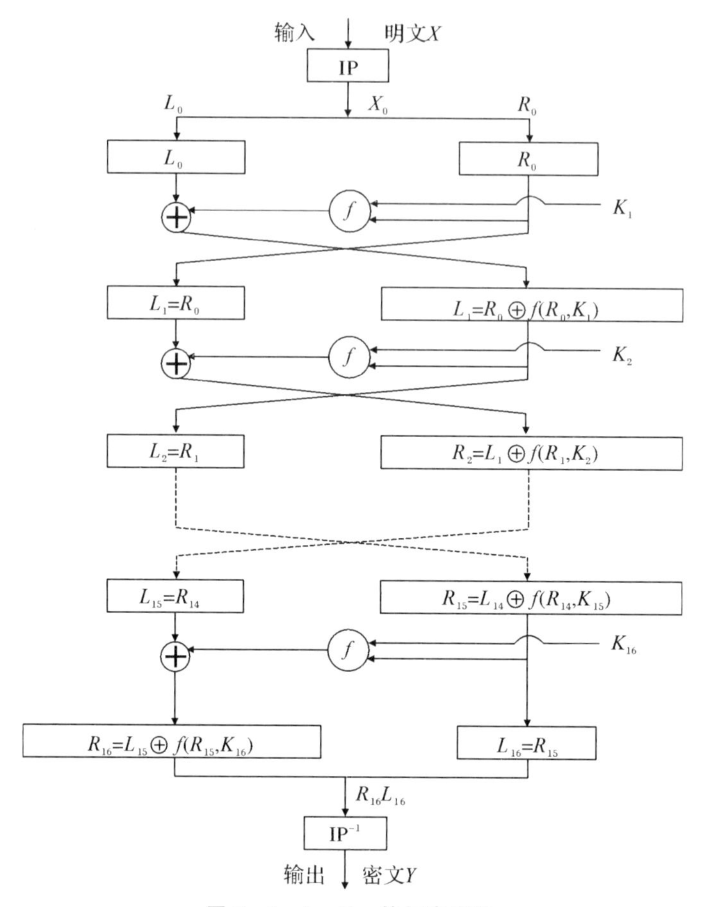

图 7-1 Lucifer 的加密流程

无独有偶,20 世纪 70 年代初,当时的美国国家标准局也认为,面对信息科学的迅猛发展,制定通用的数据加密标准是十分必要的,于是面向全社会发布了征集公告。IBM 公司对这个公告做出积极响应,提交了 Lucifer 算法,希望能被采纳成为标准。而国家标准局将提交的算法送到 NSA 进行评估,于是就有了起初争吵的一幕。

NSA 对于加密标准的征集是无可奈何的,虽然不愿看见密码学研究在民间的兴盛,但也无力阻拦信息技术前进的步伐。争吵的结果是两派达成了折中,同意把 Lucifer算法公开作为商用加密标准,但是要稍做修改,修改方案简单来说,就是把密钥长度由 128 bit 缩短为 56 bit。此外还存在诸多扑朔迷离的说法,植入后门啦,差分分析啦,等等,总之为这个算法增加了些许神秘色彩。

1977 年,这个算法有了新的名字:DES——数据加密标准。它是世界上第一个敢于公开全部细节的密码,它被作为商用加密标准,在全世界范围内使用了长达 40 余年,甚至一直到今天,3 重 DES 仍在计算机系统中发挥着作用。

一、走近 DES

计算机科学的研究起源于20世纪40年代的美国，到70年代时进入高潮阶段，IBM、Microsoft等大公司相继成立，并由小规模的生产开始走向垄断。在美国国内，计算机逐渐开始普及。人们乐观地预测，迟早有一天计算机也将在全世界大规模地应用。而随着计算机和网络技术的发展，在电子商务、电子政务、个人隐私、网上银行以及移动通信等各个方面，都需要用密码来保护信息。除了军队和外交等部门，密码需要被更多的人了解和使用。大规模的应用需求促成了民间的密码学研究和密码产品的制造。

此时发生的两个重大事件宣告着密码学进入一个全新的时代：一是数据加密标准DES的制定，二是公钥密码思想的提出。

数据加密标准的出现，标志着密码学研究和应用由军转民的开始。事实上，直到20世纪70年代初，除了为军队或情报组织工作的人之外，在民间很少有专业的密码学研究者，专门从事商用密码研究的专家更是凤毛麟角，有关密码学的学术会议或期刊也几乎不存在。当时，世界上有一些小公司在制造和出售加密设备，这些设备千差万别，没有人清楚它们的强度如何，也找不到一个民间的权威机构来认证它们的安全性。

旺盛的需求与贫瘠的供给之间存在着巨大鸿沟，而这个鸿沟被DES填补。自从1977年DES被正式发布成为标准后，先是围绕着它出现了各种硬件或软件实现的产品，其应用范围很快就超出美国，遍及全世界，然后又有一大批人开始尝试破译它，模仿DES而设计的其他密码算法和产品也层出不穷，这些都极大促进了密码学的繁荣。

DES的确是一个前无古人的密码，它是第一个真正意义上的现代密码体制，是遵循仙农准则进行设计的第一个成功作品。它在设计上是如此精美，安全性又是如此之高，实现起来又很方便，还公开了所有设计细节，既能用于商业加密，也可用于其他各种场合，与人们的工作和生活息息相关。从银行的ATM到计算机中的文件加密，只要有计算机和网络，就有DES的身影。其应用时间之长(40年)、范围之广(全世界)、在密码史上地位之重要，都远非其他密码所能企及。

今天，DES已经诞生40余年，作为DES替代品的高级加密标准AES也已经使用了近20年，但几乎所有的密码学书籍中都认为DES是一个最经典的算法。总之，DES是一个很“牛”的密码，又是一个很复杂的密码，复杂到除了设计者，几乎没有人能彻底搞懂它……

(一)加密过程

DES是一种迭代型Feistel分组密码，它采用了本书第二章中描述的弹簧式设计:先把明文分成长度相同的两半,对其中一半进行变化,与另一半相加,再把两边交换,下一轮对没有变的一半进行变化。这样迭代若干次之后,就完成了加密,其加密过程如图 7-2 所示。

具体而言,在 DES 中,一次要加密的明文长度是 64 bit,即 8 个字节。根据计算机中的标准编码(ASCII 码),8 个字节可以表示 8 个英文字母,或 4 个汉字,不算长。当然,一般来说正常的明文消息不会只有 64 bit,所以在加密之前,要先把明文分为长度相同的组,每组 64bit。然后,用相同的算法、相同的密钥依次加密每一组。

在处理一组明文时,首先把 64 bit 全部打乱,这叫初始置换,简记为 IP(Initial permutation)。打乱之后,进行 16 轮弹簧式的加密,然后再经过与 IP 相反的规则再次打乱顺序,就得到了密文。就是说,加密的主体结构由 16 轮迭代构成,在迭代的前后加上帽子和尾巴,即 IP 和 IP 的逆置换,就完成了加密。16 轮的加密过程如图7-3所示。

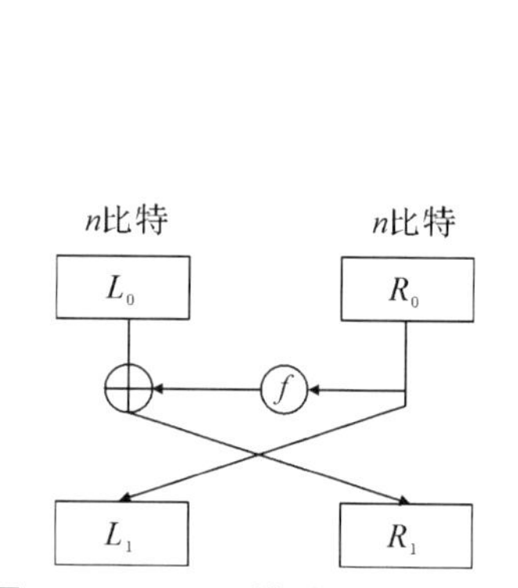

图 7-2　Feistel **模型一轮加密过程**

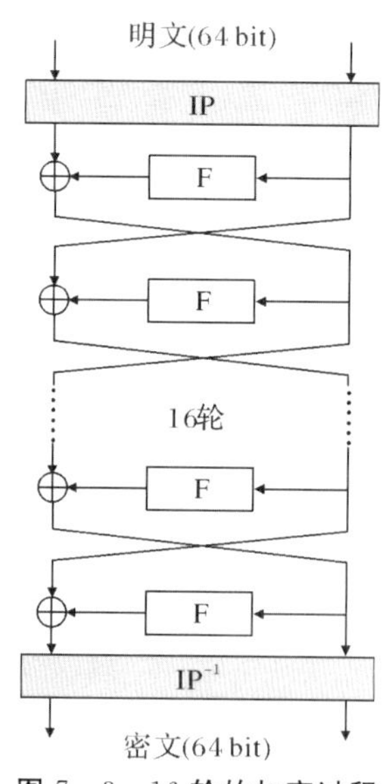

图 7-3　16 **轮的加密过程**

图 7-3 貌似不像图 7-1 中那样复杂,它很有规律,共重复了 16 轮且左右对称,简洁而优雅。

就一轮加密而言,需要经过如下几个步骤。

(1)先把数据分为左右两半,各 32 bit;

(2)右半边数据与 48 bit 的密钥 k_i($i=1,2,\cdots,16$)一同输入到 F 函数,计算出一个 32 bit 的输出;

(3)F 函数的输出与左半边数据异或,再将结果作为下一轮的右半边;

(4)上一轮的右半边直接拿来作为下一轮的左半边。

上述四步,构成一轮加密,输出的左右两边合起来仍为 64 bit,再进入下一轮。如此重复运行 16 轮,便完成了整个加密。

(注意在最后一轮,左右两边的数据并不交换。)

加密时每轮都要使用一个 48 bit 的子密钥，因此一共需要 16 ×48 ＝ 768 bit 密钥，这样长的密钥管理起来有点麻烦，与设计分组密码的初衷(用一个短密钥加密所有明文)不符。所以，DES 中很巧妙地利用一个密钥“扩展”算法，把 64 bit 的短密钥扩展成 16 个 48 bit。这个算法的输入是 64 bit 的初始密钥，也是最终需要用户管理的密钥。怎么管理呢？用最妥善的方法是把它记住并藏好，绝不泄露出去。虽然初始密钥有 64 bit，但实际上第 8、16、24、32、40、48、56、64 bit 都是奇偶校验位，所以，有效密钥长度仅为 56 bit。密钥扩展算法如图 7－4 所示。

图 7－4 中，“＜＜＜”表示循环左移，根据产生的是第几个子密钥而移动 1 位或 2 位。

了解了算法的整体框架之后，我们再拿放大镜观察一下 F 函数的内部细节，如图 7－5 所示。

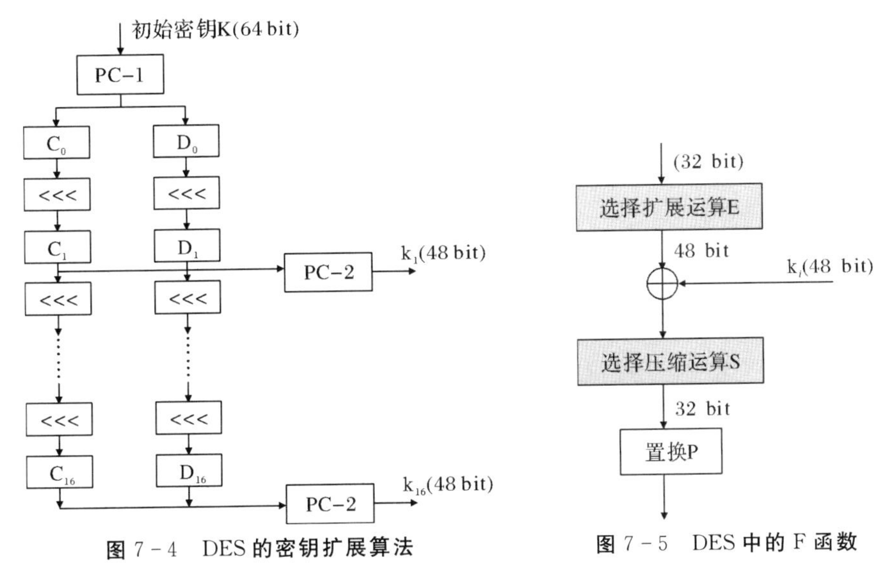

图 7－4　DES 的密钥扩展算法　　　**图 7－5　DES 中的 F 函数**

32 bit 的右半边输入到 F 函数中之后，需要经过四个步骤，分别是选择扩展 E、与密钥的逐位异或、选择压缩 S，以及置换 P。

第一步，选择扩展，将 32 bit 扩展成 48 bit。扩展规则很简单，让某些内容出现两次即可，见表 7－1，其中最后两列的数字实际上出现了两次。

表 7－1　选择扩展 E

32	1	2	3	4	5
4	5	6	7	8	9
8	9	10	11	12	13
12	13	14	15	16	17
16	17	18	19	20	21
20	21	22	23	24	25
24	25	26	27	28	29
28	29	30	21	32	1

第二步，与子密钥相加，将上一步扩展之后的 48 bit 与同样长度的子密钥按位模 2 加(异或)。

第三步，选择压缩运算(也称 S 盒)，得到 32 bit 的输出。这是一个代替过程，把第二步相加得到的 48 bit 分成 8 组，每组 6 bit，分别输入到 8 张代替表中(8 张代替表详见附录三)，得到 4 bit 的输出，再合并起来就是 32 bit。

仔细观察 8 张代替表，你会发现每张表中的数字排列各不相同，而且都很乱。代替规则也比较奇怪：以第一张代替表 S1 为例(见表 7－2)，它有 4 行，分别用数字 0～3 标记，有 15 列，用数字 0～15 来标记。如果输入是"110011"，则把第 1 位和最后 1 位取出来，凑成一个二进制数"11"，对应着数字 3，这就意味着输出应该位于第 3 行；再把中间 4 位取出来，凑成一个二进制数"1001"，对应着数字 9，则输出位于第 9 列；查表得到第 3 行第 9 列上的数字是 11，再把这个 11 表示成二进制：1011，这就是输出了。

表 7－2　代替表 S1[输入 110011，输出 1011(＝11)]

	0	1	2	3	4	5	6	7	8	9	10	11	12	13	14	15
0	14	4	13	1	2	15	11	8	3	10	6	12	5	9	0	7
1	0	15	7	4	14	2	13	1	10	6	12	11	9	5	3	8
2	4	1	14	8	13	6	2	11	15	12	9	7	3	10	5	0
3	15	12	8	2	4	9	1	7	5	11	3	14	10	0	6	13

所以，S 盒运算的本质就是查表，每张表都把 6 位输入变成 4 位输出，经过 8 个代替之后，原先输入的 48 bit 就被压缩成了 32 bit。

32 bit 进入到最后一步，置换 P(见表 7－3)，再次打乱重排，把第 16 位取出来放到第 1 位，把第 7 位放到第 2 位……，全部排完之后，就得到了 F 函数的输出。

表 7－3　置换 P

16	7	20	21
29	12	28	17
1	15	23	26
5	18	31	10
2	8	24	14
32	27	3	9
19	13	30	6
22	11	4	25

以上就是 DES 加密的全部过程，整体上似乎挺复杂，但把它拆开一看，每一部分都很简单。这些简单的运算编程实现速度特别快，这使 DES 满足了商用密码标准的要求。

细心的你一定会发现,S盒似乎并不是可逆的,确实如此！输入6个bit,输出却只有4个,明显不对称,没办法求逆,那么解密的时候该怎么办呢?

回想第二章中介绍的Feistel模型,其中并不要求F函数可逆。事实上,DES的解密和加密过程完全一样,其中并不涉及对F函数求逆,只需把16个子密钥按照相反的顺序使用就好。

那么在整个DES算法当中,哪些部分能体现出设计上的精妙之处呢?

首先,Feistel结构是一个巧妙设计,这种设计的优点我们在前面已经详细阐述过。

其次,S盒和置换P是整个算法中最“乱”的部分,它们构成了算法的安全担当。DES很好地体现了仙农的混乱和扩散原则,这正是由于S盒和P置换设计得好。长期以来,人们企图用数学方法来破译DES,但进展缓慢,与这两种变换有极大关系。

最后,加密时为什么要迭代16轮?

诚然,17轮比16轮或许要安全些,迭代次数越多,自然就越安全,但是也没必要重复上100次,这样加密起来会很慢。那又为什么不是15轮呢?后来人们发现,仅仅是减少一轮,就会对安全性产生极大影响。密码算法必须在安全性与效率之间取得折中,对DES而言,迭代16轮,就是找到的折中点,这也是DES令人叹服之处。

(二)DES的安全性

作为商用加密标准,DES已经在全世界范围内使用了40余年,在这40余年中,它经受了来自全世界密码学家的破译。

破译DES的方法归结起来有两种:数学方法和穷举搜索密钥。其中数学方法主要有两种:差分分析和线性分析。

由于DES的设计完全符合仙农的混乱和扩散准则,给定一个明文,随着选择的密钥不同,它有可能被加密成所有的密文,并且加密为哪个密文的可能性都相同。这样一来,直接从密文推出明文变得非常困难。1990年,密码学家Biham和Shamir提出了一种破译分组密码的通用方法——差分分析。思路是这样的:把两个明文相减,得到一个差,称为输入差,把对应的两个密文也相减,得到输出差,通过观察输入差与输出差之间的对应关系来破译,这就是差分分析。当然只有一对差并不会起多大作用,所以破译者需要“放大招”:把所有可能的明文两两相减,得到许多输入差,共有2^{64}个。同理,把所有可能的密文也都两两相减,得到2^{64}个输出差。下面借鉴一下统计分析法,考虑这些输入差与输出差之间,有没有可能存在分布上的某种不均衡性。如果有,则意味着某些输入差以较高的概率对应着某些输出差,利用这一点可以进行攻击。当然说起来简单,真正攻击起来还是很难的。

差分分析是一种有效的破译方法,人们利用它已经成功地破译了多个分组密码。那么用它破译DES的效果如何呢?

当DES的迭代轮数较少,比如只迭代5轮时,差分分析很容易。但是当迭代轮数是正常的 16 轮时，作为一种选择明文攻击，破译者必须选择 2^{47} 组明文，并得到这些明文用同一密钥加密的密文，才能成功地猜出该密钥来。虽然一组明文仅有 64 bit，但是 $2^{47}=140\ 737\ 488\ 355\ 328$，要选择这么多明文并且得到它们的密文，这个攻击者得有多彪悍啊！

换个角度，可以说差分分析对于 16 轮的 DES 几乎是无能为力的。一个更令人吃惊的现象是，如果把 DES 的迭代次数减小一轮，变成 15 轮，那么差分分析的工作量就会显著减小。据说 IBM 公司早就发现了差分分析法，并据此将 DES 的迭代次数设为 16 轮。当然，由于众所周知的原因此事一直没有公开，直到这种攻击方法被重新发现并在国际学术会议上发表，这个隐藏了 18 年的秘密才被揭晓。

在自然科学当中，密码学是一门独特的学科，它虽然与数学紧密联系，但并不像数学那样“光明磊落”，它总是与一部分人的利益紧密相关，无论是密码设计还是密码分析，都是一种武器，杀人于无形的武器。因此，密码学中总是存在着一些不为人知的“秘密”，这些秘密一旦公诸于世，必定掀起一场学术研究中的“血雨腥风”。

与差分分析类似，线性分析也是一种有效的破译方法。它是 1993 年由密码学家 Matsui 提出的一种已知明文攻击方法，主要思路是将密码变换中的非线性模块（DES 中的 S 盒）用线性函数逼近，从而降低攻击的复杂度。对 DES 实施线性分析时，要求破译者掌握 2^{43} 对已知的明文和密文。能做到这一点的破译者，也是强大得令人发指。

人们公认为，对于 DES 而言，差分分析与线性分析并不是特别高效的攻击工具。

虽然如此，DES 还是没能逃脱被破译的宿命，因为它有一个硬伤——密钥太短。1976 年 DES 问世之初，NSA 宣称这种密码 91 年都攻不破，显然这种设想过于乐观了。根据摩尔定律，计算机的处理能力每 18 个月翻一番。DES 的有效密钥仅有 56 bit，在计算机上穷举搜索 56 bit 的密钥，似乎用不了 91 年。

所谓穷举搜索，就是假设破译者得到了少量的明文-密文对，他试着对明文用所有可能的密钥加密，如果某次加密的结果与手中已有的密文一致，便认为找到了密钥。

例如：假设破译者手中有三组消息和对应的密文，消息为：“the unknown messages is：”

其中字母加上空格和标点符号共有 24 个，用 ASCII 码表示就是 $24\times8=192$ bit，刚好构成三组 DES 明文，记作 m_1，m_2，m_3。假设这些明文是用同一个密钥 k 加密的，它们对应的密文为 c_1，c_2，c_3（见图 7－6）。

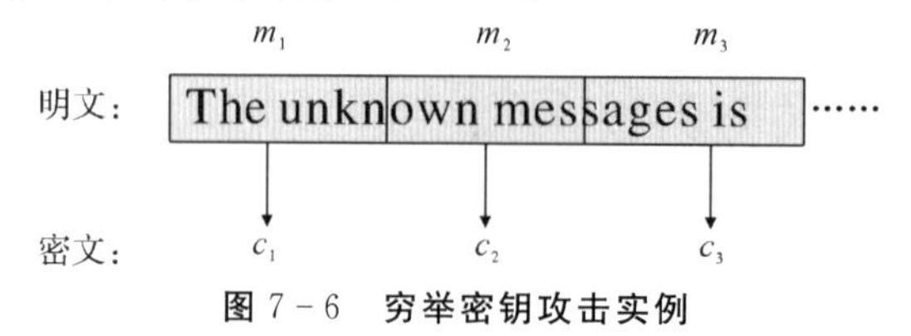

图 7－6　穷举密钥攻击实例

为了找到密钥 k，必须用所有可能的密钥去加密 m_1，看得到的密文是否等于 c_1，如果匹配成功，还可以用 m_2 和 c_2 来验证。

密钥搜索需要的时间取决于密钥空间的大小和执行一次加密所用的时间。

DES 的密钥量为

$$2^{56}=7.2\times10^{16}=72\ 057\ 594\ 037\ 927\ 936\approx10^{17}$$

密钥空间有这么大，就是说在最坏情况下，找出密钥 k 需要加密 2^{56} 次！当然攻击者有时候运气特别好，只试了不到 10 次居然就找到了密钥。那我们把最坏情况和最好情况平均一下，假设找到一个密钥平均需要搜索密钥空间中的一半密钥，并且加密一次需要 1 μs，则需要花费 1 000 年才能找到 DES 的密钥。这样看来 NSA 的预测似乎有道理，穷举搜索并不容易。

然而，1 μs 加密一次的假设有点过于保守了。

早在 1977 年，密码学家 Diffie 和 Hellman① 就设想制造一台具有 100 万个加密设备的并行计算机，其中每个设备都可在 1 μs 之内完成一次加密，这样平均搜索时间就能减小到 10 h。然而这样的一台机器在 1977 年造价大约是几千万美元，除了 NSA 外，其他机构似乎没有能力建造这种机器。

随着 DES 在全世界范围内的广泛使用，世界各地的密码学家们以极大的热情参与到 DES 的破译中，孜孜不倦地利用各种方法进行密钥搜索。1993 年，在美国密码年会(Crypt'93)上，R. Session 和 M. Wiener 给出了一个详细的密钥搜索机方案。它使用串行的密钥搜索芯片，能同时完成 16 次加密。这个机器中包含 5 760 个密钥搜索芯片，每秒可以测试 5 000 万个密钥。使用它可以得到表 7-4 中的预期结果。

表 7-4　密钥搜索机的造价及搜索时间

密钥搜索机器单位造价	预期的搜索时间
$ 100 000	35 h
$ 1 000 000	3.5 h
$ 10 000 000	21 min

Wiener 设计的机器在 1993 年造价约为 10 万美元，与 1977 年的几千万美元相比，真是小菜一碟！然而这种性价比超高的机器只存在于假想中，并没有实际建造出来。

1997 年 1 月 29 日，美国 RSA 数据安全公司发起了一个破解密钥的比赛，叫作“DES 挑战”(DES Challenge)，要求在给定密文和部分明文的情况下找到 DES 的密钥，获胜者将得到 10 000 美元奖金。一位名叫 Rocke Verser 的参赛者编写了穷举搜

① 这两位也是密码史上响当当的人物，他们最早提出了公钥加密的思想。

索密钥的程序并在网上发布，邀请感兴趣的人共同参加，最终有 70 000 台计算机参与运算。程序从 1997 年 2 月 18 日开始运行，96 天后找到了正确的密钥，这时大约已搜索了密钥空间的 1/4。这个比赛充分显示了分布式计算在密码分析中的威力。

1998 年 5 月，美国电子边境基金会（Electronic Frontier Foundation，EFF）宣布，他们将一台价值 25 万美元的计算机改装成专用解密机，用了 56 h 破译了 DES，赢得了"DES Challenge II"的胜利。这台机器被称为"DES 破译者"。1999 年 1 月，"DES 破译者"在分布式网络的协同工作下，在 22 h 15 min 里找到了 DES 密钥，赢得 RSA 实验室"DES Challenge III"的胜利。这意味着 DES 的安全性岌岌可危。

目前暴力破译 DES 的记录被德国的一个研究小组保持着，他们制造的基于 FPGA 的并行计算机 COPACOBANA 在一天内就破解了 DES。这台计算机使用了 120 个 FPGA 芯片，造价仅为 1 万美元。

尽管 DES 目前来看已经算是被破译了，但人们对它的评价与之前的所有密码完全不同。DES 的诞生标志着一个新时代的开始，在这个时代里人们可以放心地使用商用密码产品来保护商业机密或个人隐私，而无须了解密码算法的细节。DES 被采纳成为加密标准之后，很快就在银行、商业和个人信息传递方面得到了广泛应用，并传播到全世界范围内。

可以把 DES 与第二次世界大战中据说是无人能破的超级密码 Enigma 比较一下，Enigma 被破译之后，特别是在第二次世界大战之后，就再也没人使用。从申请专利、大量生产、参加实战到彻底被破译，Enigma 的寿命只有 20 多年。DES 则完全不同，虽然已经出现了数学上的破译方法，但这些方法比起穷举密钥来优势并不明显。虽然 DES 的密钥太短，无法抵抗穷举搜索，但今天它的高级版本——三重 DES，仍活跃在各种计算机和网络系统中，这不能不说是密码史上的一个奇迹。

（三）双重 DES 与三重 DES

为了弥补 DES 密钥太短的缺点，可以想办法把密钥加长。然而 56 bit 的密钥长度与算法本身密切相关，为了加长密钥而又保持算法不变，一个简单方法是用两个密钥把每组明文加密两遍，如图 7－7 所示。

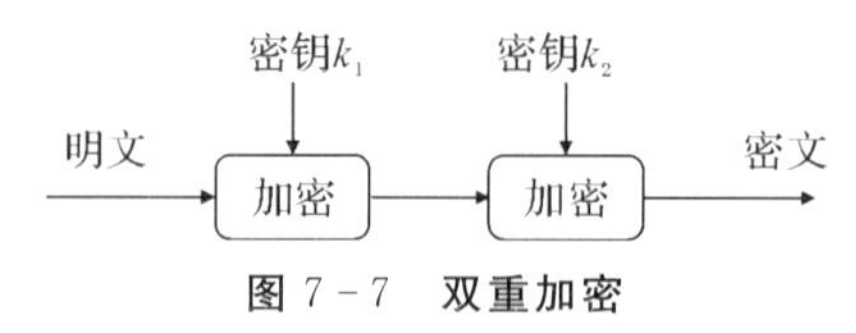

图 7－7　双重加密

穷举一个密钥，需要 2^{56} 次，那么穷举两个呢？2×2^{56} 吗？非也。

假设有一个攻击者，得到了用双重 DES 加密的一对明文和密文，记作 (m, c)，他的目标是找出加密时使用的两个密钥来。就是说，设 $c = E_{k2}(E_{k1}(m))$，现在已知 m

和 c，要找出 k_1 和 k_2。

怎么找呢，只能一个一个地穷举搜索。

k_1 和 k_2 来自于同一个密钥空间，其中有 2^{56} 个密钥，破译者需要让 k_1 取遍所有 2^{56} 个值，再让 k_2 也取遍 2^{56} 个值，依次去试。k_1 和 k_2 形成的组合共有 $2^{56} \times 2^{56} = 2^{112}$ 种。他需要使用穷举法，依次用所有这些密钥组合加密 m，直至加密结果与 c 相同。因此这个搜索量增长的幅度不是线性的，而是指数的，在最坏情况下，需要穷举 2^{112} 次才能找到两个密钥！使用两个密钥，相当于把密钥长度一下子延长到原来的两倍，变成 112 位！

这个方法简单又好用，人们也给它起了个好记的名字叫双重 DES。为了更安全，可以举一反三地构造出三重 DES，四重 DES，乃至若干重 DES。但是，还是那句话，密码学是实用的科学，必须考虑效率，在足够安全的前提下，为了提高速度，加密次数当然越少越好。那么怎样才算是安全呢？

在今天的破译条件下，112 bit 的密钥，穷举起来还是比较费力的。如果破译 DES 的并行计算机 COPACOBANA 能在一天之内找到 56 位密钥，那么要找到 112 位的密钥，就需要 2^{56} 天！虽然有摩尔定律的加持，真正破译起来并不需要这么久，但今天来看 112 位的密钥安全强度是足够了。

可是如果你对一些常用软件稍做留意，比如 Windows 系统中的密钥，就会发现它支持的是三重 DES，双重 DES 基本上是见不到的。三重 DES 如图 7－8 所示。

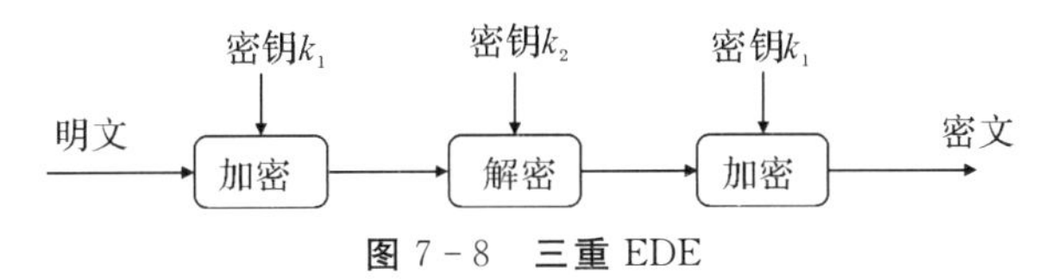

图 7－8　**三重** EDE

就是说，使用两个密钥 k_1 和 k_2，把明文先用 k_1 加密一遍，再用 k_2 解密，然后用 k_1 再加密，最终得到密文。这种“加密-解密-加密”的方法又被称为 EDE 模式。在解密时，自然需要把三个步骤倒过来，顺序是“解密—加密—解密”。

这就令人费解了，既然还是用两个密钥，穷举搜索起来还是 112 位，为什么要多加密一次而不是直接使用双重 DES 呢？

这里面大有学问。

在双重 DES 中，用两个密钥加密两次，相当于把密钥搜索量增加到了 112 bit，为了找到密钥，破译者需要试遍 k_1 和 k_2 的所有 2^{112} 种组合，所以这个攻击者的计算量将达到 2^{112}。

理想情况是这样，然而现实中存在一种攻击方法，化理想为空想。

假设攻击者有一对明文和密文，记作(m, c)，为了找到密钥 k_1、k_2，可以这样做：

第一步，建表。让 k_1 取遍密钥空间中的所有密钥，就是说用所有可能的 2^{56} 个密钥加密 m，把所有的密文列成一张表，记作表 1，其中共有 2^{56} 项，见表 7－5。

表 7－5　用 k_1 加密的结果(表 1)

k_1 的可能取值	$E_{k_1}(m)$
00……0	c_1
00……1	c_2
……	
11……1	$c_{2^{56}}$

第二步，排序。将表 1 中所有项按照密文大小重新排序，排好序的表记作表 2(见表 7－6)。

表 7－6　按照密文重排后的表(表 2)

k_1 的可能取值	$E_{k_1}(m)$
10……1	c_1'
01……0	c_2'
……	
01……0	$c_{2^{56}}'$

第三步，解密。在所有 2^{56} 个密钥中随机选一个密钥 k_2，用它对表 2 中的密文解密，得到的结果记作 m^*。

第四步，查表。把 m^* 与表 2 中的每一项进行比较，如果不同，则回到第三步，重新选择 k_2；如果相同，则认为刚才解密时使用的 k_2，以及与 m^* 匹配的项对应的密钥 k_1，就是加密时使用的两个密钥，这样就完成了破译。

这种攻击好在哪里呢？它是不是就比穷举搜索更快些？

分析一下整个攻击过程的计算量：

第一步，用所有密钥对 m 加密，需要穷举所有 2^{56} 个 k_1，因此建表需要的计算量就是 2^{56}。

第二步，最快的排序算法是线性时间的，就是说，如果表中有 n 项，对它们进行排序，需要的计算量为 $\lg(n)$，因此，攻击者对表 1 排序，需要的时间是 $\lg(2^{56})$。

第三、四步是解密和查表的过程，解密时仍需遍历密钥空间，直至找到了正确的 k_2，那么，最坏的情况就是把所有密钥都试了一遍，最后一次解密才找到 k_2，计算量是 2^{56}。再看查表，由于第二步已经对表 1 进行了排序，在一张排好序的表中搜索某个值，可以使用二分查找法，这是一个很快的算法，需要的计算量为 $\lg(2^{56})$。

现在可以算出整个攻击过程所需要的计算量了，那就是

$$2^{56}\lg(2^{56}) + 2^{56}\lg(2^{56}) = 2^{56}\times(56+56) < 2^{63} << 2^{112}$$

等式左边第一项表示建表和排序的计算量，因为第一步建表结束之后才进行第二步排序，需要将它们耗费的时间相乘。第二项表示解密和查表的计算量，这两个步骤也是依次进行的，耗费的时间也要相乘。这样算下来，发现对双重 DES 实施中间

相遇攻击时，只需要不到 2^{63} 次计算，比穷举搜索 56 bit 密钥的计算量大，但远远不是理想中的 2^{112} 次。这就意味着这种攻击是卓有成效的。

分别从明文和密文两端出发，通过加密和解密来找密钥，这种方法称为“中间相遇攻击”。用一个不太恰当的比喻，小明不慎将钥匙掉在一条长长的跑道上了，为了找到钥匙，他需要从跑道一头开始找，一直走到另一头，这就是穷举搜索。这时如果有个同学来帮他，两人同时从跑道的两端出发向中间走，这就是“中间相遇攻击”，此时找到钥匙的时间会短得多。

广义相对论中时间与空间在本质上是没有差别的。在计算机科学中，这一点同样成立。时间和空间都属于计算资源，时间就是计算所需要的时间，空间是计算过程中占用的存储资源，它们可以相互转化。中间相遇攻击恰恰体现了这种思想，它巧妙地利用存储空间换取计算时间，将密钥搜索的时间控制在可以容忍的范围内，代价是需要一些空间来存储第一次穷举加密的结果，即表 1。

由于中间相遇攻击，双重 DES 的密钥搜索量远远达不到理论上 112 bit 的效果。

中间相遇攻击对于三重 DES 基本不起作用，虽然三重 DES 也只使用两个密钥，但由于采用了特殊的“加密－解密－加密”方式，攻击成功的概率会小得多。

(四)链接式加密

分组密码在实际应用中可以这样做：把明文分组，然后用相同密钥，相同算法，逐组加密所有的明文，各个组之间不产生什么联系，如图 7－9 所示。

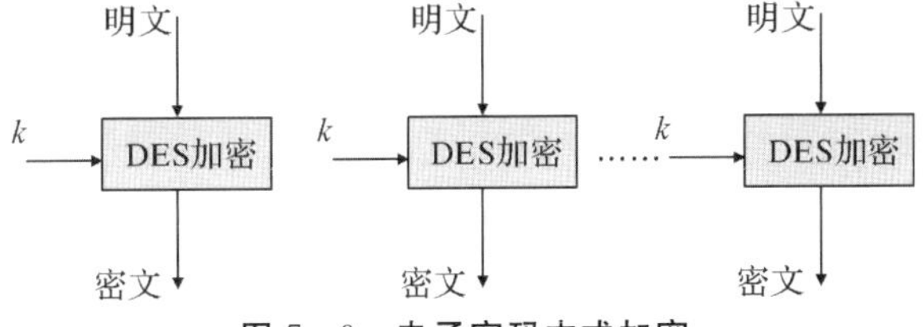

图 7－9　电子密码本式加密

这种加密，被称为电子密码本(Electronic Code Book，ECB)，它是一种很自然的用法。然而这种方法存在一个致命弱点——保留了明文的结构。

对此，美国斯坦福大学的 Dan Boneh 教授给出了一个有趣的例子，如图 7－10 所示。

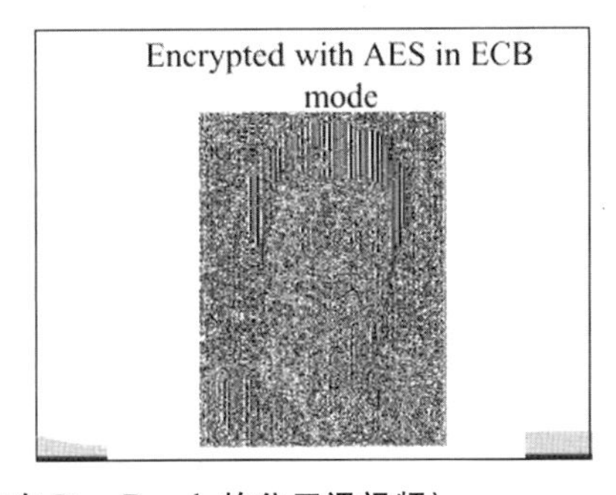

图 7－10　对图片的 ECB 加密(来自 Dan Boneh 的公开课视频)

左边的人脸图像用分组密码加密后，虽然从密文中看不出具体面貌，但由于头发部分像素点信息完全相同，对这些像素点用相同算法、相同密钥加密，密文也必然相同，从而密文图片中显示出了脸部的轮廓。这相当于泄露了一部分信息啊！

除了人脸图像，对于其他一些有特殊结构的明文，用 ECB 模式加密也有类似的效果——加密之后明文的结构会保留下来，给破译者提供线索。

所以，如果一种密码系统总是把相同的明文加密成相同的密文，它的安全性一定会大打折扣，这也是电子密码本模式最大的缺陷。为了克服这个弱点，可以在加密时为每组明文引入一个变化的量，这个变化量是随机产生的。然而问题又来了，如果真的为每组明文都产生一个随机数，岂不是相当于一次一密？它的弱点显而易见，虽然安全却极不便于使用。

为解决这个问题，人们设计了分组密码的链接式加密。这种方法每次加密时只使用一个随机数 IV（称为初始向量），长度与一组明文相同，相当于一个额外的密钥，用它来影响第一组明文。怎么影响呢？很简单，用这个 64 位的随机数与第一组明文直接相加。然后对相加的结果加密，得到第一组密文，再用第一组密文去影响第二组明文，第二组密文影响第三组明文……这样一组一组地连起来，形成一个链，如图 7－11所示。

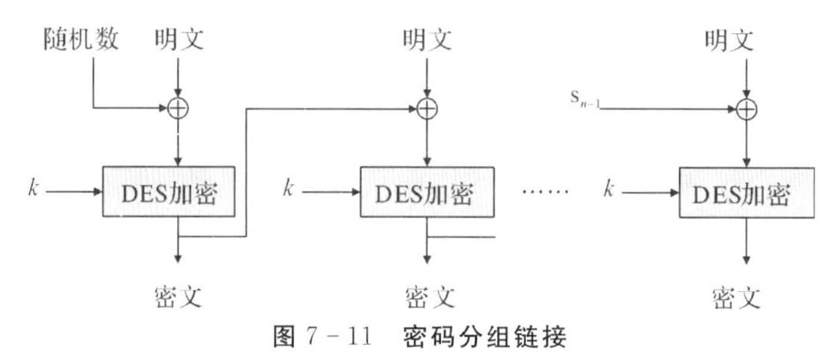

图 7－11　密码分组链接

这种用法也称为密码分组链接（Cipher Block Chaining，CBC）。要成功使用链接模式，必须让通信双方拥有相同的初始向量 IV。接收方收到一串密文 $c_1c_2\cdots$之后，对第一组密文直接用 DES 解密，再将结果与 IV 相加，得到第一组明文 m_1；第二组密文解密后则需要与第一组密文相加，得到 m_2，依次逐组解密。

CBC 模式让初始随机数影响第一组明文，再利用链接的方法让这种影响继续，从而打破了 ECB 模式相同明文对应着相同密文的弱点。今天的许多实际应用都采用链接模式来加密。

二、高级加密标准 AES

（一）AES 概况

1997 年，在 DES 被采纳为加密标准 20 年之际，美国国家标准与技术研究院（National Institute of Standards and Technology，NIST）开始了新一轮加密标准的征集。

鉴于DES使用的时间太久，密钥又太短，在即将到来的21世纪，有必要用一个新的标准来替换它。NIST在征集新标准时，提出了一系列要求，比如速度要比三重DES快，安全性至少要相当于三重DES，等等。总之，21世纪的加密标准当然不能比20世纪的差。

伴随着信息科学的发展，20世纪90年代末的密码学研究在全世界范围内日趋成熟。与第一次征集标准时交上来的算法大多不堪一击，唯有Lucifer独领风骚相比，这一次征集过程中产生了许多优秀的算法，第一轮海选便有15个算法入围，一时间难以裁决。经全世界密码界的共同分析研究，有5个算法进入决赛，并最终选定了比利时密码学家Joan Daemen和Vincent Rijmen设计的算法，在两个作者的名字中各取一部分，命名为Rijndael算法，这就是高级加密标准AES(Advanced Encryption Standard)。

为了根据需要选择不同的加密强度，可以灵活设置密码系统的明文空间、密文空间和密钥空间。AES正是这样做的，它的明文、密钥和密文长度有三种选项，分别是128 bit、192 bit、256 bit，相应地，迭代轮数也有三种：10轮、12轮和14轮。

AES在设计上有两个不同于DES的特点。

(1)SPN结构：相比于DES复杂的Feistel结构，AES采用了相对较简单的SPN结构，即代替-置换网络。其每一轮都包含三个主要步骤：子密钥加、代替、置换，看上去很整齐，就像一个冰糖葫芦，如图7-2所示。

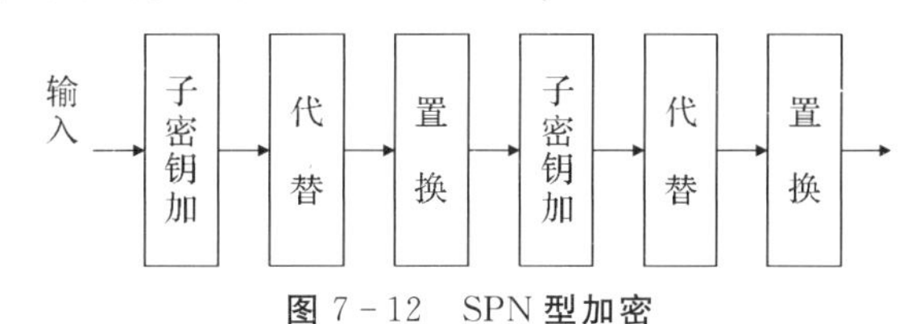

图7-12 SPN型加密

(2)字节为单位的运算：参与运算的单位是字节，而非DES中的比特，这就意味着无论是做加法、代替还是置换，每个字节(8 bit)都将是一个不可分割的整体。

然而这种运算究竟是怎样的呢？为了理解字节运算，我们需要复习一点点数学知识——多项式。

(二)多项式运算——AES中的主要运算

提到多项式，相当一部分人会认为这是中学课堂上不得不学，高考后又还给老师的东西，它与普通人的生活关系不大。其实不然，多项式是无所不在的。

比如我们最常见的整数，其实本质上就是多项式。

随便写出一个整数：283，观察它的写法，从左向右依次是“百位2，十位8，个位3”，这是十进制的写法，它表示：

$$283 = 2\times10^2 + 8\times10^1 + 3\times10^0$$

这不就是一个系数为2、8、3,关于10的2次多项式吗?

如果用二进制表示这个数,则系数只能取0和1,即

$$283 = 256+16+8+2+1 = 2^8+2^4+2^3+2+1 = (100011011)_2$$

如果采用十二进制,或者古代巴比伦人的六十进制,那写法又将有新的变化。但是无论怎样变,最终都能写成多项式。所以,整数,本质上就是多项式。

多项式的一般形式是:

$$f(x)=a_0+a_1x+a_2x^2+\cdots+a_nx^n$$

其中:a_i为系数,n为多项式的次数。一个n次多项式有$n+1$个系数。

如果多项式的系数取值局限于整数,我们就说它是整数上的多项式,也可以将系数范围规定为一个集合,比如任给一个素数p,整数模p的所有可能的余数构成一个集合:$\{0, 1, 2, \cdots, p-1\}$,在这个集合上的运算,加法或乘法,都要模p,这样一个集合记作F_p。

多项式之间可以做加法和乘法。任给两个多项式,加法就是对应项系数相加,而乘法麻烦一些,需要把它们逐项展开相乘,再合并同类项,这个过程其实与列竖式计算整数相乘在形式和内容上完全一致。

这种相似性还可以继续深入下去:整数之间可以做减法和除法,多项式自然也可以;两个整数相除之后有商和余数,两个多项式相除后也有;进一步地,由除法衍生的整除关系、最大公约数和最小公倍数等概念,甚至于整数中的Euclid算法,均可平移到多项式中。

如果一个多项式可以表示为两个多项式的乘积,就说它分解成了两个因式,除了1和它本身之外不存在任何真因式的多项式,称为不可约多项式,对应于整数中的素数。

从某种意义上,可以说整数是多项式的一种特例。

我们考虑系数取自$\{0, 1\}$的多项式,运算时系数均为模2加或乘。

【例7-1】 设$f(x)=x^6+x^4+x^2+x+1$,$g(x)=x^7+x+1$,$m(x)=x^8+x^4+x^3+x+1$,则

$$f(x)+g(x)=x^7+x^6+x^4+x^2$$

$$\begin{aligned}f(x)\times g(x)&=(x^6+x^4+x^2+x+1)\times(x^7+x+1)\\&=x^{13}+x^{11}+x^9+x^8+x^6+x^5+x^4+x^3+1\end{aligned}$$

可以求出这个乘积除以$m(x)$得到的余式,即

$$f(x)\times g(x)=(x^7+x^6+1)\bmod m(x)$$

这里的除法可以像整数除法那样列竖式完成。

另外，两个整数可以进行辗转相除，求出最大公约数，还可以把一整套除法公式倒回去，将其最大公约数表示为两个整数的一种线性组合，即

$$\gcd(a,\ b) = ax + by$$

特别是，当 a, b 互素时，最大公约数为 1。可以把 1 表示成这两个数的线性组合，这样就求出了一个数模另一个数的乘法逆元，即 $ax=1 \bmod b$，或 $by=1 \bmod a$。

这一整套方法，即 Euclid 算法，同样适用于多项式。举个例子，例 7-1 中，$m(x)$ 实际上是一个不可约多项式，它与 $f(x)$是互素的，可以利用多项式的 Euclid 算法，求出 $f(x) \bmod m(x)$的乘法逆元来。过程如下：

首先进行辗转相除：

$$m(x)=(x^2+1)f(x)+\underbrace{x^4}_{r_1(x)}$$

$$f(x)=(x^2+1)r_1(x)+\underbrace{x^2+x+1}_{r_3(x)}$$

$$r_1(x)=(x^2+x)r_2(x)+\underbrace{x}_{r_3(x)}$$

$$r_2(x)=(x+1)r_3(x)+1$$

再从 1 出发，把每个算式倒回去：

$$\begin{aligned}
1 &= r_2(x)-(x+1)r_3(x)\\
&= r_2(x)-(x+1)[r_1(x)-(x^2+x)r_2(x)]\\
&= (x^3+x+1)r_2(x)-(x+1)r_1(x)\\
&= (x^3+x+1)[f(x)-(x^2+1)r_1(x)]-(x+1)r_1(x)\\
&= (x^3+x+1)f(x)-(x^5+x^2)r_1(x)\\
&= (x^3+x+1)f(x)-(x^5+x^2)[m(x)-(x^2+1)f(x)]\\
&= (x^7+x^5+x^4+x^3+x^2+x+1)f(x)-(x^5+x^2)m(x)
\end{aligned}$$

从而，$f(x) \bmod m(x)$的乘法逆元就是：$x^7+x^5+x^4+x^3+x^2+x+1$。

由于是 $\bmod m(x)$求逆，当逆元次数超过 8 时，需要除以 $m(x)$并取余，用这种方法人为地将乘法逆元的次数控制在 8 次以内。

AES 的加密过程，由多项式运算贯穿始终，它的各个模块中涉及的主要运算均为多项式运算。

（三）AES 算法细节

掌握了多项式的运算规则之后，再回过头来看 AES 的加密过程就简单多了：一组明文先与子密钥 K_0 相加（这个不算在迭代中），然后进入若干轮（10 轮、12 轮或 14 轮）迭代，得到密文。AES 加密过程如图 7-13 所示。

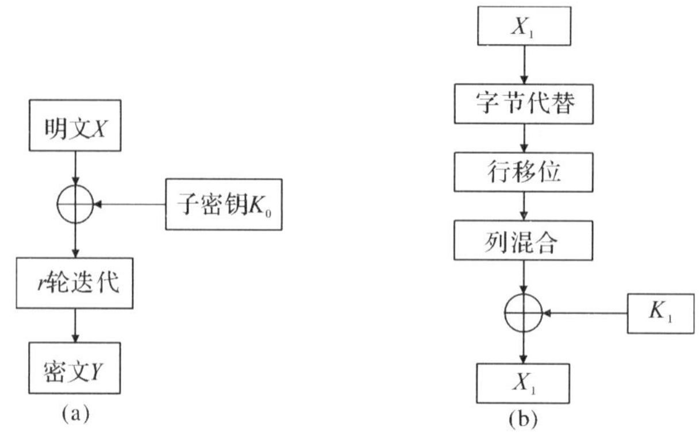

图 7-13　AES 加密过程

(a)AES 算法框图;(b)一轮 AES 加密

具体地,每一轮又包括四个运算:字节代替、行移位、列混合和子密钥加。

(1)字节代替。字节代替,从字面上看,就是把明文中的每个字节用另外的字节来代替。它是 AES 中唯一的非线性运算。与 DES 中 S 盒运算为单纯的查表不同,AES 的代替规则可以用数学方法计算,具体过程如下:

首先把所有输入划分为字节,比如明文为 128 位,则需要分成 16 个字节,然后将每个字节表示成系数来自{0,1},次数不大于 7 的多项式,方法是将 8 个二进制数字自高向低当作多项式的系数即可。

如:设输入的第一个字节为“01010111”,表示成多项式就是“$f(x)=x^6+x^4+x^2+x+1$”,把全部输入都这样表示之后,进行两步操作:

• 第一步,求每个多项式关于多项式 $m(x)$ 的乘法逆元(其中 $m(x)=x^8+x^4+x^3+x+1$),求法见上节。注意在 AES 中多项式 $m(x)$ 是固定不变的。

• 第二步,把上一步求得的结果(是一个次数不大于 7 的多项式)的系数取出来(共 8 个)写成一个向量 $\boldsymbol{x}=(x_0,x_1,\cdots,x_7)$,然后做线性变换 $\boldsymbol{y}=\boldsymbol{Ax}+\boldsymbol{b}$,其中 A 是一个 8 行 8 列的矩阵,$\boldsymbol{b}$ 是另一个 8 比特向量,其他线性变换如图 7-14 所示。

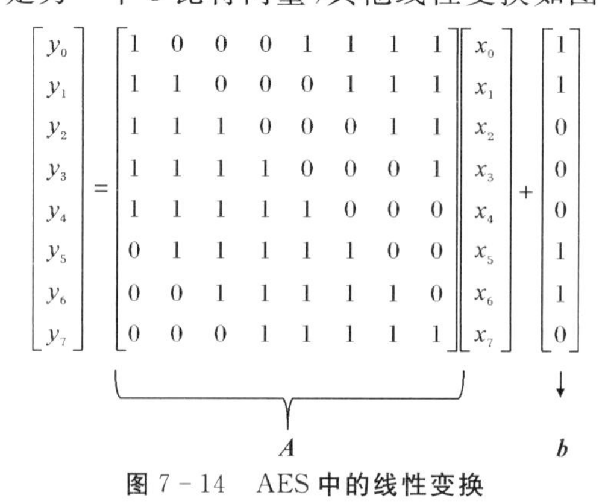

$$\begin{bmatrix} y_0\\ y_1\\ y_2\\ y_3\\ y_4\\ y_5\\ y_6\\ y_7 \end{bmatrix}=\underbrace{\begin{bmatrix} 1&0&0&0&1&1&1&1\\ 1&1&0&0&0&1&1&1\\ 1&1&1&0&0&0&1&1\\ 1&1&1&1&0&0&0&1\\ 1&1&1&1&1&0&0&0\\ 0&1&1&1&1&1&0&0\\ 0&0&1&1&1&1&1&0\\ 0&0&0&1&1&1&1&1 \end{bmatrix}}_{\boldsymbol{A}}\begin{bmatrix} x_0\\ x_1\\ x_2\\ x_3\\ x_4\\ x_5\\ x_6\\ x_7 \end{bmatrix}+\underbrace{\begin{bmatrix} 1\\ 1\\ 0\\ 0\\ 0\\ 1\\ 1\\ 0 \end{bmatrix}}_{\boldsymbol{b}}$$

图 7-14　AES 中的线性变换

注意这里的 $\boldsymbol{A}$ 与 $\boldsymbol{b}$ 也都是固定不变的。

上述过程对所有的字节都做一遍之后,就完成了字节代替。输入的每个字节都被替换为其他字节，如图 7－15 所示。

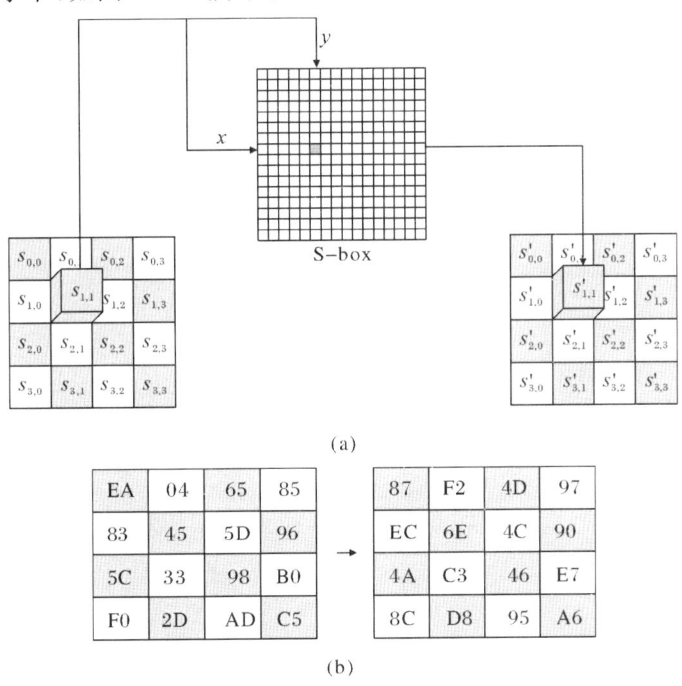

图 7－15 AES **中的字节代替**

(a)字节代替；(b)一个例子

上述过程还有另一种实现方式，那就是提前把所有可能输入的输出都算出来，并制成一张表，每次加密时直接查表就行了。那么应该构造多大的表呢？一个字节是 8 位，有 $2^8=64$ 种取值，代替之后还是 8 位，没有扩大也没有缩小。所以需构造一个 64 行 64 列的表格。为了简化写法，可以把 4 位合成一位，就是说，用十六进制表示，从而变成一个 16 行 16 列的表格，其代替表如图 7－16 所示。

		y															
		0	1	2	3	4	5	6	7	8	9	A	B	C	D	E	F
x	0	63	7C	77	7B	F2	6B	6F	C5	30	01	67	2B	FE	D7	AB	76
	1	CA	82	C9	7D	FA	59	47	F0	AD	D4	A2	AF	9C	A4	72	C0
	2	B7	FD	93	26	36	3F	F7	CC	34	A5	E5	F1	71	D8	31	15
	3	04	C7	23	C3	18	96	05	9A	07	12	80	E2	EB	27	B2	75
	4	09	83	2C	1A	1B	6E	5A	A0	52	3B	D6	B3	29	E3	2F	84
	5	53	D1	00	ED	20	FC	B1	5B	6A	CB	BE	39	4A	4C	58	CF
	6	D0	EF	AA	FB	43	4D	33	85	45	F9	02	7F	50	3C	9F	A8
	7	51	A3	40	8F	92	9D	38	F5	BC	B6	DA	21	10	FF	F3	D2
	8	CD	0C	13	EC	5F	97	44	17	C4	A7	7E	3D	64	5D	19	73
	9	60	81	4F	DC	22	2A	90	88	46	EE	B8	14	DE	5E	0B	DB
	A	E0	32	3A	0A	49	06	24	5C	C2	D3	AC	62	91	95	E4	79
	B	E7	C8	37	6D	8D	D5	4E	A9	6C	56	F4	EA	65	7A	AE	08
	C	BA	78	25	2E	1C	A6	B4	C6	E8	DD	74	1F	4B	BD	8B	8A
	D	70	3E	B5	66	48	03	F6	0E	61	35	57	B9	86	C1	1D	9E
	E	E1	F8	98	11	69	D9	3E	94	9B	1E	87	E9	CE	55	28	DF
	F	8C	A1	89	0D	BF	E6	42	68	41	99	2D	0F	B0	54	BB	16

图 7－16 AES **的代替表**

查表方法很简单，x 表示输入 8 位中的前 4 位，指示表格中的行，y 表示后 4 位，指示列，位于行列交点上的值就是输出。

(2)行移位与列混合。字节代替之后是置换过程，AES 中的置换分成横向的和纵向的，分别叫作行移位和列混合，作用就是把输入打乱，越乱越好。这两个运算都十分简单，特别是行移位。它是这样做的：先把输入写成 4 行，明文是 128 位时，每行就是 32 位，明文是 256 位时，每行就是 64 位，总之，平均分配。分好之后，各行分别循环左移：

· 第 1 行不移动

· 第 2 行循环左移 C_1 字节

· 第 3 行循环左移 C_2 字节

· 第 4 行循环左移 C_3 字节

移动的位数与明文长度有关，明文是 128 位或 192 位时，$C_1=1$，$C_2=2$，$C_3=3$，行移位如图 7－17 所示。而当明文是 256 位时，$C_1=1$，$C_2=3$，$C_3=4$。

87	F2	4D	97
EC	6E	4C	90
4A	C3	46	E7
8C	D8	95	A6

→

87	F2	4D	97
6E	4C	90	EC
46	E7	4A	C3
A6	8C	D8	95

图 7－17　行移位

与行移位相比，列混合运算稍复杂一些：首先将上述行移位的结果分成列，每列中有 4 个字节，用这 4 个字节作为系数构造一个 4 次多项式，记作 $a(x)$，给它乘以一个固定的多项式 $c(x)$，相乘之后如果次数超过 4，则需要再除以一个 4 次多项式 $M(x)$取余式即可。

其中

$M(x)=x^4+1$

$c(x)='03'x^3+'01'x^2+'01'x+'02'$

(3)子密钥加。上述的三步运算(字节代替、行移位、列混合)其实是一个代替和两个置换，变换的结果与子密钥相加，便完成了一轮加密。

可以看出，AES 的构造相当简单，这很大程度上是由于采用了冰糖葫芦式的结构和大量的多项式运算。回顾 DES 中所有的运算都是按比特进行的，逐个比特的查表运算实现起来相对较慢，而 AES 回避了比特运算，改为逐字节计算，这就使加密速度明显提高。

除了运算速度快，使用多项式还有一个好处，那就是可以利用来自代数中的一系列结论来保证安全性，这使得 AES 成为一种非常先进的密码，并被选中成为国际通用的加密标准。

三、其他商用密码

(一)中国的商用密码

我国高度重视商用密码的研究与应用。2010年以来,中国国家密码管理局陆续发布了一系列自主设计的密码算法,被称为国密系列,其包括SM1(SCB2)、SM2、SM3、SM4、SM7、SM9、ZUC(祖冲之算法),等等。

这些算法可以分成四大类:序列密码、分组密码、公钥密码和哈希函数。国密算法及其分类见表7-7。

表7-7 国密算法及其分类

分 类	具体算法
序列密码	ZUC
分组密码	SM1、SM4、SM7
公钥密码	SM2、SM9
散列函数	SM3

任何单位和个人都可以使用国密算法来保护自己的信息安全。这些密码被应用于电子政务、电子商务、警务通、企业和校园一卡通等领域,在国民经济中发挥着重要作用。其中应用最多最广的是SM2、SM3、SM4。

2013年,中国设计的ZUC密码被选中作为4G移动通信的国际标准。继ZUC之后,2017年10月,在德国柏林召开的国际标准化会议上,我国国密系列中的SM2与SM9也正式成为ISO/IEC国际标准。

由于密码工作直接关系到国家的政治安全、经济安全、国防安全和信息安全,为了规范密码的使用和管理,我国出台了《中华人民共和国密码法》,2020年1月1日起正式生效。密码法的制定和实施,是维护国家网络空间安全的重要举措。其中第三章商用密码部分,规定了商用密码标准化、检测认证、市场准入管理、使用要求、进出口管理等一系列制度。这些制度的落实将更好地促进密码产业发展,营造良好的市场秩序,为全社会提供更多优质高效的密码,充分发挥密码在网络空间安全中的重要作用。

(二)轻量级分组密码

分组密码是密码算法中最能体现"设计"的部分,在设计中要考虑各种因素,除了安全性与效率,还有密码的应用环境和运行环境。根据实用需求,人们构造了各种不同的分组密码来满足不同场合的应用。如轻量级分组密码,就是伴随着新的应用需求而产生的新型密码。

传统的加密标准更注重安全性,而在许多应用中数据传输的实时性其实更重要,比如在物联网及工业互联网终端,计算资源和存储资源都很有限,此时传统的分组密码算法就显得有点“笨重”，而使用轻量级分组密码则是一种不错的选择。轻量级分组密码在设计时力求寻找执行效率与安全性的最佳平衡点，这些密码一般来说结构相对简单，密钥也较短。2013 年，美国国家标准技术研究所(NIST)启动了“轻量级”项目，以研究密码标准在资源受限设备上的应用效果。2017 年，NIST 发布了《轻量级密码报告》，给出了轻量级密码算法标准化的相关计划。2018 年，NIST 发布了 56 个基于 SPN 结构或者 Feistel 结构的轻量级密码算法。2019 年，国际标准化组织(International Organization for Standardization，ISO)也发布了《轻量级密码(ISO/IEC29192)》，其中描述了 CLEFIA、IBS 等轻量级算法。

今天，物联网的迅猛发展需要使用大量的资源受限终端，这也让轻量级分组密码受到越来越多的关注与重视。

《第八章
密码学的新方向

今天的密码学，即将面临一场革命。造价低廉的数字化硬件……大大降低了高级密码设备的费用……使其可以用于远程自动提款机和计算机终端上。同时，信息论和计算机科学的理论进展使人们有望造出可证明安全的密码体制，也使这种古老的艺术发展成为科学。

——怀特菲尔德·迪菲，马丁·赫尔曼《密码学的新方向》

▶内容提要◀

对称密码的困境
双锁盒与密钥协商
公钥密码的思想
单向函数与困难问题

在科学史上，天才头脑中偶然迸发的灵感，往往决定了科学发展的进程。自然科学中这样的例子比比皆是——千百年来，人们津津乐道于阿基米德的浴缸、落在牛顿头上的苹果和门捷列夫睡梦中的蛇，并把这些趣事写进儿童读物。

密码史上类似的奇闻逸事虽不多见，但塑造历史的天才也颇有几个。如果我们把有史以来的密码学家按照其影响力来排个榜，高居榜首的无疑是仙农。第二是谁呢？并排写上迪菲和赫尔曼这两个名字，我想大多数人不会有异议。

现代密码学的主要成果均以论文的形式呈现，如果把这些经典论文也按照其对密码学的影响来排序，贡献最大的一篇论文是仙农的《保密系统的通信理论》。仙农之后，就是迪菲和赫尔曼发表于 1976 年的文章《密码学的新方向》，这是另一篇里程碑式的论文。迪菲和赫尔曼在文中首次提出了公钥密码的思想，从而极大扩充了密码学的内涵和外延，使密码学与数学和信息科学更加紧密地结合起来，让密码技术在除保密通信之外的其他应用领域也大显身手，并成为网络安全的基础。

从此，一个新的时代诞生了。

一、对称密码的困境

密码最典型的应用是保密通信，传统的保密通信一般使用对称密码（见图 8－1）来实现。所谓对称密码，是指加密和解密时使用的密钥相同，或者由一个能很方便地求出另一个。

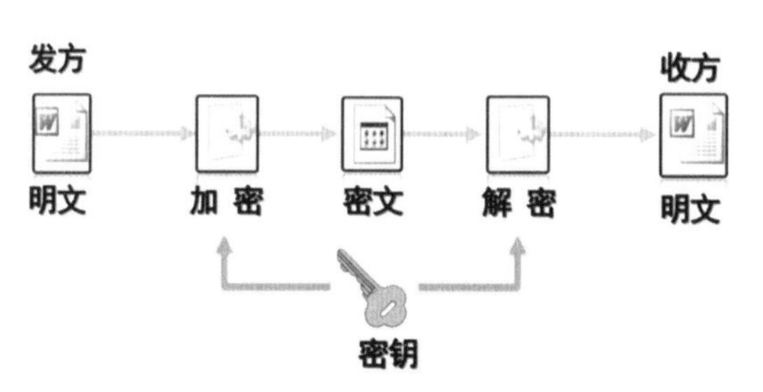

图 8－1　对称密码

多数人印象中的密码通信过程是这样的：通信双方约定好使用何种算法来加密，然后利用秘密的渠道共享一个密钥，再利用该密钥加密，加密后的密文就可以放心地在公开信道上传递了。根据柯克霍夫斯准则（还记得吗？），在一个密码系统中，密钥是不能泄露的。因此通信过程需要两个信道，一个是公开的，用来传密文，另一个是秘密的，用来传密钥，如图 8－2 所示。

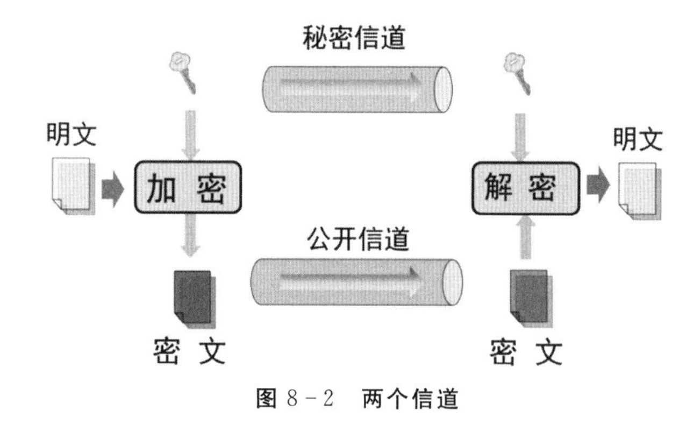

图 8－2　两个信道

这里的公开信道，可以是电话、计算机网络及邮件等常规通信手段。

那么什么是秘密信道呢？

所谓秘密信道，就是其上传递的消息要保证绝对的安全。现实中秘密信道通常可以这样建立：

（1）两个人进行物理接触，悄悄见面并交换密钥。

（2）派人把密钥送过去，升级版本就是武装押运。

（3）利用专线电话或 VPN（虚拟专用网络）。

建立一个秘密信道，这是对称密码应用的前提。然而秘密信道并不容易建立。从理论上讲，任何信道都不是万无一失的，实际建立的秘密信道可能具备一定程度上的安全性，但是通常花费的代价较大。

需要绝对安全的秘密信道，这是对称密码面临的第一个困境。

密码通信的参与方可能有两个，也可能会涉及多方。设想有 3 个人要相互通信，其中 A 传给 B 的消息不想让 C 知道，B 与 C 的通信又不想让 A 知道，那么 3 个人之间必须两两共享一个密钥，从而总的密钥数量为 3 个，而每人需要记住 2 个密钥。如果是 4 个人相互通信，那就需要 6 个密钥，每人要记住 3 个。系统中有 5 个用户时，需要 10 个密钥，如图 8-3 所示。

随着用户数量的增加，总的密钥量会急剧增大，而每个用户需要保存的密钥数量也非常多。今天大多数人的手机通信录中，联系人数量恐怕都不止 300 个。而与 300 个用户进行保密通信，就需要保存 300 个不同的密钥。

考虑一般情形，如果系统中一共有 n 个用户进行秘密通信，可以计算一下系统中总的密钥数量。算法很简单，有 n 个用户时，共 $n(n-1)/2$ 个密钥，每个用户需保存 $n-1$ 个密钥，就是求出组合数 $\binom{n}{2}=\frac{n(n-1)}{2}$（见图 8-4）。

当 $n=1\ 000$ 时，每个用户必须记住 999 个密钥，而整个系统中共存在 459 500 个密钥。

这些密钥必须通过秘密信道传递。由于密钥数量巨大，保存和管理起来也是比较困难的。

密钥数量大，传递、保存和管理十分不易，这是对称密码面临的第二个困境。

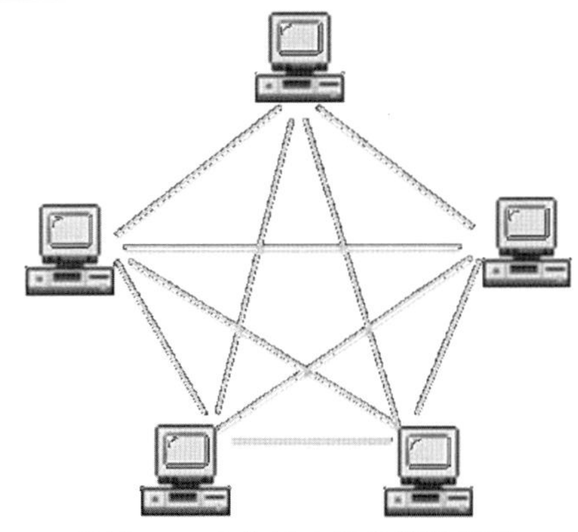

图 8-3　5 个用户通信算法模型

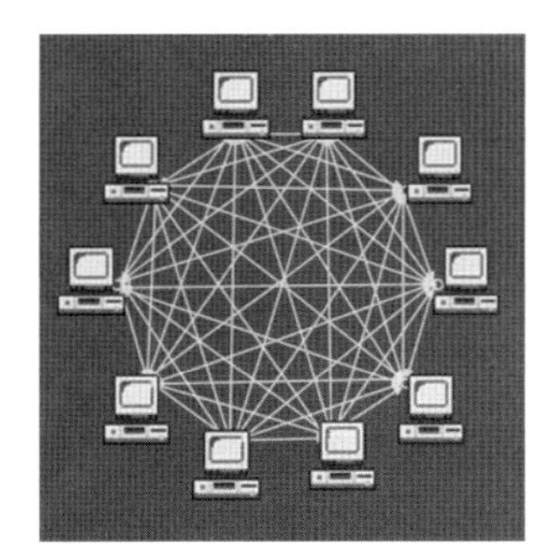

图 8-4　n 个用户通信算法模型

上述两者都与密钥相关。因为密钥是密码系统的核心，也是对称密码中唯一需要保密的东西。

为了跳出两个困境，就要打破常规思维，比如考虑如下问题：

——对信息加密时，能不能不用密钥？

显然不能。不使用密钥而对明文进行的变换，只能称为编码。

——要用密码手段实现保密通信，事先不传递密钥行不行？

好像也不行，通信双方必须掌握一对密钥，否则解密方将得不到正确的明文。

——要实现保密通信，事先不秘密地传递密钥行不行？

这个，似乎可以商量……

二、双锁盒与密钥协商

人类为什么要有商业？因为需要交换。为什么能有商业？因为可以商量。

——易中天：《易中天中华史·国家》

所谓密钥，无非就是加密过程中使用的参数，如果不加密，当然也就不再需要什么密钥了。现在的目标是"实现保密通信"，只要通信是"保密的"即可。那么有没有可能在不加密的情况下实现保密呢？

不但有，而且方法很多，比如武装押运，或者把消息锁进保险箱，等等。密码只是保护信息的方法之一，也可以说是最便宜的一种办法。如果不考虑代价，要保密并不难。

下面设想一次通信过程，虽然不使用密码，但也能保密，而且代价不算高。

Alice 和 Bob 要进行保密通信①，但是没有条件建立秘密信道，只能依赖于快递业务来传递信息。好在 Alice 有一个能挂两把锁的木盒，她与 Bob 通过公开信道——快递公司——来传递秘密信息。当然必须假设这个双锁盒防君子不防小人，快递员无论如何不会把锁砸开。这个假设，正如在传统密码应用中假设破译者不会破门而入，直接拿走明文一样，是合情合理的。

现在 Alice 与 Bob 利用这个双锁盒进行保密通信，具体过程如图 8－5 所示。

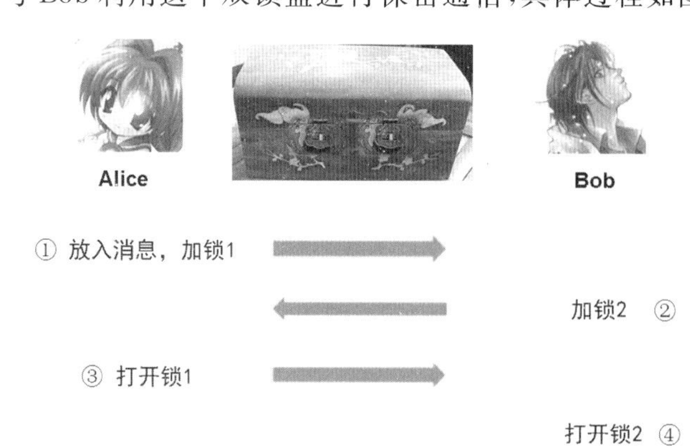

图 8－5　利用双锁盒实现保密通信

第一步，Alice 把信息写在纸上，再把纸条放入盒子，加上第一把锁，快递传给 Bob。

第二步，Bob 收到后并不能打开盒子，因为 Alice 没有给他钥匙，但 Bob 可以再加

① 顺便说一句，迪菲和赫尔曼在其论文中用两个人：Alice 和 Bob，来表示公钥密码的通信双方，从此这两个小伙伴成为密码界约定俗成的"形象大使"。鉴于这两个名字读起来朗朗上口，我们也就不麻烦其他小伙伴了。

一把锁，然后传给 Alice。

第三步，Alice 收到后，把自己的锁打开，传回给 Bob。

第四步，这时候盒子上只剩下 Bob 的锁，他用自己的钥匙打开，取出纸条。

一个不用加密，更不需要秘密信道的保密通信过程就这样实现了。

受双锁盒的启示，迪菲和赫尔曼构造了一种利用公开信道传递秘密的方法，称为 Diffie-Hellman 密钥协商协议，简称 DH 协议。这个协议本质上就是用数学方法来实现双锁盒。

假设 Alice 和 Bob 要进行保密通信，条件所限他们无法建立一个秘密信道，只能在公开信道上交换所有信息。他们当然不会直接用一个盒子来通信，而是设计了密钥交换的过程（见图 8－6）。

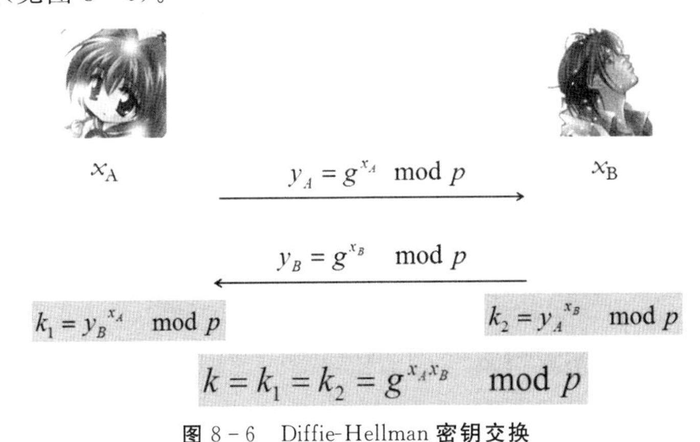

图 8－6　Diffie-Hellman 密钥交换

首先需要定下两个数：大素数 p 和整数 g，这两个数是公开的。然后 Alice 选择一个整数 x_A，Bob 也选择一个整数 x_B，这两个数字都是保密的，相当于他们各自的密钥。接下来执行以下四步操作：

第一步，Alice 计算 $y_A = g^{x_A} \mod p$，将 y_A 传给 Bob；

第二步，Bob 计算 $y_B = g^{x_B} \mod p$，将 y_B 传给 Alice；

第三步，Alice 根据收到的 y_B 和自己保存的 x_A，计算 $k_1 = y_B^{x_A} \mod p$；

第四步：Bob 根据收到的 y_A 和自己保存的 x_B，计算 $k_2 = y_A^{x_B} \mod p$。

经过简单推导，很容易得到

$$k_1 = k_2 = g^{x_A x_B} \mod p$$

所以，最后 Alice 和 Bob 求出的数字 k_1 和 k_2 实际上完全相同。经过这样的两次信息交换和计算，他们就共同拥有了一个数字。

举个例子，设公开的数字为 $p = 73$，$g = 5$，Alice 选择 $x_A = 41$，Bob 选择 $x_B = 11$。

第一步，Alice 计算 $y_A = g^{x_A} \mod p = 14$

第二步,Bob 计算 $y_B = g^{x_B} \bmod p = 31$

第三步,Alice 计算 $k_1 = y_B{}^{x_A} \bmod p = 31^{41} \bmod 73 = 62$

第四步,Bob 计算 $k_2 = y_A{}^{x_B} \bmod p = 14^{11} \bmod 73 = 62$

具体计算过程可参考第二章中的模幂运算。

经过上面的四个步骤之后,Alice 和 Bob 共同拥有了一个整数 62。然而这个数字能不能当成密钥来用呢?

所谓密钥,有这样的特点:通信双方知道,其他任何人则不知道,天知地知,你知我知。

这里看看 Alice 与 Bob 共同算出的数字 62,其他人是否也能算出来。

假设任何人都能获取公开信道上传递的信息,现在又来了一个人,Carol,他截获了 Alice 与 Bob 的所有通信内容,从而得到 y_A 与 y_B,他还可以得到公开的大素数 p 和整数 g。为了像 Alice 一样求出 k_1,Carol 必须执行 Alice 的算法,计算 $y_B{}^{x_A} \bmod p$,这里 p 和 y_B 都是已知的,但 x_A 未知,Carol 手中与 x_A 相关的数只有 $y_A(= g^{x_A} \bmod p)$。

所以 Carol 面临的问题是:已知 $p = 73, g = 5, 5^{x_A} \bmod 73 = 14$,求 x_A。

看上去不过是解个方程而已,但这个方程比较特殊,一是未知数在指数上,二是需要求模运算。

如果没有模 73,比如已知 $5^{x_A} = 14$,问 x_A 是多少?

解此问题只需直接求对数即可,即

$$x_A = \log_5 14 = 1.639\ 7$$

然而现在后面有个尾巴“mod 73”,这就意味着计算的结果不会出现小数,而是 1～73 之内的整数,并且指数运算 $5^{x_A} \bmod 73$ 的结果不会随着的 x_A 增加而单调递增,而是在 1～73 之内到处“跳”。这样一来,根本无法由 5^{x_A} 快速地倒推出 x_A 来,只能用笨办法,逐个去试!

Carol 开始计算:

$5^1 \bmod 73 = 5$,

$5^2 \bmod 73 = 25$,

$5^3 \bmod 73 = 52$,

$5^4 \bmod 73 = 41$,

……

试到 41 时,终于得到结果为 14,这就意味着 $x_A = 41$。

当后面的模数 p 比较小时,这样的计算量还可以忍受,如果编个程序用计算机来算,很快就能求出结果。然而当 p 非常大时,比如 $p = 549\ 376\ 281$,没完没了的穷举过程一定会让 Carol 崩溃!而更大的 p,如 $p = 2^{127} - 1$,也会让计算机崩溃。

难道除了穷举,就没有更好的算法了吗?目前还没有。因为“由给定的 g, p 和 y_A 计算 x_A”是一个著名的困难问题,叫做“离散对数问题”,它可是密码学家们最青睐的问题之一了。关于这个问题我们在后面还有更深入的讨论,现在只需明白,当 g, p 和 y_A 已知时,求 x_A 是很难做到的。同理,如果已知 y_B,求 x_B 也是困难的。

Carol 无法快速地求出 x_A 或 x_B,也就不能得到协商的结果,即 62,于是乎 Alice 和 Bob 可以放心地把这个数字“62”当成密钥来用了。

以上就是 Diffie-Hellman 密钥交换协议。要强调的是,

(1)整个过程中没有使用秘密信道;

(2)DH 协议的核心是离散对数问题,它是一个困难问题。

今天,作为一种通过公共网络协商密钥的方法,Diffie-Hellman 密钥交换协议已经成为互联网标准协议 IPSec 的一部分,是一种最基本的网络安全工具。

三、公钥密码的思想

Diffie-Hellman 密钥交换并不是密码体制,只是一种利用公开信道协商密钥的方法。它实际上体现了“公开密钥”的思想,就是说,可以认为 Alice 和 Bob 每人有两个密钥,秘密的 x_A、x_B(自己保存)和公开的 y_A、y_B(公开传递)。利用这些信息计算出一个秘密的密钥 k,再利用这个 k 去加密解密。这其实已经非常接近于公钥密码。

还是用锁和钥匙来解释:消息加密就像是为消息加上一把锁,通常认为有锁就有钥匙,锁和钥匙是不分家的,这就是对称密码。但其实锁和钥匙是两个东西,它们可以相同,更多时候是不同的,而且,没必要把它们捆绑在一起,两者也可以分开保管。

Alice 与 Bob 通信之前,可以向 Bob 要一把打开的老式挂锁,钥匙 Bob 自己保存。Alice 把信纸放入盒中,用这个打开的锁把盒子锁上,快递给 Bob。Bob 收到后,直接用钥匙开锁便可得到信息。这里,“一把打开的锁”,就相当于加密密钥,而钥匙相当于解密密钥。两者完全可以分开而不影响正常使用。

锁与钥匙的用法可以延伸到密码中:将加密密钥和解密密钥分开,然后把加密密钥公开,就像一把打开的锁,任何人都能得到并用它对消息加密;再把解密密钥保护起来,只有特定的接收方才能解密。公钥密码的设计思想如图 8-7 所示。这正是 Diffie 和 Hellman 所设想的“无需秘密信道的密码体制”,即公钥密码。将密钥分为加密密钥 E_K 和解密密钥 D_K 两部分,将加密密钥(公钥)公开,将解密密钥(私钥)保密。

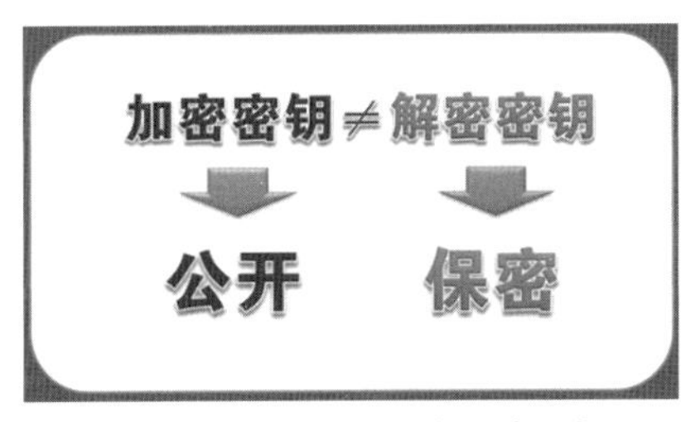

图 8-7 公钥密码的设计思想

这种密码至少具备两个优点:一是不需要秘密信道;二是密钥数量较少。

首先，如果所有人的加密密钥都是公开的，比如已在某个网站上公布，任何人都能查到。现在Bob要向Alice发送加密信息，他只需要查到Alice的公开密钥，再用这个密钥加密即可，根本不需要什么秘密信道。这就解决了一个大难题。

其次，系统中一共有多少个密钥呢？如果有 n 个用户，每人有两个密钥（分别用于加密和解密），则一共有 $2n$ 个密钥。当 $n=1\ 000$ 时，系统中一共有2 000个密钥。相比于对称密码的近50万个密钥，数量是大大减少了。更神奇的是，对每个用户而言，无论和多少人通信，他只需要记住一个密钥，就是自己的解密密钥。Alice只需要记住并保管好一个数字 x_A，便万事大吉。

公钥密码还带给人们更多惊喜——除了保密通信，它能实现一些传统密码不具备的功能，比如数字签名、消息认证等等。

鉴于以上优点，公钥密码的思想一经提出，便引起了全世界关注。人们对这个“新方向”无比推崇，并热情洋溢地投入到公钥密码的设计中。一个接一个的算法被提出了，对这些算法的攻击紧跟其后。现代密码学研究就在这种矛与盾的交织中蓬勃发展，不断取得新突破。与此同时，密码学也不再是一种“军用品”，或者象牙塔内的高深学问。现代密码的主要分支如图8-8所示。

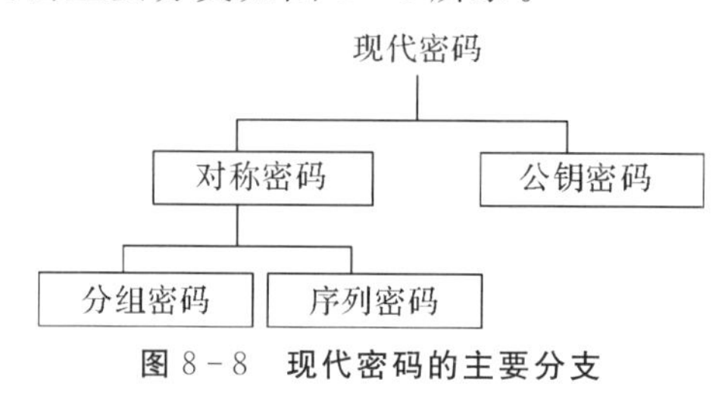

图8-8 现代密码的主要分支

Diffie和Hellman的论文发表之后，密码学变得更加接地气，人们大胆地将各种新算法和协议应用于实际中的网络通信，实现了学术研究与现实应用的无缝对接，科研成果直接转化为生产力。今天，公钥密码已广泛地应用在各个领域，如CA认证、网络银行、电子商务、电子政务等。这些根植于密码学的应用为现代社会的网络空间安全筑起坚固的长城。

40年后的2016年3月，一个消息传来：本年度计算机界的世界最高奖项——图灵奖——颁发给了Diffie和Hellman，这真是名至实归啊！

四、单向函数与困难问题

公钥密码的思想说起来容易，要真正构造一种公钥加密体制却很困难。主要难点在于：当加密密钥像电话号码一样公开后，破译者会不会据此推测出解密密钥？这个问题不得到圆满解决，公钥密码只能陷于空谈！

在公钥密码中，加密密钥和解密密钥显然不一样，但二者又绝非毫无关系，实际上关系还很密切。可以这样理解：将加密过程看作是一个函数，它有两个输入，明文

和加密密钥，用数学符号表示就是

$$c = E_k(m)$$

其中：E 是加密算法，m 是明文，c 是密文，k 是加密密钥，E_k 就表示在 k 控制下的加密。

相应地，解密过程也表示成数学符号，即

$$m = D_{k'}(c)$$

其中：D 是解密算法，k'是解密密钥。

在对称密码中，k 和 k'是相等的，两者均需保密，函数 E_k 与 $D_{k'}$ 是一对完全相反的变换。

在公钥密码中，k 公开，通常记作 pk（即 public key），k'保密，记作 sk（即 secret key），加密解密可以写成

$$c = E_{pk}(m)$$
$$m = D_{sk}(c)$$

E_{pk} 与 Dsk 也是一对完全相反的变换。既然 pk 与 sk 确定了一对相反的变换，它们显然是密不可分的。然则公钥密码的安全目标，即由 pk 不能迅速地推导出 sk，又该如何实现呢？

请注意，公钥密码系统中的破译者有着得天独厚的条件，由于加密密钥是公开的，他可以随心所欲地加密，就是说，对任何的明文 m，破译者都能计算出 $E_{pk}(m)$，而对于任何密文 c，破译者是无法计算 $D_{sk}(c)$的。一条路畅通无阻，一条路禁止通行，就像马路上的单行道（见图 8－9）。

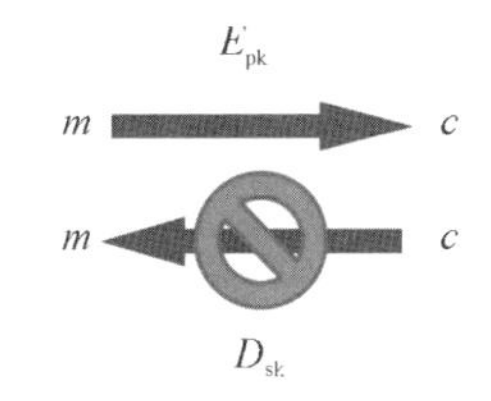

图 8－9　破译者的单行道

这种单行道在数学上被称为单向函数，如果一个函数正向计算容易，反向计算困难，就说它是单向的。

生活中不可逆转的事情很多。

——摔碎一个花瓶，绝对没办法把碎片恢复原状。

——把两种颜色混合到一起比较容易，但给出混合后的颜色，要说出它由哪两种颜色构成的就很难了。

——人死不能复生。

……

数学上的单向运算也不少，比如给定两个集合，求它们的并集是容易的，但从并集中还原出两个初始集合却不容易。比如给出一组数，将其中若干个相加十分简单，

但给出几个数字之和，然后要找出这个和是由哪些数字相加得出的，则十分困难。

一般而言，人们乐于见到问题被解决，并热衷于探索求解问题的快速算法。然而在公钥密码领域，有价值的恰恰是一些困难问题。要得到安全的公钥密码，只能借助于这些问题。

公钥密码的安全目标是让破译者无法解密，但由于加密密钥公开了，破译者毫无疑问是可以加密的，此时的加密就是一个单向函数。然而如果加密算法 $E_{pk}(m)$ 是一个单向函数，就意味着不但破译者无法解密，合法的接收方也不能解密，这与密码设计的基本原则，即可逆性，构成了矛盾。所以一个纯粹的单向函数是不能当作加密算法的，仅仅追求单向性，构造出的密码根本没法用！

在设计公钥密码时，必须把合法接收方和其他人区别对待，要让解密对于接收方是容易的，而对包括破译者在内的所有其他人是困难的。换言之，要给接收方留一个“后门”，一个绿色通道，让他可以自由出入。

有门就要有开门的途径，即钥匙，因此留的这个“后门”相当于给了接收方一把钥匙。钥匙又对应于密钥。合法接收方手里拿着的，正是需要保密的解密密钥，就是“后门”的钥匙。这把钥匙就是单向函数求逆的“利器”，而它有一个专用的名字叫“陷门”(trapdoor)。

陷门之所以存在，是由于有些单向函数并非全然不能求逆，在给定一些特殊信息时，求逆也是容易的，这类函数叫做“陷门单向函数”。它是指包含一组秘密信息(陷门)的特殊单向函数，已知陷门信息时对函数求逆是容易的。

听起来好高深！然而现实中有一个极常见的例子——信箱(见图 8-10)。

今天人们已经不大写信了，但就在 40 年前，手写信件仍是主要的通信方式。人们寄信时，把信直接从信箱上方的开口投进去，这时再想取出来是很麻烦的，可以说，“投信”是一个单向过程。为了把信取出来，可以求助于邮局工作人员，他掌握一把钥匙，这就是“陷门”。有了这把钥匙，可以直接打开信箱取出信，从而“投信”的过程就不再是单向的了。这就是一个典型的“陷门单向函数”。

图 8-10　**信箱**

受信箱的启发,人们得到了公钥密码系统应当具有的性质:解密对于合法的接收方而言是容易的,而对其他人,特别是信道上隐伏的大量破译者而言是困难的。因此如果能找到一个陷门单向函数,并让合法接收方拥有陷门,这就达到了目的。换言之,为了构造公钥密码,必须找到一个陷门单向函数。密码学家的任务,变成了寻找陷门单向函数,这完全不同于传统密码运用代替、置换等手段对明文进行变换的设计思路。

陷门单向函数的构造十分不易,甚至连 Diffie 和 Hellman 也没能构造出一种真正的公钥加密体制。难点在哪里呢?——这类函数太不好找了。

好在只要方向正确,办法总比困难多。1976 年之后,密码学家们很快找到了一些陷门单向函数,并用它们构造了各种公钥密码体制。这些密码的构造均使用了数学上的困难问题,比如分解大整数、背包问题,或离散对数等。正是这些迄今为止没有得到彻底解决的问题构成了现代公钥密码的基石。有了它们,公钥密码便不再是海市蜃楼,而变成了一项切实可行的技术。

这就是“密码学的新方向”。

《第九章

背包中的玄机

如果人们认为数学很难，那是因为他们没有认识到生活有多复杂。

——冯·诺伊曼

内容提要

一、一种新的加密方法

世界上的加密方法构造各不相同，有的简单，有的复杂。但即便是像DES那样复杂的密码，如果仔细观察，就会发现其中涉及的数学运算也还算是比较简单的。

下面这种加密方法，仍然十分简单，但是又有点不太一样。

假设一个男生Bob，要向女生Alice发送一条日期信息：6月17日，这是个特殊的日子，他们将在这一天约会。

Bob先把日期中的两个数字用0和1表示，就是说，把它们写成长为5的二进制数字：

$$6 \to 00110$$

$$17 \to 10001$$

这一串二进制数字：00110 10001，就是要发送的明文，记作 $m=(00110\ 10001)$。下面Bob对这串信息加密。

作为一名粗通密码的学生，Bob极富创意地设计了一种全新的加密算法，其基本思路是——利用调色来保护信息。

我们都知道，把两种颜色混合，会得到另一种颜色，那么从得到的颜色中，能否恢复出原先的两种颜色呢？比如“红＋蓝＝紫”，你会说，那紫色当然就分解成红色和蓝色呗。这话不假。但是,给定一种紫色,能不能马上精确地找出用以合成它的红色和蓝色呢?是品红、梅红还是洋红?天蓝、宝蓝还是湖蓝?

看来这事没有想象中那么容易,只能凭感觉说出个大概。有时候,甚至连大概都说不出来呢。比如,赭石是由什么颜色配成的?杏黄、蜜合、青黛、秋香、雨过天青呢?自然界中的颜色成千上万,名字也极富诗意,然而单是搞清楚这些诗意的名称就令人头大,更不用说从一种颜色中分辨出它是由哪些颜色调配成的。

显然,色彩的混合是不可逆的,Bob 决定就利用这个不可逆过程来保护信息。

方法如下:

先找 10 种颜色,排成一行,然后把明文中的 10 个数字与 10 种颜色对应起来,如图 9-1 所示。

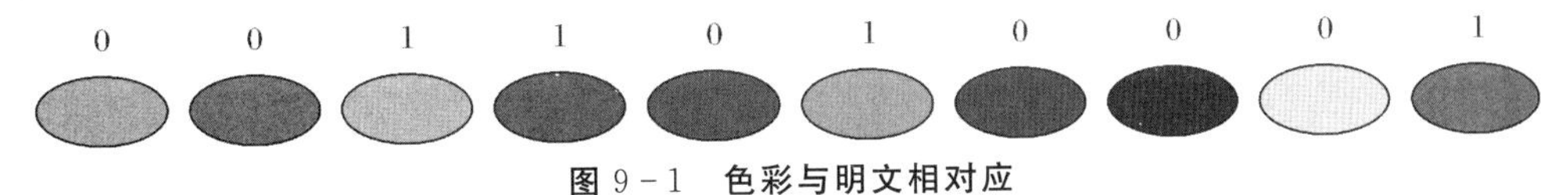

图 9-1 色彩与明文相对应

接下来,把数字"1"下方的所有颜色取出来并混合,得到一团黑乎乎的颜色,一个"神秘蛋",这就是密文,如图 9-2 所示。

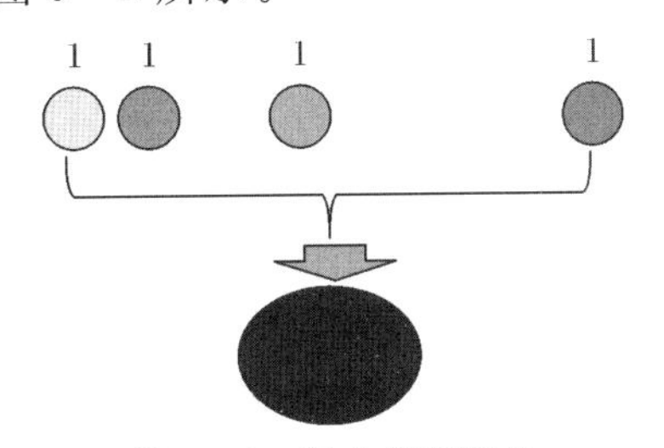

图 9-2 混合后的颜色

从这个"神秘蛋"中根本看不出它是由哪几种颜色混合而成的,这就达到了保密的目的。保密是保密了,然而,Bob 的女友 Alice 收到密文后,会不知所措,她根本没办法得到明文。

这个实验中,接收方与潜在的攻击者处于相同地位,都无法解密。加密的初次尝试以失败告终。

Bob 君,动动脑筋把它改进一下吧。

条条大路通罗马,改进的办法是有的。Bob 想到了用数字来代替颜色。

先找 10 个数:43,129,215,473,903,302,561,1 165,697,1 523,把它们记作 sk,再把明文与这 10 个数字对应起来,写成表 9-1。

表 9-1 明文表(一)

明文 m	0	0	1	1	0	1	0	0	0	1
密钥 sk	43	129	215	473	903	302	561	1 165	697	1 523

最后把 1 对应的数字相加，得到 215＋473＋302＋1 523＝2 513。

Bob 认为，从数字 2 513 中，看不出它是由哪几个数字相加得到的，这类似于颜色的混合，能起到保密的作用。从而 2 513 就是要传递给 Alice 的密文。当然他还需要做一件事，就是通过一个秘密渠道，让 Alice 知道加密时使用的 10 个数字，即密钥。密钥可以让一个可靠的人传递过去，或者使用专线电话告诉她。总之，必须严格保密。密文与密钥的传递如图 9－3 所示。

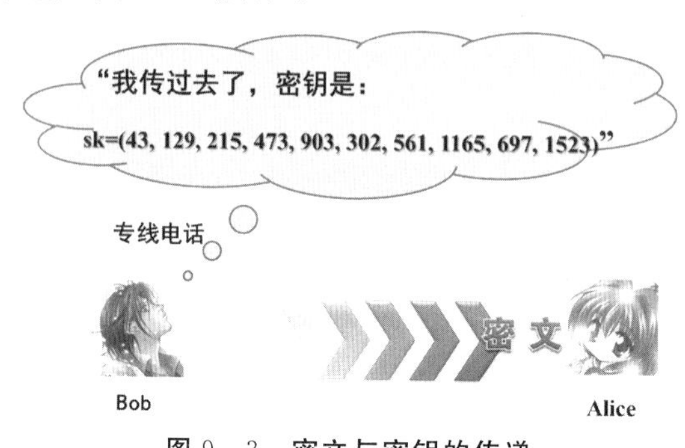

图 9－3　密文与密钥的传递

接下来就把密文利用公开信道传给 Alice。Alice 收到数字 2 513 之后，鉴于她已经得到密钥 sk，也知道 Bob 是怎样加密的，便可以试着恢复明文。

那么对于 Alice 而言，2 513 是由哪几个数字相加得到的呢？她需要猜，明文在哪些位置上是 1，哪些位置是 0。

这似乎并不容易，至少一眼看不出来，但可以试。每一位数字有 0 与 1 两种可能性，10 个数字就有 $2^{10}=1\ 024$ 种可能。当然如果 Alice 运气好的话，用不着试这么多次，但我们必须把运气不那么好的情况也考虑在内。在最坏情况下，Alice 需要试 1 000多次才能恢复明文！

为什么会这样呢？这要从一个背包说起。

从前有个“驴友”，要背着背包去旅行，他需要准备一堆东西，食物、水、帐篷、相机、充电器、睡袋……人为了生存需要的东西还真多，但体力毕竟是有限的，背包容量也是有限的。假设这个人最多能背 40 kg 东西，上述物品的重量各不相同，现在要从中找出一些来，恰好凑成 40 kg。该往背包里装些什么好呢？

这个背包问题（见图 9－4）看似简单，但实际上与 Alice 面临的解密难题是一回事，都是要从一堆数字中找出若干个，相加之后凑成某个数。

在数学上，它被称为“背包问题”：假设有一堆重量各不相同的物品和一个装载总重量为 S 的背包，从中选出一部分物品，使其总重量为 S。

背包问题用数学语言描述起来是这样的：给定一组正整数 $\{a_1, a_2, \cdots, a_n\}$ 和一个整数值 S，求序列 $\{x_1, x_2, \cdots, x_n\}$，$x_i \in \{0,1\}$，使得

$$x_1a_1+x_2a_2+\cdots+x_na_n=S$$

图 9－4　背包问题

可以把这里的 x_i 当作标记，它取 1 或取 0，表示第 i 个物品是否被选中。而序列 $\{a_1, a_2, \cdots, a_n\}$ 通常被称为背包向量。

例如，设背包向量为{1, 5, 6, 11, 14, 20}，背包容量为 23，求哪些物品可以装入？

见到这样的问题，你一定会马上拿起笔，兴致勃勃地算起来，经过几次尝试之后，很快求出

$$23=1+5+6+11$$

不是很难嘛。

但是，如果设背包向量为{43, 129, 215, 473, 903, 302, 561, 1 165, 697, 1 523}，背包容量为 2 513 呢？这恰好就是 Alice 面临的解密问题。

如果物品多达上百个呢？不要说用纸和笔计算了，就是编个计算机程序，也得运行几十天才能出结果。

背包问题，就是一头“披着羊皮的狼”，用简单的形式掩盖了其本质上的困难性。

当数字比较小时，背包问题计算起来十分容易，但当数字增大时，比如物品个数增加到 100，那么需要的计算量就多达 2^{100}。实际上它属于计算机科学中最困难的一类问题，即 NP 完全问题。到目前为止，人类中最聪明的头脑也想不出一种快速求解方法来，只能借助于穷举搜索之类的“笨办法”。

利用穷举搜索法，Alice 在纸上又写又涂地算了半个小时，然而还没求出明文。Alice 生气了，后果很严重……

Bob 意识到自己犯了错误，他开始努力修改。

经过认真观察，Bob 认为，之所以解密这么困难，是因为数字的选择有问题。这 10 个数字 sk =(43, 129, 215, 473, 903, 302, 561, 1 165, 697, 1 523)，看上去杂乱无章，所以 Alice 才没办法迅速算出明文。所以，不妨选一串有规律的……

Bob 另选了一串数字 sk =(1, 3, 5, 11, 21, 44, 87, 175, 349, 701),加密方法不变,先把明文与这串新的数字相对应,见表 9-2。

表 9-2 明文表(二)

明文 m	0	0	1	1	0	1	0	0	0	1
密钥 sk	1	3	5	11	21	44	87	175	349	701

再把与 1 对应的数字相加,得到 $5+11+44+701=761$。这就是密文。这个密文传给 Alice 之后,效果如何呢?让我们拭目以待。

Alice 先观察秘密信道上传来的新密钥,发现它呈现出这样的特性:

$1<3$

$1+3<5$

$1+3+5<11$

$1+3+5+11<21$

……

$1+3+5+11+21+44+87+175+349<701$

总之,就是后一个比前面所有数字之和还要大,这叫作“超递增性”。

Alice 试着解密:密文 761 是从这串数字中取出若干个相加的结果,如果 701 没有参与相加,那么得到的结果肯定会小于 701,不可能是 761,由此断定这个 761 中一定包含 701。因此,明文的最后一位必定是 1,即 $m_{10}=1$。

接下来,从 761 中减去 701,得到 60。

再看看剩下的 9 个数字,哪几个加起来能凑成 60?仍旧是从最大的一个,349,开始试,由于 $60<349$,$m_9=0$,再试下一个,$60<175$,$m_8=0$,……

这样从后往前比较一遍,就得到了所有明文。整个用超递增密钥解密的过程如图 9-5 所示。

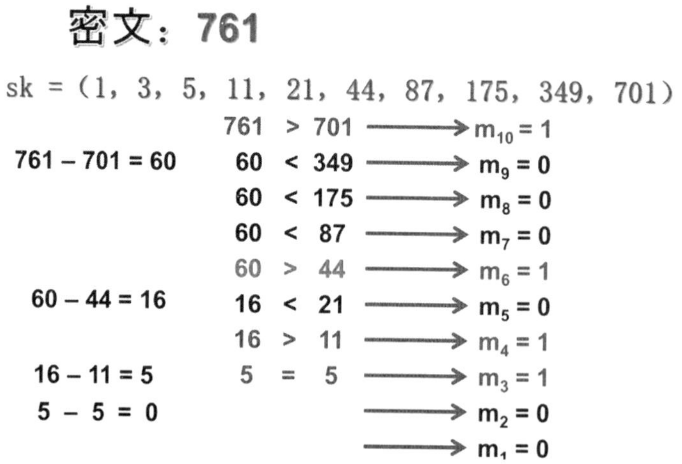

密文:761

sk = (1, 3, 5, 11, 21, 44, 87, 175, 349, 701)

	761 > 701	→ $m_{10}=1$
761 − 701 = 60	60 < 349	→ $m_9=0$
	60 < 175	→ $m_8=0$
	60 < 87	→ $m_7=0$
	60 > 44	→ $m_6=1$
60 − 44 = 16	16 < 21	→ $m_5=0$
	16 > 11	→ $m_4=1$
16 − 11 = 5	5 = 5	→ $m_3=1$
5 − 5 = 0		→ $m_2=0$
		→ $m_1=0$

图 9-5 用超递增密钥解密的过程

最终得到的(00110 10001),经过译码之后,就是 Bob 一开始发送的日期:6.17。

解密时间还不到 1 min,Alice 很满意。

只是换了串数字,效果就大不一样了。由于密钥具有超递增性,使解密过程变得格外简单,只需比较 9 次,再做不超过 9 次的减法便可完成,即使手工计算,也能在片刻之间完成。

Bob 也很满意,因为他终于让 Alice 满意了。事实上,Bob 认为自己已经成功地设计了一种加密算法。这种算法看上去挺简单,跟小朋友过家家似的,那么它究竟算不算是真正的加密算法呢?我们分析一下。

——明文是长度为 10 的二进制字符串(00110 10001);

——密文是一个整数 761;

——密钥是 10 个数字,且构成超递增关系;

——加密时,将明文与密钥按位相乘,再相加;

——解密时,从后向前逐位比较,相减,得到明文。

密码系统的几个要素——明文、密文、密钥、加密和解密算法——全都具备。对任意一串明文数字都能正常加密,对任意密文也能快速解密。所以,它的确构成一种密码系统。

那么再看看它是不是足够安全?

安全不安全,主要看破译。

现在有一个破译者,截获了 Bob 发给 Alice 的密文:761。根据 Kerkhoffs 准则,必须假设破译者知道加密算法,哪怕是自己设计的。当然密钥是不能泄露的,那么破译者在知道算法而不知道密钥的情况下,要破译这个 761,似乎无计可施。

大功告成!

Bob 把这个加密方法记作"背包 1 号",它的构造如图 9-6 所示。

背包 1 号

明文:长度为 10 的二进制字符串 m

密文:整数 c

密钥:长度为 10 的超递增序列 sk

加密: $c=m\cdot \mathrm{sk}$

解密:解超递增背包问题

图 9-6 Bob 设计的"背包 1 号"构造

其中运算符"·",表示把两串数字中对应位置上的数相乘,再把所有结果相加。在代数中叫作向量的"点积"运算。

注意,这里的密钥 sk 非常关键,Alice 和 Bob 必须秘密地共享这串数字,并且不能让任何其他人知道。一旦在传递中出现问题,传错了一个数字,就无法正常解密;

而这串数字一旦泄露，也就无密可保。因此，使用“背包 1 号”的前提条件是，通信双方有安全可靠的秘密信道。而一旦涉及秘密信道，就会面临着各种麻烦，使用起来不大方便。

二、Bob 对“背包 1 号”的改进

世上无难事，只怕有心人。从前面的反复实验当中，Bob 尝到了动脑筋的乐趣，他想精益求精地继续修改这个算法，让它更好用。

首先梳理一下前面的两个实验：

——当密钥为超递增序列时，解密是简单的，但是这串密钥必须保密；

——当密钥为一串普通的数字时，解密对 Alice 是困难的，对任何其他人也同样是困难的。

难则均难，易则均易。不如试试难易结合。

考虑到当密钥为一串普通数字时，即使知道了密钥，也无法快速解密，因此并不需要什么秘密信道来传递，利用公开信道传一串普通的背包向量就好。此时为了保证安全性，必须将解密方和破译者区别对待，让解密对 Alice 来说是容易的，而对破译者是困难的。

注意到超递增背包问题是容易的，而普通背包问题是困难的。匠心独运的 Bob，使用了一个巧妙的方法，让两种背包问题相互转化。

试想：对于超递增向量 $\boldsymbol{sk}=(1, 3, 5, 11, 21, 44, 87, 175, 349, 701)$，给其中每个数字乘以一个相同的整数，会得到一串什么样的数字？比如给每个数字都乘以 43，得到

$$(43, 129, 215, 473, 903, 1\,892, 3\,741, 7\,525, 15\,007, 30\,143)$$

很显然，仍具有超递增特性。

但是，如果设定一个最大值 n，规定所有的数字不能超过 n，一旦超过就必须模 n 取余数，这就有趣了。

假设 $n=1\,590$，把刚才得到的一串数字每个都模 n 取余，得到的结果为

$$\boldsymbol{sk}^*=(43, 129, 215, 473, 903, 302, 561, 1\,165, 697, 1\,523)$$

是一串普通得不能再普通的数字！

很显然，通过这种方法可以将超递增背包向量转化成普通背包向量。

还有一个小问题：这个转化过程是否可逆？就是说，如果 $a_i^*=a_i\times t \bmod n$，那么怎样由 a_i^* 求出 a_i？

这个简单，为 a_i^* 乘以 $t \bmod n$ 的逆元即可（求法详见第二章 Euclid 算法）。根据第二章的讨论，逆元存在的充分必要条件是 t 与 n 必须互素。所以数字 t 和 n 不是随便取的，它们必须互素。在这个前提下可以利用 Euclid 算法求出 $t^{-1}=37$。

就是说，利用 t^{-1} 和 n，可以从一串普通背包向量中恢复出原先的超递增向量。

有了转化方法，便可以在加密解密算法都不变的同时，自由地分配困难与容易。为了省去麻烦的秘密信道，同时又保证安全性，可以利用公开信道传递一个普通背包向量，从而破译者面对的是普通背包问题。而为了让 Alice 能快速解密，可以令她事先拥有一串超递增背包向量，以及参数 t 和 n，背包密码的参数如图 9－7 所示。而公开信道上的普通背包向量，实际上是根据 Alice 的那串超递增向量算出来的。

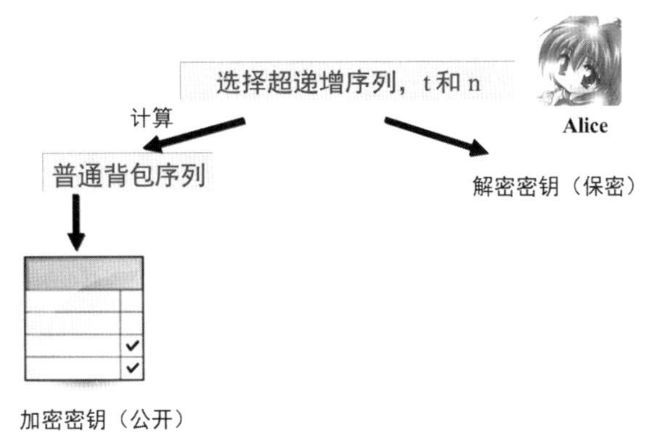

图 9－7　背包密码的参数

注意，这时候选择密钥的主动权可以交给 Alice。她需要选择超递增向量 sk，选择整数 t、n，把这些数字都保密，作为自己的秘密密钥，并利用这些数字算出普通背包向量 $\boldsymbol{sk}^*$ 传给 Bob，$\boldsymbol{sk}^*$ 就是公开密钥。

为了给 Alice 发送加密信息，Bob 只需利用普通背包向量 $\boldsymbol{sk}^*$ 加密，求出密文

$$c=m\cdot\boldsymbol{sk}^*$$

Alice 收到这个密文之后，首先要进行反变换，就是用 t^{-1} 去和密文相乘，由于

$$\boldsymbol{sk}^*=\boldsymbol{sk}\cdot t \bmod n$$

且 $tt^{-1}=1 \bmod n$，从而

$$c\cdot t^{-1}=m\cdot\boldsymbol{sk}^*\cdot t\cdot t^{-1}=m\cdot\boldsymbol{sk}^* \bmod n$$

因为 $tt^{-1}=1 \bmod n$，所以这里可以约掉 t 和 t^{-1}，剩下的部分恰好就是明文用超递增向量加密的结果。所以 Alice 只需轻松愉快地解一个超递增背包问题即可得到明文。

总结起来，Bob 对“背包 1 号”的改造分为三步：

(1)让 Alice 选择超递增向量 $\boldsymbol{sk}$，找两个整数 t、n，条件是 n 要大于 sk 中所有数字之和，且 t 与 n 互素。将超递增序列 $\boldsymbol{sk}$，以及 t、n 保密。

(2)Alice 用 t 和 n 对 $\boldsymbol{sk}$ 进行转化，即用 t 与 sk 中每个数字相乘，得到新的向量 $\boldsymbol{sk}^*$，

$$\boldsymbol{sk}^*=\boldsymbol{sk}\cdot t \bmod n$$

并把 $\boldsymbol{sk}^*$ 公开。

(3)利用 Euclid 算法求出 t^{-1}，满足 $tt^{-1}=1 \bmod n$。

举个例子，假设 Alice 选择 $\boldsymbol{sk}=(1, 3, 5, 11, 21, 44, 87, 175, 349, 701)$，$n=$

1 590，$t=43$，利用这些数字计算普通背包向量：

$1\times 43 = 43 \mod 1\ 590$

$3\times 43 = 129 \mod 1\ 590$

$5\times 43 = 215 \mod 1\ 590$

$11\times 43 = 473 \mod 1\ 590$

……　……

$701\times 43 = 1\ 523 \mod 1\ 590$

于是求出 $\boldsymbol{sk}^*=(43,129,215,473,903,302,561,1\ 165,697,1\ 523)$，再用 Euclid 算法求出 $t^{-1}=37$。最后，将 $\boldsymbol{sk}^*$ 公开，而将 $\boldsymbol{sk}$、t、n 和 t^{-1} 统统保密。

现在 Bob 要传递消息 $m=(00110\ 10001)$ 给 Alice，他查到了 Alice 公开的密钥 $\boldsymbol{sk}^*$，用其对明文加密，得到密文 $c=2\ 513$。

Alice 收到 2 513 后，用自己掌握的 t^{-1} 和 n 对密文 2 513 进行处理，计算

$$2513\times 37=761 \quad \mod 1\ 590$$

最后，用超递增背包序列 $\boldsymbol{sk}$ 解密，得到明文 $m=(00110\ 10001)$。

这个改造后的密码，既安全，又好用。而且不需要秘密信道，因为加密密钥已经公开了。解密的过程，严格依赖于 $\boldsymbol{sk}$、t 和 n，有这些信息时，解密十分容易，而没有这些信息时，攻击者要利用密文 2 513 和公开 $\boldsymbol{sk}^*$ 的解密，相当于解普通背包问题，困难重重。

真是一个完美的公钥密码算法！

这个算法的设计者其实不叫 Bob，而是美国密码学家 Relph Merkle[见图 9－8(a)]和 Martin Hellman[见图 9－8(b)]。1978 年，他们利用普通背包向量与超递增背包向量之间的相互转化，构造了世界上第一个公开密钥的加密方案——Merkle-Hellman 背包密码。这种密码构思巧妙，不需要秘密信道，用起来十分方便。

(a)

(b)

图 9－8　背包密码的设计者

(a)Ralph Merkle；(b)Martin Hellman

遗憾的是，背包密码很快就被破译了。

背包问题毫无疑问是难解的，但是上述背包密码，破译它的困难性是不是完全等

同于背包问题呢？没有严格的证明和推理，往往无法令人信服。

事实上，背包密码存在明显的安全漏洞，要将普通背包向量 $\boldsymbol{sk}^*$ 转化为一个超递增背包向量 $\boldsymbol{sk}$，并不需要找到 Alice 秘密保存的 t 和 n，而只需找到任意一对 t、n，使得向量 $\boldsymbol{sk}=\boldsymbol{sk}^* \cdot t \bmod n$。

为超递增的，便可得到一个相对易解的背包问题。从这个思路出发，密码学家 Adi Shamir 在 1978 年发明了一种方法，可以在多项式时间内找到一对(t、n)，将公开向量转化为一个超递增向量。从而破译了背包密码。

背包密码除了 Merkle-Hellman 体制外，还有其他一些变形，如 Galois 域上的背包公钥密码、Chor-Rivest 背包密码等等，但到目前为止，只有 Chor-Rivest 背包密码还没有被破译。

虽然背包密码今天已经很少有人用了，但作为构造公钥密码的第一次尝试，它的设计思想绝对值得借鉴。以它为基础，人们又设计了许多公钥加密方案，并广泛应用于网络空间中，包括信息加密、数字签名、消息认证等领域。

《《第十章

分解整数、欧拉定理与 RSA 密码

算术中最重要且最有用的问题之一，是区分素数与合数，以及把合数表示成为素因子之积。

——约翰·卡尔·弗里德里希·高斯

▶内容提要◀

整改分解问题

费马定理与欧拉定理

RSA 密码

困难问题、归纳及 RSA 的安全性

1977 年，美国科普作家马丁·加德纳在科普杂志《科学美国人》的数学游戏专栏上发布了一道有奖竞答题，他给出一个整数 N，让读者把它分解为素数的乘积，第一个给出答案的人将得到 100 美元奖金。

这个整数 N 是这样的：

N＝1143 8162 5757 8888 6766 9235 7799 7614 6612 0102 1829 6721 2423 6256 2561 8429 3570 6935 2457 3389 7830 5971 2356 3958 7050 5898 9075 1475 9929 0026 8795 4354 1

让我们数一数，它长达 129 位。虽然数字有点长，问题本身却不难理解，可能有人还会忍不住动手算起来。但是这个数字也太长了，仅仅是把它重抄一遍都难免不出错。

聪明的你可不会直接手工计算，而是借助于计算机程序，用所有的素数去试除：N 是奇数，所以 2 不是它的因子，那就从 3 开始。用 3 试除一下，发现不能除尽，用 5，也不行，再换 7、11、13、17…，一个个地试下去。很快我们脑袋中能记住的素数都试过了，可是没有一个能除尽 N。

怎么办呢？可以去找一张素数表，包含 1 万以内的素数，然后用其中的数逐个试除。很遗憾，还是没有一个能除尽。那就试试 10 万以内、100 万以内的素数吧，如果有毅力的话，把这些素数全都试一遍，最终你会发现居然还是没有一个能除尽！（前提是没有计算错误。）

更大的素数，在网上也很难找了，那就先想办法寻找大素数，再用它去试除。这需要编写功能更强大的程序，程序开始运行了，然而光标闪啊闪，半个月过去了还没出结果……

不要疑心程序出了问题，不出结果也是一种结果，虽然不那么令人满意。

答案究竟是什么呢？如果到这里某位可爱的读者还没有感到厌烦，锲而不舍地一直追踪下去，关注每一期《科学美国人》，看看有没有人能成功分解并得到奖金。17 年后，到了 1994 年，问题的解终于大白天下，它的两个素因子，记作 P 和 Q，分别是：

$P=$ 34905 29150 84765 09491 47849 61990 38981 33417 76463 84933 87843 99082 0577

$Q=$ 32769 13299 32667 09549 96198 81908 34461 41317 76429 67992 94253 97982 88533

那么这两个数是谁找到的呢？600 台计算机。

实际上，马丁·加德纳挖的这个坑，让 600 台计算机联网，足足算了 8 个月才填上。虽然问题本身并不复杂，就是分解整数而已。

所谓分解整数，就是指把一个整数分解成素数的乘积。这个经典问题属于一个古老的数学分支——数论。

一、整数分解问题

数论研究数的规律，特别是整数的性质。它既是最古老的数学分支之一，又是一个始终活跃的领域。数论的基础知识对大多数人而言是简单易懂的，因为人们在学习小学算术时，最先接触的就是整数，成年后即使不做与数学相关的工作，但是看到整除、素数、合数、最大公约数、最小公倍数这些名词，就像面对着小时候玩过的积木，亲切极了。

让我们简单回顾一下这些概念吧。

任给两个整数 a 和 b，当 $b\neq 0$ 时，可以用 a 除以 b，得到商和余数，若余数为 0，则称 b 整除 a，此时 b 是 a 的一个因子。

这就是整数的除法，它可以写得更“数学”一些：

令 Z 表示全体整数，对 $\forall a,b\in Z,b>0$，存在唯一确定的整数 q 和 r，使得

$$a=qb+r,0\leqslant r<b$$

任给一个大于 1 的整数，如果除了 1 和它本身之外没有别的正因子，则称此数为素数（或质数），否则为合数。

50 以内的素数为：2、3、5、7、11、13、17、19、23、29、31、37、41、43、47。

为了判定一个给定的正整数 N 是否为素数，可以用小于 $\sqrt{N}$ 的所有素数试除，如果均不能除尽，则 N 为素数，只要有一个能除尽，则 N 为合数。这种方法称为厄拉多塞(Eratosthenes)筛法，它由古埃及数学家 Eratosthenes 发明，是最古老的素数检测方法。

这里尝试用厄拉多塞筛法寻找 100 以内的所有素数。

先把 100 个数列成一张表，见表 10－1。

表 10－1　100 以内数字表

1	2	3	4	5	6	7	8	9	10
11	12	13	14	15	16	17	18	19	20
21	22	23	24	25	26	27	28	29	30
31	32	33	34	35	36	37	38	39	40
41	42	43	44	45	46	47	48	49	50
51	52	53	54	55	56	57	58	59	60
61	62	63	64	65	66	67	68	69	70
71	72	73	74	75	76	77	78	79	80
81	82	83	84	85	86	87	88	89	90
91	92	93	94	95	96	97	98	99	100

从表 10－1 中划掉 1，留下 2，再划掉 2 的倍数，结果见表 10－2。

表 10－2　100 以内除去 2 的倍数的数字表

~~1~~	2	3	~~4~~	5	~~6~~	7	~~8~~	9	~~10~~
11	~~12~~	13	~~14~~	15	~~16~~	17	~~18~~	19	~~20~~
21	~~22~~	23	~~24~~	25	~~26~~	27	~~28~~	29	~~30~~
31	~~32~~	33	~~34~~	35	~~36~~	37	~~38~~	39	~~40~~
41	~~42~~	43	~~44~~	45	~~46~~	47	~~48~~	49	~~50~~
51	~~52~~	53	~~54~~	55	~~56~~	57	~~58~~	59	~~60~~
61	~~62~~	63	~~64~~	65	~~66~~	67	~~68~~	69	~~70~~
71	~~72~~	73	~~74~~	75	~~76~~	77	~~78~~	79	~~80~~
81	~~82~~	83	~~84~~	85	~~86~~	87	~~88~~	89	~~90~~
91	~~92~~	93	~~94~~	95	~~96~~	97	~~98~~	99	~~100~~

从表 10－2 中留下 3，5，7，划掉 3，5，7 的倍数，结果见表 10－3。

表 10－3　100 以内除去 2 的倍数和 3，5，7 的倍数的(保留 3，5，7)的字表

~~1~~	2	3	~~4~~	5	~~6~~	7	~~8~~	~~9~~	~~10~~
11	~~12~~	13	~~14~~	~~15~~	~~16~~	17	~~18~~	19	~~20~~
~~21~~	~~22~~	23	~~24~~	~~25~~	~~26~~	~~27~~	~~28~~	29	~~30~~
31	~~32~~	~~33~~	~~34~~	~~35~~	~~36~~	37	~~38~~	~~39~~	~~40~~
41	~~42~~	43	~~44~~	~~45~~	~~46~~	47	~~48~~	~~49~~	~~50~~
~~51~~	~~52~~	53	~~54~~	~~55~~	~~56~~	~~57~~	~~58~~	59	~~60~~
61	~~62~~	~~63~~	~~64~~	~~65~~	~~66~~	67	~~68~~	~~69~~	~~70~~
71	~~72~~	73	~~74~~	~~75~~	~~76~~	~~77~~	~~78~~	79	~~80~~
~~81~~	~~82~~	83	~~84~~	~~85~~	~~86~~	~~87~~	~~88~~	89	~~90~~
~~91~~	~~92~~	~~93~~	~~94~~	~~95~~	~~96~~	97	~~98~~	~~99~~	~~100~~

剩下的数为：2，3，5，7，11，13，17，19，23，29，31，37，41，43，47，53，59，61，67，71，

73,79,83,89,97,这就是 100 以内的全部素数。

素数是数字中最“纯粹”的数,因为所有整数都能分解成素数的乘积,这就是“算术基本定理”,它是欧几里得在 4 世纪时提出的。

算术基本定理:任一大于 1 的整数 a 能表示成素数的乘积,即

$$a = p_1^{\alpha_1} p_2^{\alpha_2} \cdots p_i^{\alpha}$$

其中 p_i 是素数,$\alpha_i \geqslant 0$。若不考虑 p_i 的排列顺序,则这种表示方法是唯一的。

所谓整数分解,就是把一个给定的整数分解成素数的乘积。

通常人们脑海中的整数分解是这样的——

问题:分解整数 200

答:$200 = 2^3 \times 5^2$

不费吹灰之力!

然而这个问题可能远远没有想象中那么简单。现在把数字增大——

问题:分解整数 5 183

答:5 183=71×73

分解 5 183 时,首先要有一张素数表,然后用其中的素数逐个试,为了找到第一个因子 71,需要从 2 试到 71,共计算 20 次除法。找到 71 的同时,也找到了另一个因子 73。

因此,要分解一个整数 N,只需手头有一张 $\sqrt{N}$ 以内的素数表,然后从 2 开始试就行了。算法很简单,然而有时候运算量却可能很大——

问题:分解整数 n=32150 31751

答:n=151×751×28351

此时找到第一个因子,需要计算 35 次除法;找到第二个因子,需要计算 124 次除法。

利用一张现成的素数表,一个个地试除,这是一件极耗时的工作。考虑到这个算法已经存在数千年了,难道在这么长时间里都没人发明更快的算法吗?

后来陆续发明的分解整数算法包括二次筛法、椭圆曲线算法、数域筛法等等,它们比厄拉多塞筛法稍快一点,但是,仍旧无法快速分解特别大的整数。

像整数分解这样的问题具有如下特点:有现成的算法可以对这个问题求解,但是算法需要的运算时间,或计算次数,可能会特别多。①

注意到并非所有整数都是难分解的,比如 2 000 000 这样的数分解起来,远比 5 183容易,因为它的素因子比较小($2\ 000\ 000 = 2^7 \times 5^6$)。可以说,如果一个数有较小的素因子,则容易分解;反之,如果一个数所有素因子取值都很大,则分解起来相对比

① 迄今为止人们还没有找到足够快的方法来分解整数,现有算法都是指数时间算法,即时间复杂度为输入长度的指数函数,这些算法效率比较低,可以视为改良后的穷举搜索。

较困难。

那么什么时候最难分解呢？

如果故意选两个非常大的素数，把它们相乘，得到的乘积应该是最难分解的。比如在一开始给出的 129 位整数：

N=1143 8162 5757 8888 6766 9235 7799 7614 6612 0102 1829 6721 2423 6256 2561 8429 3570 6935 2457 3389 7830 5971 2356 3958 7050 5898 9075 1475 9929 0026 8795 4354 1

它的两个素因子一个 65 位，一个 64 位，要通过试除法找到其中任何一个都不容易。所以要想拿到《科学美国人》的 100 美元奖金，可得下一番功夫呢。

然而 1994 年距今已过去了 27 年，在摩尔定律的作用下，现在要分解这样的 N，已经没那么困难了。人们公认为，如果提供的整数 N 表示成二进制之后少于 768 位(即 $N < 2^{768}$)，那你都不好意思把它拿出来搞一个有奖分解呢。

二、费马定理与欧拉定理

读读欧拉，读读欧拉，他是我们大家的老师。——皮埃尔·西蒙·拉普拉斯

在密码学中，有 3 个来自初等数论的重要定理得到了极为广泛的应用，那就是费马定理、欧拉定理和中国剩余定理。在介绍这些定理之前，有必要认识一下费马这个人。

数学是一门迷人的科学，喜欢利用业余时间搞数学的人很多，但能称“王”的只有一位，那就是法国数学家皮埃尔·德·费马(Pierre de Fermat，1601—1665，见图 10-1)。他有许多头衔，其中最著名的就是“业余数学家之王”。

图 10-1 **皮埃尔·德·费马**(Pierre de Fermat，1601—1665)

费马的主业是法律，他在图卢兹的最高法院工作，从律师一直做到议员。在处理法律问题之余，他将数学和科学作为业余爱好，并将这种爱好做到极致，甚至达到了专业水平。费马在解析几何、无穷小分析和数论方面都有杰出的研究成果，虽然生前

没有出版过任何数学论文或著作，但其研究成果一直以手抄本的形式流传。特别是费马提出的若干个数学猜想，后来都被证明是正确的。

直接以费马命名的定理有两个，一大一小。

所谓费马大定理，其实根源于众所周知的勾股定理，即直角三角形两个直角边边长的二次方和等于斜边边长的二次方。

我国的《周髀算经》中给出一个实例：勾三股四弦五。

如果把勾股定理(见图 10－2)这个来自几何学的问题进行抽象，可以得到一个数论问题：

$$是否存在整数\ x,\ y,\ z，满足\ x^2+y^2=z^2？\tag{1}$$

或：是否存在两个正方形，其面积之和等于第三个正方形的面积，并且 3 个正方形的边长均为整数？

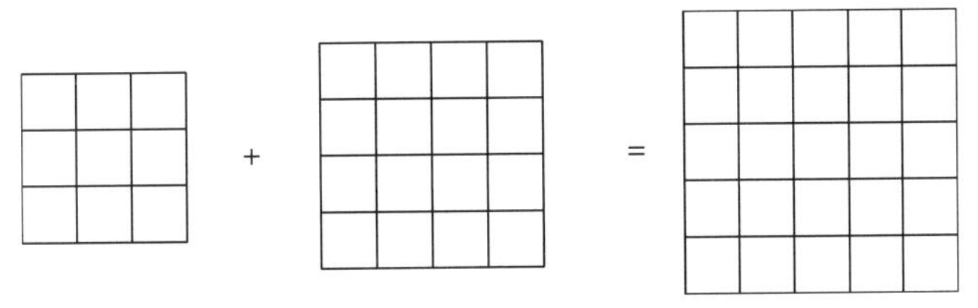

图 10－2　**勾股定理**($3^2+4^2=5^2$)

如果把(1)中的指数 2 变成 3，那问题就成为：是否存在整数 x，y，z，满足 $x^3+y^3=z^3$？指数为 3 的情形如图 10－3 所示。

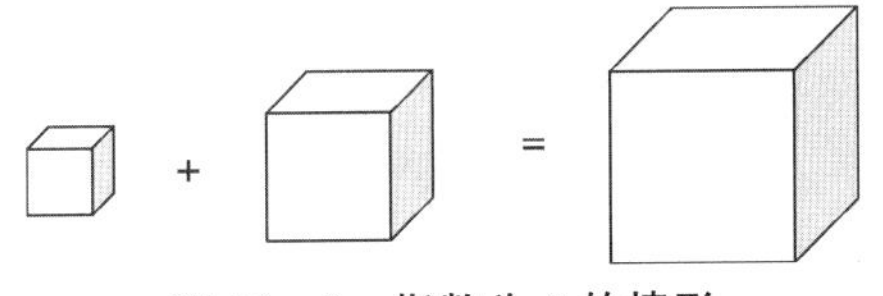

图 10－3　**指数为** 3 **的情形**

或：是否存在两个立方体，其体积之和等于第三个立方体的体积，并且 3 个正方形的边长均为整数？

进一步地，上面的指数也可以推广为任意整数，从而得到一般情形：方程 $x^n+y^n=z^n$ 是否存在整数解？

对上述问题，费马给出一个猜想：

当 $n>2$ 时，方程 $x^n+y^n=z^n$ 不存在非零整数解。

据说他当时正在读丢番图的《算术》，兴之所至，顺手在书的页边空白处写下一段话：

“不可能将一个立方数写成两个立方数之和；或者将一个 4 次幂写成两个 4 次幂之和；或者，总的来说，不可能将一个高于 2 次的幂写成两个同样次幂的和。”

“我有一个对这个命题的十分美妙的证明，这里空白太小，写不下。”

——费马(1637)

这个问题看上去是那样简单而易于理解，引起许多数学家的注意。大家觉得连业余的费马都声称自己“有了美妙的证明”，那作为专业数学家，要证明它更是不在话下。然而情况不容乐观，费马猜想如同一个陷阱，成功地让无数业余或专业的数学家陷入其中，时间跨度长达 300 多年。这些人中，有大名鼎鼎的柯西、欧拉、索菲·热尔曼、库默尔等，也有本来默默无闻，但因这个定理而扬名天下的安德鲁·怀尔斯、罗伯特·朗兰兹和保罗·沃尔夫斯凯尔。

证明费马猜想的粗略进展情况如下：

- 费马自己证明了 $n=4$ 的情况。
- 1753 年，欧拉（见图 10－3）证明了 $n=3$ 的情况。
- 1847 年，拉梅和柯西（微积分极限理论的奠基人之一，见图 10－4）都宣布自己证明了费马大定理。
- 1853 年，法国科学院设立 3 000 法朗奖金，奖励能证明费马猜想的人。
- 1857 年，德国数学家库默尔得到了这笔奖金，虽然他没能最终证明，而只证明了当 $n<100$ 时，除 $n=37$、59、67 外猜想都成立，但是却证明了拉梅和柯西两位数学家的证明是错误的。
- 19 世纪初，法国女数学家索菲·热尔曼（见图 10－5）证明了当 n 和 $2n+1$ 都是素数时，费马大定理的反例 x,y,z 至少有一个是 n 的整倍数。
- 1908 年，德国实业家保罗·沃尔夫斯凯尔立下遗嘱：将财产中的一大部分奖给任何能证明费马大定理的人，奖金为 10 万马克。
- 1993 年，美国普林斯顿大学的安德鲁·怀尔斯最终证明了费马猜想。

猜想一旦得到证明，便成为真理，这就是费马大定理。在该定理的证明过程中，现代数学的许多分支，如抽象代数、代数数论、椭圆曲线和模形式理论，都得到发展进步，而这些理论的重要性已经远远超过了费马大定理本身。

图 10－4　欧拉

图 10－5　柯西

图 10－6　索菲·热尔曼

费马大定理虽然影响深远，但迄今它并未在密码学中得到应用，也许将来能用于设计加密算法也未可知。影响密码设计的是以费马命名的另一个定理，称为费马小定理，简称费马定理。它最早出现于1640年费马写给朋友的一封信中，其中断言：

$$\text{任给素数 } p\text{，整数 } a\text{，且 } p \text{ 不整除 } a\text{，则 } a^{p-1}=1 \bmod p$$

它有一个等价形式，那就是给上述等式的两边同时乘以 a，则得到：$a^p \equiv a \bmod p$。

与费马大定理相比，费马小定理证明起来毫不费力，只需利用一点点初等数论知识[①]。这个定理形式简单，用途广泛，是初等数论中最基本和最重要的结论之一。

费马小定理主要有3种用法：快速模幂运算、求乘法逆元以及生成大素数。这里只介绍前两种。

(1)快速模幂运算。所谓模幂运算，是指给定整数 a、n 和 x，求 $a^x \bmod n$（见本书第二章）。

具体计算时，为了提高效率，可以借助于模运算的一个特征：

$$a \times b \bmod n=(a \bmod n) \times (b \bmod n)$$

即两个数先相乘再求模等于它们分别求模再相乘。先求模可以让参与相乘的两个数比 n 小，从而简化计算。在这个基础上，即使 a、n 和 x 为很大的数，也可以快速求模幂。

费马定理则提供了更加快捷的计算方法，因为它让一部分中间结果直接等于1，从而可以减少许多工作量。

例如，$p=23$，$a=2$ 时，由费马定理直接可得 $2^{22} \equiv 1 \bmod 23$。

进一步地，当 n 为22的倍数时，$2^n \bmod 23$ 均等于1，而当 $n=46$ 时，$2^{46}=2^2=4 \bmod 23$。

(2)求乘法逆元。所谓乘法逆元，是指给定整数 a、b，若存在整数 x 使得 $ax=1 \bmod b$，则称 x 为 a 模 b 的乘法逆元。本书第二章介绍了求乘法逆元的通用方法，即欧几里得算法。费马定理提供了另一种方法。

根据费马定理，当 p 为素数且 a 不是 p 的倍数时，$a^{p-1} \equiv 1 \bmod p$。把这个公式稍做变形，得到

$$a \cdot a^{p-2}=1 \bmod p$$

这样一来，很容易看出 a 模 p 的乘法逆元就是

$$a^{-1}=a^{p-2} \bmod p$$

也就是说，可以通过计算 $a^{p-2} \bmod p$ 而求得逆元。[②]

费马定理中，后面的模为素数 p。1736年，欧拉对费马定理进行推广，去掉了模为素数的要求，得到欧拉定理。

为了详细描述该定理，欧拉发明了一个函数，称为欧拉函数。

【定义10-1】 设 n 为正整数，欧拉函数 $\varphi(n)$ 定义为满足条件 $0 < b \leqslant n$ 且 gcd

---

① 证明详见附录三。

② 这种方法虽然看上去简单，但其效率和通用性要比欧几里得算法弱，如果比较时间复杂度，计算 $a^{p-2} \bmod p$ 所需要的时间为 $O((\log p)^3)$，而Euclid算法需要的时间为 $O((\log p)^2)$。

$(b,n)=1$ 的整数 b 的个数。

欧拉函数 $\varphi(n)$的含义是：小于 n 且与 n 互素的正整数的个数。它有一个专用的英语名称，即 Euler's Totient function。

知识链接

伟大的数学家欧拉

人们公认为数学史上最伟大的 4 名数学家是：阿基米德、牛顿、欧拉和高斯。

阿基米德有"翘起地球"的豪言壮语和在浴缸中发现浮力的趣事；牛顿发现万有引力的故事为人们津津乐道；高斯少年时就显露出计算天赋，每个小学生都知道他能快速求出从 1 加到 100 之和为 5 050。四人中唯独欧拉没有这样的"趣闻轶事"，但欧拉却是数学史上最多产的数学家。

莱昂哈德·欧拉(Leonhard Euler)，1707 年出生于瑞士巴塞尔，13 岁入读巴塞尔大学，15 岁大学毕业，16 岁获硕士学位，19 岁开始发表论文，26 岁担任彼得堡科学院教授。60 岁时双目失明，1783 年去世。

作为一名涉猎广泛的数学家，欧拉一生写下 886 本书籍或论文，平均每年产量为 800 多页。他去世后，彼得堡科学院为了整理他的著作，足足忙碌了 47 年。今天我们在许多数学分支中都能见到以欧拉命名的常数、公式和定理，如初等几何的欧拉线、数论中的欧拉函数和欧拉定理、变分法的欧拉方程、复变函数中的欧拉公式等。他的著作《无穷小分析引论》、《微分学》、《积分学》是 18 世纪欧洲标准的微积分教科书。1727 年，欧拉引入符号 e 来表示自然对数的底，这是他名字的首字母。1748 年欧拉发现了著名的欧拉公式，即 $e^{\pi i}+1=0$，这是数学中最令人着迷的公式，它以极简洁的形式将几个最重要的常数，即自然对数的底 e，圆周率 π，虚数单位 i 和自然数的单位 1，以及 0 联系到一起，被数学家们称为"上帝创造的公式"。

1741 年欧拉应邀为普鲁士的 Anhalt-Dessau 公主讲授数学、天文、物理、哲学等课程，其授课笔记后来以《给一位德国公主的信》之名发表，该书至今读来仍妙趣横生。由此可见欧拉不仅擅长做研究，也擅长教学，不仅能教大学生，也能给小学生授课。

总体而言，欧拉的工作极大推进了数学的发展，使数学这门学科更接近于今天的形态。他不但在数学上有大量杰出成就，还广泛涉猎了建筑学、弹道学、航海学等领域并做出重要贡献。他的《力学或运动科学的分析解说》《关于柱的承载能力》等著作，把数学推至几乎整个物理学领域。

人们对欧拉做出这样的评价："没有欧拉的众多科学发现，今天的我们将过着完全不一样的生活。"为了纪念欧拉，人们将一颗小行星命名为"欧拉 2002"。

费马定理中，模为素数 p，指数为 $p-1$，即 p 的欧拉函数值，现在将其中的 p 替换为任意整数 n，得到如下的欧拉定理。

【定理10-2】 对任意整数 a、n，当 $\gcd(a,n)=1$ 时，有 $a^{\varphi(n)}\equiv 1 \bmod n$。

例如，已知 $\varphi(12)=4$，且5与12互素，则可直接写出 $5^4=1 \bmod 12$。

与费马定理相似，欧拉定理也有一种等价形式，即给等式两边同时乘以 a，得到

$$a^{\varphi(n)+1}\equiv a \bmod n$$

欧拉定理是密码学中最重要的数学定理之一，对现代密码的发展起着至关重要的作用。那么它具体应用在哪里呢？

如果仅仅是为了计算 $5^4=1 \bmod 12$ 这类题目，纯属大材小用。

要了解它是如何发挥作用的，我们从一个经典问题——解方程——说起。这里要解的方程是同余方程，即在某个模数 n 范围内的方程，如 $3x^3+5x+8=12 \bmod 31$。

最简单的同余方程是一次的，或线性的，它长这个样子：

$$ax+b=0 \bmod n$$

当 a 与 n 互素时，可以利用欧几里得算法求出 $a \bmod n$ 的乘法逆元 a^{-1}，再把它乘到方程两边（相当于算术方程中两边同时除以一个数），从而可以直接得到方程的解，即

$$x=-ba^{-1} \bmod n$$

注意，这个方程有解当且仅当 a 与 n 互素。

当方程次数增加时，情况将变得更复杂。

假设要求解的方程具有这样的形式：

$$x^2=c \bmod p,\ y^3=c \bmod p, z^{37}=c \bmod p$$

其中，$0<c\leqslant p-1$，那么该如何求解呢？

这个问题看似容易，因为若要求解 $x^e=c \bmod p$，只需求出 $c^{1/e} \bmod p$ 即可。

如果没有后面的尾巴"mod p"，则当 $c=1$ 时，x 就是e次单位根，它在复数范围内的根是

$$\cos 2k\pi/\mathrm{e}+\mathrm{i}\sin 2k\pi/\mathrm{e} \tag{2}$$

其中i为虚数单位。

然而同余方程的解必须是整数，比如 $1^{1/5}=1 \bmod 13$，$7^{1/3}=6 \bmod 11$，$2^{1/2}=3 \bmod 7$，上面的 e 次单位根显然是不符合要求的。事实上，对于形如 $x^e=c \bmod p$ 的高次同余方程，不仅不能把 c 直接开 e 次方来求解，而且在求解之前还得先考虑一下这个方程有没有解。

是不是所有形如"$x^e=c \bmod p$"的方程都有解呢？答案是否定的。

看一个例子，设 $p=11$，分别求出{1, 2, …, 10}模11的二次方，得到表10-4。

表10-4　整数的二次方模11

x	1	2	3	4	5	6	7	8	9	10
$x^2 \bmod 11$	1	4	9	5	3	3	5	9	4	1

观察这张表，会发现第二行中并未包括所有 10 个数，而仅有 1、3、4、5、9，这不奇怪，因为求二次方运算(见图 10-6)其实是把两个数映射到同一个$[2^2=(-2)^2=4]$。求二次方运算，是一个 2 到 1 映射。在模 11 的意义下，10 就相当于“负 1”，它的二次方自然等于 1；9 就相当于“负 2”，它的二次方与 2 的平方相同，都是 4。模 11 的平方如图 10-8 所示。

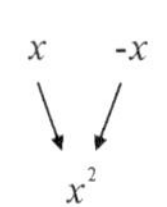

图 10-7　求二次方运算

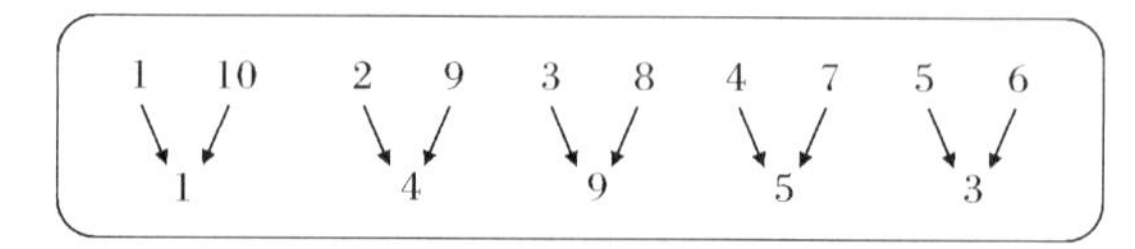

图 10-8　模 11 的二次方

因为 2,6,7,8,10 并未出现在表 10-4 的第二行中，就是说，在模 11 之下它们不是任何数的二次方，所以方程 $x^2=2 \bmod 11$ 或 $x^2=8 \bmod 11$ 无解。

注：当 $x^{1/2} \bmod p$ 存在解时，称这样的 x 为模 p 的二次剩余。模 11 的二次剩余为 1,4,9,5,3。

那么该如何快速判断方程 $x^e=c \bmod p$ 是不是有解呢？需要分情况讨论。

第一种情况：模为素数 p。

此时费马定理开始发挥作用。根据费马定理，$a^{p-1}\equiv 1 \bmod p$，如果方程 $x^e=c \bmod p$中的指数 e 与 $p-1$ 互素，则可由欧几里得算法求出 e 模 $p-1$ 的乘法逆元，即求出一个数 d，满足 $ed=1 \bmod p-1$。

得到这个 d 之后，再对方程 $x^e=c \bmod p$ 的两边同时求 d 次方，有

$$x^{ed}=c^d \bmod p$$

注意到 $ed-1$ 为 $p-1$ 的倍数，由费马定理有，$x^{ed-1}=1 \bmod p$，即 $x^{ed}=x \bmod p$，所以

$$x=c^d \bmod p$$

看出来了吧，这正是方程的解！

所以，如果 e 与 $p-1$ 互素，则对所有的 $c\in\{1,2,\cdots,p-1\}$，方程 $x^e=c \bmod p$ 均有解，且易求出——只需要做一次模逆运算求出 d，再求 $c^d \bmod p$ 即可，这样就把一个看似需要开 e 次方的问题(即求 $c^{1/e} \bmod p$)，转化为指数为 d 的模幂运算，从而 x 与 c 具有如图 10-9 所示的关系。

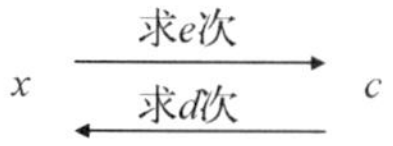

x　求e次→　c
x　←求d次　c

图 10-9　x 与 c 的关系

第二种情况：模为合数 n。

此时为了求解 $x^e=c \bmod n$，需要用一下欧拉定理，即当 a 与 n 互素时，$a^{\varphi(n)}\equiv 1 \bmod n$。

当 e 与 $\varphi(n)$互素时，根据上面的讨论，先求出 e 模 $\varphi(n)$的乘法逆元 d，即 $ed=1 \bmod \varphi(n)$，然后对方程 $x^e=c \bmod p$ 的两边同时求 d 次方，得到

$$x^{ed} = c^d \bmod n$$

这里 $ed-1$ 为 $\varphi(n)$ 的倍数。

如果在方程中增加一个条件，要求 x 与 n 互素，则由欧拉定理，$x^{\varphi(n)}=1 \bmod n$，从而 $x^{ed-1}=1 \bmod n$，即 $x^{ed} = x \bmod p$，由此得到方程的解，即

$$x=c^d \bmod n$$

因此，当 e 与 $\varphi(n)$ 互素时，对所有的整数 $c\in\{1,2,\cdots,p-1\}$，方程 $x^e = c \bmod p$ 均有解，且易求出(条件是 x 与 n 互素)。

在模 n 的情况下，x 的 e 次等于 c，c 的 d 次又等于 x，即

$$c=x^e \bmod n$$

$$x=c^d \bmod n$$

求 d 次与求 e 次构成了一对互逆的运算，这真是妙不可言！

互逆的运算可以用来构造加密算法，如果我们把上式中的 x 和 c 分别看作明文和密文，便得到了一种形式极为简单而应用又极广泛的密码——RSA 密码。

三、RSA 密码

现代密码可根据密钥进行分类：如果加密和解密密钥相同，或者从一个易算出另一个，从而两个密钥都需要保密，这种密码称为对称密码[见图 10-10(a)]；如果加密和解密密钥差别较大，并且把加密密钥公开也算不出解密密钥，则称为非对称密码，此时由于加密密钥是公开的，也称为公钥密码[(见图 10-10(b)]。简言之，对称密码的钥匙和锁必须在一起，非对称密码的钥匙和锁可以分开。

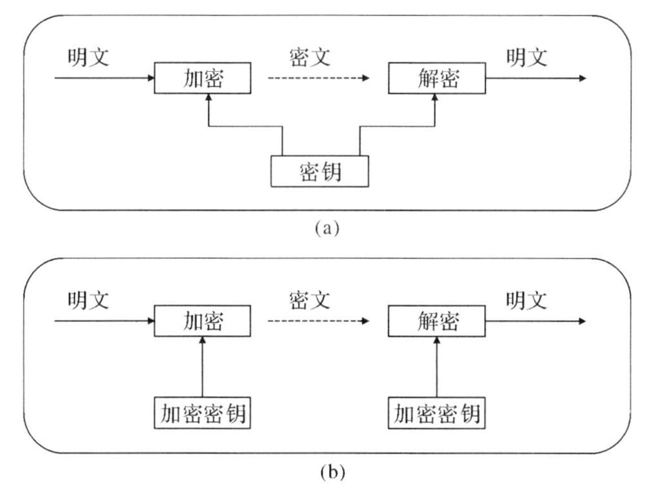

图 10-10　对称密码与公钥密码

(a)对称密码；(b)公钥密码

1976 年，公钥密码的思想一经提出便引起了广泛关注。人们觉得这种密码魅力

无穷，既不用构造一个秘密信道来传密钥，也不用保存大量的密钥，还能在刚刚兴起的计算机网络中大显身手，实现签名、认证等功能。

然而世界上很难找到完美的事物，公钥密码优点众多，缺点也很明显，那就是太难构造。连 Diffie 和 Hellman 也没能做到，他们只是提出了一个密钥交换协议，用于协商对称密码中使用的密钥，从而避免使用秘密信道。然而一个真正的公钥密码算法空间是什么样的，他们并没有给出实例。

1977 年，美国麻省理工学院的三位年轻人，列维斯特（Ron Rivest）、沙米尔（Adi Shamir）和阿德曼（Len Adleman），经过近一年的激烈讨论之后，终于构造了一种符合要求的公钥密码——RSA。他们的出发点是：根据 Diffie 和 Hellman 的思想，加密密钥应当公开，解密密钥必须保密。但是这两个密钥不可能毫无关系，它们是一对互逆运算中使用的参数。要把加密密钥公开，还要让破译者根据这个加密密钥求不出解密密钥来，这是构造中的难点。解决了这个难题，就能得到实用的公钥密码。

RSA 密码今天已经在全世界得到普遍应用，任何一台能上网的计算机中都可见到它的身影。然而当初它是怎样被发现的，为什么一定要使用模幂运算来加密呢？

为了解释这个问题，我们不妨再次体验一下加密算法的设计过程。

先写出参数：设明文为 m，密文为 c，加密密钥为 pk（public key），解密密钥为 sk（secret key），除了这几个参数外，当然还有后面的模数 n。

首先试试用加法能不能构造公钥密码。

加密：密文＝（明文＋加密密钥）mod n

$$c=(m+pk) \bmod n$$

解密：明文＝（密文–解密密钥）mod n

$$m=(c-sk) \bmod n$$

这种情况下，加密密钥与解密密钥完全相同，显然不可能把一个公开。

再看看乘法密码。

加密：密文＝（明文×加密密钥）mod n

$$c=(m\times pk) \bmod n$$

解密：明文＝（密文×解密密钥）mod n

$$m=(c\times sk) \bmod n$$

第二章讨论过，在后面有模的情况下，乘法密码的解密实际上还是乘法，解密密钥就是加密密钥的乘法逆元，即 $pk\times sk=1 \bmod n$。利用欧几里得算法可以快速地由加密密钥求出解密密钥，因此这里的加密密钥也是无法公开的。

由此我们知道，公钥密码的加密运算不能使用加法或乘法，因为它们过于简单。如果将加密密钥公开，一般人很容易推算出解密密钥来。

那么可以试一试更复杂的运算，比如将加法与乘法相结合，就形成了多项式型的加密。

给定一个多项式 $f(x)=a_0+a_1x+a_2x^2+\cdots+a_rx^r$，我们可以把明文作为自变量，求出多项式的值，这就是密文。

加密：$f(m)=a_0+a_1m+a_2m^2+\cdots+a_rm^r$。

加密时，把明文当作自变量求函数值，则解密时需要求解这个多项式方程。其中各项的系数，即 $a_0,\cdots,a_r$，就是加密密钥。如果把这些数字公开，则当方程次数比较低时，不论解密方还是破译者都能由公开的系数 $a_0,\cdots,a_r$ 求解出明文，不安全。而当方程次数较高时，解密变成一件很麻烦的事，不论是解密方还是破译者都很难求解。

这是为什么呢？如果方程是一次，非常容易求解。如果是二次方程“$y=a_0+a_1x+a_2x^2$”，可以利用中学时代学过的求根公式来求解，即 $x=\frac{-a_1\mp\sqrt{a_1^2-4a_0a_2}}{2a_2}$。三次和四次方程，也是有求根公式的，只是这些公式异常复杂，中学教科书中一般不介绍。

那么是不是推而广之，所有的多项式方程都能找到一个“求根公式”，从而可以直接套公式求解呢？很遗憾，并没有。有严格的数学理论可以解释这件事。18 世纪时，天才的数学家伽罗瓦(Galois)利用其发明的“群论”方法，证明了 5 次或更高次的方程是不存在求根公式的。

看来，用多项式加密也行不通，因为根本无法解密。

还有没有别的运算可以用来加密呢？似乎可以试一试指数运算。

在密码学中，运算通常都要加上一个尾巴，即后面的模，从而将指数运算变形成为模幂运算。

加密时，计算

$$c=m^e \bmod n$$

解密时，为了由 c 求出 m，根据上一节的讨论，可以利用欧拉定理求解方程 $x^e=c \bmod n$，它的解就是 $x=y^d \bmod n$，其中 d 是 e 模 $\varphi(n)$ 的乘法逆元。所以，解密只需计算 $x=y^d \bmod n$ 即可。

上述加密和解密确实能构成一对可逆的运算。还有一个更重要的问题：加密时使用的参数 e 和 n 要公开。

那么这里的加密密钥敢不敢公开呢？或者说，公开 e 和 n 之后，破译者能否快速地求出解密密钥 d 呢？

注意到 d 是 e 模 $\varphi(n)$ 的乘法逆元，因此要计算 d，必须知道 $\varphi(n)$。

$\varphi(n)$已知时，可以利用欧几里得算法直接求出 d，不费吹灰之力。而当 $\varphi(n)$未知时，必须先由 n 求出 $\varphi(n)$。

根据 $\varphi(n)$ 的定义（比 n 小且与 n 互素的正整数个数），当 n 为素数时，$\varphi(n)=n-1$，所以不能选 n 为素数，否则解密密钥也是极易泄露的。而当 n 为合数时，设 $n=p_1^{a_1}p_2^{a_2}\cdots p_t^{a_t}$，$p_i(1\leqslant i\leqslant t)$ 为素数，则 $\varphi(n)$ 的计算公式为：

$$\varphi(n)=p_1^{a_1-1}p_2^{a_2-1}\cdots p_t^{a_t-1}(p_1-1)(p_2-1)\cdots(p_t-1)$$

要计算 $\varphi(n)$，必须知道 n 的素因子分解。因此破译者要想得到解密密钥，必须先分解 n，鉴于这个问题是一个公认的困难问题，所以选 n 为合数是行得通的。但是要注意，并非所有的整数都是难分解的，一个不易分解的 n，必须拥有足够大的素因子。而最难分解的情况是 n 由两个大素数相乘得到，此时解密密钥才是最安全的。

至此问题终于完美地解决了！

把上述思路梳理一下，得到一系列结论。

(1)可以利用模 n 的指数运算（即模幂运算）来加密。

(2)加密密钥 e 必须与 n 的欧拉函数 $\varphi(n)$ 互素。

(3)加密密钥 e 和 n 是公开的。

(4)此时解密也是模幂运算，解密密钥 d 是 e 模 $\varphi(n)$ 的乘法逆元。

(5)为了能把加密密钥放心地公开，可以借助于分解大整数这个众所周知的困难问题，让合法的解密方拥有解密密钥 d，而非法的破译者要利用公开的 e 和 n 求出 d，必须先分解 n。

(6)为了最大限度地利用整数分解问题的困难性，可以使用这个问题最困难的实例，那就是让待分解的整数 n 是一对大素数的乘积。

在上述发现的基础上，RSA 三人组设计出了 RSA 密码。它的构造过程历经了多次失败和推翻重来，充分体现了三位学者不惧困难、不轻言放弃的科学精神。

教科书中对 RSA 密码的描述正好是上述发现过程的逆序排列，如图 10－11 所示。

RSA 密码

⇒参数生成：

- 选择一对大素数 p、q
- 计算 $n=pq$
- 计算 $\varphi(n)=(p-1)(q-1)$
- 选择随机数 e，满足 $1<e<\varphi(n)$ 且 $\gcd(e,\varphi(n))=1$
- 计算 e 模 $\varphi(n)$ 的逆元 d，即 $ed\equiv 1 \bmod \varphi(n)$
- 将 n、e 作为加密密钥公开，d 作为解密密钥保密

⇒加密过程：

设明文为 m，要求 m 与 n 互素，计算密文为 $c=m^e \bmod n$

⇒解密过程：

利用解密密钥 d，计算 $m=c^d \bmod n$

图 10－11　RSA 密码

算法有了，下面找一个例子算一算。

(1)参数生成：

1)选择素数 $p=53, q=41$，计算 $n=pq=2173$，$\varphi(n)=(p-1)(q-1)=2\ 080$。

2)选择 $e=31$。

3)利用欧几里得算法求出 $d=671$，可以验证：$31\times671=20\ 801=1 \bmod 2\ 080$

4)将 n，e 公开，d 保密。

(2)加密过程：

对明文 $m=374$ 加密时，计算 $c\equiv m^e \bmod n \equiv 374^{31} \bmod 2\ 173=446$。

(3)解密过程：

接收方收到密文 446 后，计算 $446^{671} \bmod 2\ 173=374$，这就是明文。

上面的例子当然只是个玩具版本，实际应用中不可能选这么小的数字。因为如果把模数 2 173 公开，任何人都能将其轻松分解为 53×41，由此得到 $\varphi(n)=2\ 080$，进而求出解密密钥 d，因此，在实际应用中，模数 n 应该由非常大的 p 和 q 相乘得到。

那么选多大的 p 和 q 才合适呢？本章一开始给出的那个 129 位整数，曾经被认为足够大。1977 年，RSA 的设计者们乐观地估计，如果使用每秒钟运算百万次的计算机分解整数，利用当时最快的算法，分解一个 50 位的整数，大约需要 4 小时，分解 100 位整数，需要 100 年，而分解 200 位的整数，需要的时间是 40 亿年！

这个估计显然是过于乐观了。首先，计算机的运算速度在不断增加，根据摩尔定律，单位面积上的芯片数量每 18 个月就能翻一番，这就意味着处理器的运算速度每 18 个月翻一番。其次，分解整数的算法在不断改进，虽然目前为止还没有特别高效的算法，但可以对现有算法加以改进，提高其运算速度。特别是还可以将多台计算机联网并行计算，这将使分解效率获得质的提升。

17 年后的 1994 年，人们将 600 台计算机联网，历时 8 个月，利用二次筛法把 N 分解成为两个素数 p 与 q 的乘积：

$p=$ 34905 29150 84765 09491 47849 61990 38981 33417 76463 84933 87843 99082 0577

$q=$ 32769 13299 32667 09549 96198 81908 34461 41317 76429 67992 94253 97982 88533

这两个素因子，一个长达 55 位，另一个是 54 位。

在 20 世纪末分解这样的整数需要 600 台计算机工作 8 个月，而到了本世纪初，分解 200 多位的整数，利用 1 000 台计算机协同工作，需要的时间仍长达 80 万年！

这个巨大的时间消耗仅仅通过计算机运算速度的提高(摩尔定律)在短时间内是无法明显改善的。原因在于，整数分解问题有一个特点：数位的线性增加，将导致计算时间的指数增长！这固然与算法设计和计算机的工作方式有关，但决定性因素乃是由于问题本身的难度。

接下来我们将讨论什么样的问题是困难的，进而分析 RSA 的安全性。

四、困难问题、归约及 RSA 的安全性

RSA 密码是否安全？

无论是密码的设计者、使用者，还是潜在的破译者，都对这个问题充满兴趣。一些教科书则给出了“标准答案”：RSA 密码是基于整数分解问题而设计的，而整数分解是一个尚未解决的困难问题，由此可以断言 RSA 是安全的。

这话经不起推敲，因为它把两个不同的问题——“分解整数”和“破译 RSA”——捆绑在一起了。

为了解释 RSA 的安全性，这里需要澄清：

(1)分解整数这个看上去很简单的问题，为什么是困难的？

(2)“分解整数”与“破译 RSA”之间究竟有什么关系？它们是不是等价的，解决了一个是否意味着必然能解决另一个？这些问题都需要解释。

第一个问题涉及如何界定一个问题是“困难”的，以及世界上究竟有没有所谓的困难问题。这里的数学问题似乎上升到了哲学高度。

所谓困难问题，直觉上就是那些解决起来很棘手的问题。然而，“困难”这个词含义十分模糊：一个人的举手之劳，可能是另一个人的不可逾越；PC 上一年也解不出来的难题，到了大型机上几秒钟就出结果；一千年前诗仙李白感叹“蜀道之难，难于上青天”，而今天有了高速和高铁，早已“天堑变通途”。

由于“困难”是一个模糊概念，为了定量地衡量问题的困难性，需要有一整套方法。这套方法来自于计算复杂性理论，它是计算机科学的一个分支。

为了衡量问题的难度，首先需要对难度进行量化。比如整数分解，经验告诉我们当数字比较小时，分解起来十分容易，而当数字很大时，分解就比较困难。

所以，量化的第一步就是考虑问题实例的“规模”，这里用输入数字的长度来表示问题实例的“规模”。

注意是长度，而不是数字的大小。比如要分解一个 10 位的整数 $N=32150\ 31751$，那么，问题的规模就是 10。

量化的第二步，判断是不是存在求解问题的高效算法。

显然，像整数分解这样的问题并非全然不可解决，只要时间足够长，肯定可以分解。问题在于解法是不是足够快。如果一件事情需要花费许多时间才能做完，就认为它比较“难”。鉴于时间对每个人都是公平的，一切的资源消耗，最终都可归结为时间消耗，所以问题的难度可以用解决这个问题所需要的时间来衡量。

具体花费多少时间则取决于解法，使用不同方法解决一个问题，需要的时间也有

差异。用计算机科学术语表示，就是求解问题的“算法”有快有慢。在实际求解时，当然是倾向于使用较快的算法。如果放着高速公路不走，非要去走古人修的栈道，然后说蜀道仍旧难，这样的诡辩大可置之不理。在讨论一个问题的难度时，只考虑在今天的理论水平和计算条件下，求解该问题的最快算法所需要的时间。

然而同一算法在不同计算环境下需要的时间也会有差别，特别是计算系统的硬件配置极大影响着运算速度。如果精确地测量算法运行了几天、几小时、几秒，或几微秒，得到的结果价值并不大。影响算法运行时间的因素很多，根据奥卡姆剃刀原则，对其删繁就简，忽略具体的运行环境，而从算法本身着手。

在计算机科学中，一般将算法消耗的时间定义为算法输入长度的一个函数。具体来讲，一个算法可能由多个运算组成，其中有的较慢，有的较快。为了抓住重点，只考虑算法中最耗时的运算，其他的都忽略不计，然后看这个主要运算需要重复运行多少次才能得出结果。通常这个运行次数与算法的输入有关，把它表示成算法输入长度的函数，这就是算法的“时间复杂度”，用符号“$O(n)$”来表示，其中 n 就是问题的规模。简单说来，可以把时间复杂度理解为算法在解决问题时需要运算的步骤数。

以整数分解为例，若某个算法在分解一个 10 位的整数时，需要试除 100 次，则 $O(n)=n^2$。

经过上述简化之后，若问题的输入长度是 n，则时间复杂度一般写作 $O(f(n))$，这里的 f 是一个关于 n 的函数。

现在可以根据这个函数的类型对算法进行分类，大体上只有两类：指数时间算法和多项式时间算法。

举个例子，假设要解决的问题是背包问题，它是这样描述的：

给定正整数序列 $\{a_1, a_2, \cdots, a_n\}$ 和一个值 S，求序列 $\{x_1, x_2, \cdots, x_n\}$，$x_i \in \{0,1\}$，使得

$$x_1a_1 + x_2a_2 + \cdots + x_na_n = S$$

此时输入的长度就是 n。

这个问题可以用穷举法求解，每一次计算要根据 $\{x_1, x_2, \cdots, x_n\}$ 的取值计算 $\sum_{i=1}^{n} x_ia_i$。这样的计算最多需要重复 2^n 次，因此算法的时间复杂度就是 $O(2^n)$。在穷举搜索中，n 出现在复杂度 $O(2^n)$ 的指数位置，所以是指数时间算法，即时间复杂度是关于 n 的指数函数。

指数时间算法很多，现有的大多数整数分解算法都是指数时间的。若设要分解的整数有 n 位，则 Eratosthenes 筛法的时间复杂度为 $O(10^{n/2})$（需要这么多步骤才能分解）。

与之相对的另一种算法称为多项式时间算法，此时 $f(n)$ 是关于 n 的一个多

项式。

知识链接

二分查找法

多项式时间算法的一个例子是“二分查找法”，可以用它来玩猜数字游戏。

设游戏参加者为 Alice 和 Bob。Alice 暗中选择 0～1 000 中的一个整数，让 Bob 猜，在每次猜测时，Bob 提出问题，Alice 给出肯定或否定的回答。

Bob 问：这个数小于 500 吗？

若 Alice 回答“是”，则 Bob 问：这个数小于 250 吗？

若 Alice 回答“否”，则 Bob 问：这个数位于 500 到 750 之间吗？

这样一轮轮地问下去……

问：Bob 需要问几次才能猜出结果？

答案是：不到 10 次。

根据每一次询问的应答，Bob 可将搜索范围缩小为原来的一半（二分法），由于 $\log_2 1\,000<10$，经过 10 次询问之后，一定可以找到正确的数字。

在这个算法当中，最初的搜索范围，即 0～1 000，就是输入，这个输入的长度表示成十进制是 3，表示成二进制是 10，这里选用何种数制对输入长度不会产生实质上的影响，所以可以认为输入长度就是 10，而只需要重复运行 10 次，所以时间复杂度就是 $O(n)$。因此二分查找法是一个多项式时间算法。

世界上所有的算法，根据其时间复杂度的不同可分为指数时间算法和多项式时间算法。指数时间算法需要的时间随着 n 呈指数增长，当 n 很大时，算法的运行时间会特别长。而在人类设计的算法中，只有少数是多项式时间的，比如 Euclid 算法、二分查找法、快速排序、单纯形法等等，其他算法绝大多数都是指数时间的，或者说，它们不过是穷举搜索的某种变形。

时间复杂度可以定量地刻画“高效”这个模糊的概念。计算复杂性理论使用简单粗暴的方法，认为所有的多项式时间算法都是高效算法，除此之外其他所有算法都是效率不太高的算法。

对算法进行区分之后，再讨论问题的难度就容易多了：若一个问题存在高效的求解算法，则认为它属于易解问题，反之若不存在高效解法，则认为它是困难问题。

计算复杂性的几个要点如下。

（1）问题的难度用求解问题的算法所需要的时间来界定，而时间又取决于算法的时间复杂度及问题规模。

(2)算法按照时间复杂度分为多项式时间和指数时间算法，前者被认为是高效的。

(3)如果一个问题目前为止最快的求解算法是指数时间的，则认为这个问题是困难的。

上述对困难性的解释可能与我们的经验不太一致，因为有时候整数分解并不是很难。实际上困难问题有这样一个特点，当数字很小时，解决起来十分容易，因为穷举的次数少；而当数字很大时，穷举的次数将多得无法忍受，这时候才是通常意义上的“困难”。

回到密码算法本身。破译密码的目标是得到解密密钥，公钥密码将加密密钥公开，而两个密钥之间又有着紧密联系，由公开密钥很难求出解密密钥，这个要求似乎有点高。

在 RSA 中，加密密钥 e 是任选的，解密密钥 d 是用加密密钥和 $\varphi(n)$，利用欧几里得算法求出的，当 e 和 $\varphi(n)$ 已知时，得到 d 易如反掌，因为 Euclid 算法是一个特别快、超级好用的算法。然而为了得到解密密钥 d，必须知道 e 和 $\varphi(n)$，得到 e 很容易，它本身就是公开的，因此 $\varphi(n)$ 成为获取解密密钥的关键。

那么由这个公开的 n 能不能求出 $\varphi(n)$ 呢？

当然能，但前提是知道 n 的所有因子。当 $n=pq$，p、q 为素数时，$\varphi(n)=(p-1)(q-1)$，所以如果破译者分解了 n，便得到了 d，从而彻底破译了 RSA。因此，分解 n 成为破译 RSA 的充分条件。

注意，是充分而不是必要。

这里实际上有两个不同问题：分解大整数和破译 RSA，它们的关系需要澄清。

不能简单地认为要破译 RSA，必须分解一个大整数，而只能说：如果能分解大整数，则一定能破译 RSA；反之，如果能破译 RSA，是否就有能力分解大整数呢？

破译 RSA 实际上意味着从密文 $c(=m^e \bmod n)$ 能推导出明文 m，也就是说，若能快速求解 $\bmod\ n$ 的 e 次方根，则破译成功了。反过来，现在假设有那么一个求 $\bmod\ n$ 的 e 次方根的快速算法，若从这个算法出发，能推导出分解大整数的快速算法，则认为破译 RSA 的难度等同于分解大整数。

而求 $\bmod\ n$ 的 e 次方根与分解整数又有什么关系呢？目前有如下一些结果：

当 $e=2$ 时，就是求 $\bmod\ n$ 的二次方根，数学上已经证明这个问题与分解 n 难度相同。因此当 $e=2$ 时，破译 RSA 等价于分解大整数。

当 $e\geqslant 3$ 时，很遗憾，数学上还没有现成的结论。

也就是说，若选择加密密钥 $e=2$，则这样的 RSA 密码破译起来难度相当于分解大整数，安全性是能保证的。若选其他的 e，则很难说。

那么一开始选 $e=2$，不就万事大吉了吗？

然而在 RSA 中，根本就不允许 $e=2$！

惊不惊喜，意不意外？

还记得吗？RSA 密码要求加密密钥 e 必须与模数 n 的欧拉函数 $\varphi(n)$ 互素，否则就无法正确解密。这里 $\varphi(n)=(p-1)(q-1)$，显然是一个偶数，所以，绝对不能选 $e=2$。

陷入了困境：要保证算法的正确性，就不能选唯一安全的密钥 2。

与安全性相比，当然是正确性更为重要。一个密码首先要能正确解密，然后才有安全性的要求，让敌人无法破译。因此在实际使用中，只能选择 $e\geqslant 3$，而这样的密码破译起来，难度不会超过分解大整数。

所以，关于 RSA 密码的安全性，只能写出如下结论：破译 RSA 的难度≤分解大整数。

若能分解 n，则一定能破译 RSA，反之，要破译 RSA，不一定要求必须分解 n，可能还有许多别的方法。

大名鼎鼎的 RSA 密码，它的安全性竟然如此不牢靠！

首先，赖以保证安全性的基本假设——分解大整数是一个困难问题——并不一定成立。

其次，破译 RSA 的难度居然还小于这个不一定是困难的问题。

意识到这个骨感的现实后，密码学家们怎么做呢？一种做法是对算法进行改进，增加额外的随机参数，并证明这样是安全的（即追求公钥密码的“可证明安全性”）。另一种做法是本着实用的态度，拼命增加破译的难度，简言之就是选择足够大的模数 n。

今天，在实际使用 RSA 时，普遍认为模数 n 至少应该有 1 024 位（二进制的 1 024 位，相当于十进制的 300 多位）。在有些场合，需要 2 048 位甚至 4 096 位才能保证安全性。

《《第十一章

用离散对数问题构造密码

很多事物仿佛都有那么一个时期，那时它们就在很多地方同时被人们发现了，正如在春季看到紫罗兰处处开放一样。

——沃尔夫岗·鲍耶(1775—1856，德国数学家)

内容提要

离散的对数

ElGamal 密码

公钥密码在构造中要使用一些数学上困难的问题，其中最常用的是整数分解、离散对数和椭圆曲线等问题。本章介绍离散对数问题及与之相关的密码。

一、离散的对数

“对数”的概念大家并不陌生，它最早由英国数学家琼斯给出：已知 a 为不等于 1 的正数，如果 a 的 x 次幂等于 y，即 $a^x=y$，则称 y 为以 a 为底的对数，即 $y=\log_a x$。当 $a=2$ 时，y 与 x 之间满足如图 11－1 所示的曲线关系。

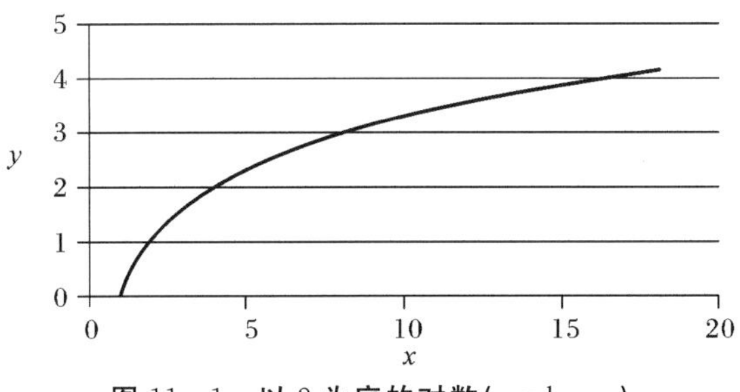

图 11－1　**以** 2 **为底的对数**($y=\log_2 x$)

当 x 和 y 取值都在实数范围内时，由 x 求 y 的方法很多，可以查对数表，或用计算器，或编个程序计算。但如果规定 x 和 y 只能取整数，则需要去掉曲线的绝大部分，只能留下(1,0)、(2,1)、(4,2)这样的点了(见图 11－2)。

虽然是离散的，但这些点的排列有规律可循，如果把它们连起来，仍旧是图 11－1 中的对数曲线。

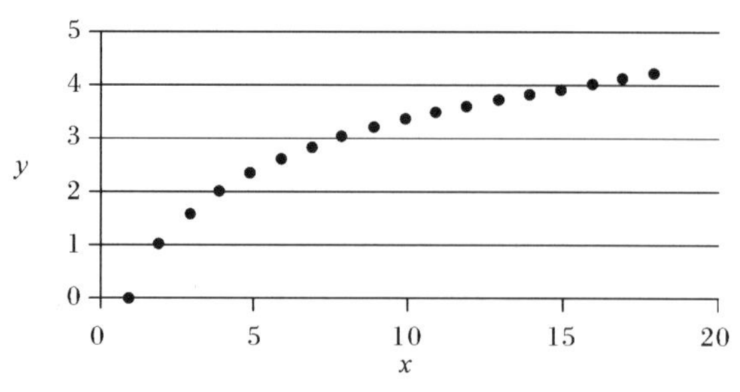

图 11－2　离散但有对数关系的点对

如果再给公式 $y=\log_2 x$ 后面加上一个模数 n，会怎么样？

比如令 $n=11$，这时候，x 与 y 的关系满足 $x=2^y \bmod 11$，符合条件的(x, y)有：(1, 10)，(2,1)，(3,8)，(4,2)，(5,4)，(6,9)，(7,7)，(8,3)，(9,6)，(10,5)，…，图 11－3 中标出了这些点，这就是"离散的对数"，它们分布得有点杂乱哦。

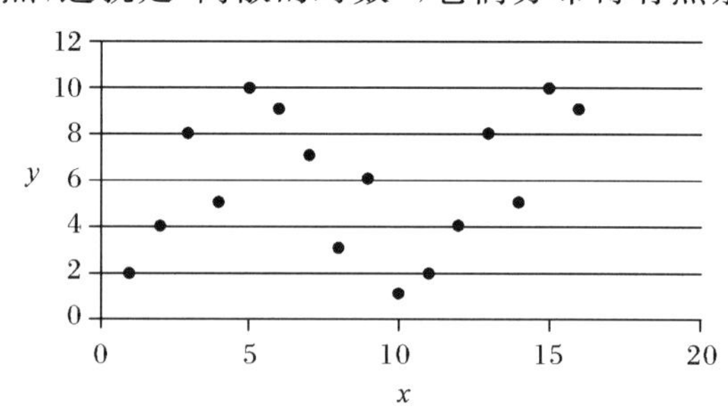

图 11－3　离散的对数

所谓离散对数问题是指：给定一个素数 p，模 p 的原根 g，以及整数 y，求整数 $x<p$，满足

$$g^x=y \bmod p$$

这句话其他地方都好理解，只有"原根"意义不明。

什么是原根呢？

做一个实验：选择素数 $p=11$，令 $Z_p{}^*=\{1,2,\cdots,10\}$，就是整数除以 11 后所有的非零余数集合。现在规定所有的运算都要 mod 11，然后从 $Z_p{}^*$ 中任取一个数 a，把 a 与自己反复相乘再模 p，看看结果是怎样的——

如果相乘的次数超过 10 次，得到的结果有没有可能重复？

当然有，而且必然会重复。这是由于 $Z_p{}^*$ 是一个有限集合，把其中一个数与自身相乘，最多也只有 10 种不同结果，根据抽屉原理——把 11 个乒乓球放入 10 个抽屉，必然有一个抽屉中放了不止一个球——相乘次数超过 11 次时，必定陷入重复。

那么，恰好相乘 10 次呢？列个表格(见表 11－1)看看。

表 11-1　模 11 的原根

$a(\in Z_p{}^*)$	a^2	a^3	a^4	a^5	a^6	a^7	a^8	a^9	a^{10}
1	1	1	1	1	1	1	1	1	1
2	4	8	5	10	9	7	3	6	1
3	9	5	4	1	3	9	5	4	1
4	5	9	3	1	4	5	9	3	1
5	3	4	9	1	5	3	4	9	1
6	3	7	9	1	6	3	7	9	1
7	5	2	3	10	4	6	9	8	1
8	9	6	4	10	3	2	5	7	1
9	4	3	5	1	9	4	3	5	1
10	1	10	1	10	1	10	1	10	1

实验的结果很有趣，每个数的 10 次方都是 1，这不奇怪，因为恰好验证了费马小定理(还记得吗？当 n 为素数时，对任意整数 a，有 $a^{n-1}=1 \mod n$)。

然而做上述计算的目的并不是为了验证费马小定理，感兴趣的是那些只出现 1 个 1 的行，共有三行，对应的 a 是 2,7,8。就是说，这三个数与自身反复相乘 10 次以内，得到的结果会不重复地遍历 $Z_p{}^*$ 中所有 10 个数，这三个数就被定义为模 11 的原根。

注意到其他数与自身相乘虽不会遍历所有 10 个数，但在做乘法的过程中，一定会在某一步得到 1，比如 3，$3^5=1 \bmod 11$，这时，我们就说 3 mod 11 的阶，或周期，是 5，类似地，4、5、6 和 9 模 11 的周期也是 5，而 10 模 11 的周期是 2。

原根具有这样的性质：集合 $Z_p{}^*$ 中所有的数都可以用原根与自己相乘得到。也就是说，只要有一个原根，那么 $Z_p{}^*$ 中其他的数都可以用原根的某个幂来表示。从而，如果 g 是模 p 的原根，则有

$$Z_p{}^*=\{g,g^2,g^3,\cdots,g^{p-2},g^{p-1}=1\}$$

此时，g 称为 $Z_p{}^*$ 的生成元(generator)。

现在给定素数 $p>2$ 及 $a\in Z_p{}^*$，在 $Z_p{}^*$ 中考虑映射：$x\rightarrow g^x$。

已知 x 时，利用模幂运算，可以很容易地求出 g^x。而所谓离散对数问题，就是求它的逆映射，即从 g^x 求 x。

离散对数问题：给定一个素数 $p>2$ 及模 p 的原根 g，由 g^x 求 x。

那么该如何由 g^x 计算出 x 呢？

当 $p=11$，$g=2$ 时，可以列出 g^x 与 x 的对应关系见表 11-2。

表 11-2　$2^x \bmod 11$

g^x	1	2	3	4	5	6	7	8	9	10
x	0	1	8	2	4	9	7	3	6	5

这个表格的第二行看上去没有明显规律，这表明求解离散对数可能并不容易。

事实上，对于离散对数问题，目前还不存在特别快速的解法。

当 p 比较小时，可以通过穷举法来求解，看下面的例子：

已知 $p=11, g=8, m=5$，求满足

$$g^x = m \mod p \text{ 且 } x < p$$

的正整数 x。

解决方法是：令 $x=1,2,3,4,5,6,7,8,9,10$，分别计算 $8^x \mod 11$ 并与 m 比较，最后终于找到答案：$x=8$

离散对数问题中，为什么要选 g 为模 p 的原根呢？

还是以 $p=11$ 为例，如果不选原根，而是令 $g=10$，那么它的幂只有两种可能性，

g^x：1，10，1，10，1，10，1，10，1，10

x：0，1，2，3，4，5，6，7，8，9

这时候如果给出 $g^x=10$，最多只要试两次就能求出 x，当然满足条件的 x 不止一个。

当 $g=3$ 时，求离散对数，最多只需试5次。而当 g 为原根时，g 的各个幂将取遍 $Z_p{}^*$ 中所有的数（$p-1$ 个），此时求离散对数是最难的。因此选 g 为模 p 的原根是为了使问题难度达到最大。

若一开始选的 p 是一个非常大的素数，则通过穷举搜索来求离散对数，运算量也会非常大，因为穷举搜索是一个不折不扣的指数时间算法。反过来也可以说，离散对数问题是一个困难问题。

二、ElGamal 密码

1978年，Martine Hellman 的学生 Taher ElGamal 在其博士论文中构造了 ElGamal 密码。这是第一个利用离散对数问题构造的公钥密码。在许多密码学教科书中，这种独具匠心的密码是以如图 11－4 所示情形出现的。

ElGamal 密码

系统构造：选择大素数 p，模 p 的原根 g，选择随机整数 x，计算 $y=gx \mod p$

公开：p, g, y

保密：x

加密：

设 m 为明文，随机选择整数 r，r 与 $p-1$ 互素，计算密文 $c=(c_1, c_2)$

其中 $c_1 = kr \mod p$，$c_2 = myr \mod p$

解密：收到密文 $c=(c_1, c_2)$后，接收方进行如下计算

$c_2 \cdot (c_1 x)^{-1} = my^x \cdot (grx)^{-1} = mg^{rx}(g^{rx})^{-1} \equiv m \mod p$

图 11－4　ElGamal 密码

看上去有点怪怪的，“怪”在哪里呢？下面不妨先找些简单数字计算一下。

设置参数：

选 $p=37, g=2$，选择整数 $x=11$，计算 $y=g^x \bmod p=13$

公开：p, g, y

保密：x

加密：

设明文 $m=15$，加密时，选择 $r=7$，然后计算

$$c_1=2^7 \bmod 37=17$$

$$c_2=15\times 13^7 \bmod 37=36$$

得到密文 $c=(17,36)$

解密：

按照公式计算 $c_1^x=17^{11}=32 \bmod 37$，

用欧几里得算法求得 $32^{-1}=22 \bmod 37$

再计算

$$c_2\cdot(c_1{}^x)^{-1}=36\times 22\equiv 15 \bmod 37$$

结果没错，就是原先加密的明文15，但这个密码似乎与别的密码不太一样。

它的密文为什么有两部分？加密时为什么要选择随机数？它与离散对数问题又有什么关系呢？

其实上述对ElGamal密码的描述，只是这种密码的一种可能的特例。要想真正理解ElGamal密码，不妨先把上述教科书版本忘掉，采用另一种方法来解释。

回顾Diffie-Hellman密钥交换：Alice和Bob通过两次信息交换协商一个临时使用的秘密密钥。其中使用的参数包括一个大素数 p，和模 p 的原根 g，两个数均公开，如图11-5所示。

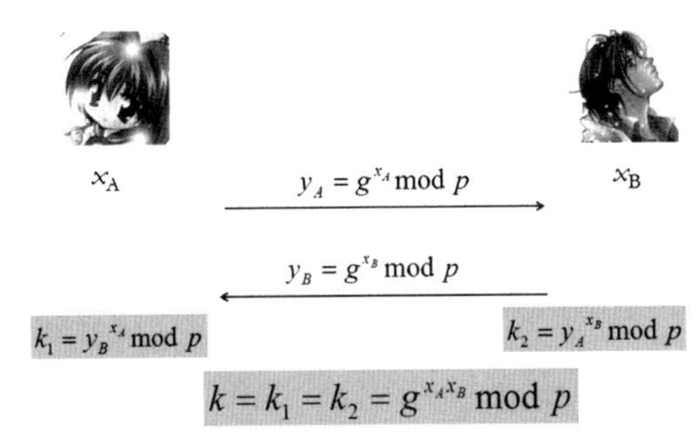

图11-5　Diffie－Hellman密钥交换

Alice选择 x_A，计算出 y_A 传给Bob，Bob选择 x_B，计算出 y_B 传给Alice，最后两人分别计算出一个完全相同的数 k，便可以把 k 当作一个临时性的秘密密钥来使用。

在这个过程当中，x_A、x_B 和 k 是保密的，而 y_A 和 y_B 在公开信道上传递，这意味着 y_A 和 y_B 其实是公开的。

如果顺势把 x_A、x_B 当作 Alice 与 Bob 的私钥，把 y_A、y_B 当作公钥，再假设已经有一个对称密码算法(E, D)，而 k 恰好是它的密钥，由此便得到了一种公钥密码。

不错，这正是 ElGamal 的设想：将 DH 交换与某种对称密码相结合，利用 DH 交换来协商对称密码的密钥，这样就避免了秘密信道，从而得到一种真正意义上的公钥密码。

至于使用的是何种对称密码，这并不重要，只要 DH 协商的结果能作为它的密钥即可。

所以 ElGamal 的设想是这样的，首先通信双方约定一个对称加密算法 E，其次进行如下的步骤：

第一步，Alice 选一个秘密数字 x_A，这就是私钥，计算出 y_A，用公开信道发给 Bob。y_A 就是 Alice 的公钥。

第二步，Bob 选秘密的数字 x_B 作为私钥，计算 ${y_A}^{x_A x_B} = g^{x_A x_B} \rightarrow k$，把 k 作为对称密码算法 E 的密钥，用 E 对明文加密得到密文。然后把密文和 y_A一起通过公开信道发给 Alice。

第三步，Alice 收到后，计算 $g^{x_B x_A} \rightarrow k$，将 k 作为密钥，利用 E 的解密算法 D 解密。

在这里加密算法 E 究竟是什么呢？再回过头来看 ElGamal 密码(见图 11 - 4)，其中密文分成了两部分：

$$c_1 = g^r \bmod p, c_2 = my^r \bmod p$$

这里的 r 是加密时选择的随机数，放在上述设想中，r 其实就是 Bob 的私钥，而 c_1 就是 Bob 的公钥。

那么 y^r 又是什么呢？正是 DH 协议中最后协商的 k 呀！

有了密钥，再来看加密算法，我们发现 c_2 是明文与 Bob 的公钥相乘得到的，因此，ElGamal 密码中的加密算法 E，不过是把明文与密钥相乘而已①！

这就是 ElGamal 密码的构造原理，它是第一个使用离散对数问题构造的密码。

今天，ElGamal 密码主要用于构造数字签名体制，美国 NIST 公布的数字签名标准 DSS，正是在 ElGamal 签名的基础上设计的。

① 当然也可以把 E 换成其他密码，那就是另外一种不同的密码体制了。

《《第十二章

实际的攻击与可以证明的安全性

安全，通常仅仅是个幻想，尤其是轻信、好奇和无知存在的时候。

——凯文·米特尼克

内容提要

一些实际的反击

可以证明的安全性

其他攻击

毋庸置疑，密码存在的意义是为了保护信息安全，然而当我们讨论信息安全时，立场和角度很重要。“一千个读者的眼里，就有一千个哈姆雷特”，不同的人眼中的世界也截然不同。

从密码设计者角度看，他在设计时必须考虑所有可能的破译算法，尝试用这些方法来破译，并证明这些算法对该密码都无效。换言之，如果一个密码不能用数学方法成功破译，则它就是安全的。

从普通用户角度看，一些用户会完全相信密码学家的“严格”证明，放心大胆地使用起来，而更审慎的用户可能并不认同密码设计者一厢情愿的说法，数学上不能破译的密码就一定是安全的吗？显然这只是必要条件，并非充分条件！

从攻击者角度看，情况就更复杂了。面对着藏宝箱的诱惑，经验丰富的窃贼可以想出 100 种方法来打开它。同样，要得到信息，并非一定要破译密码，更不用说从“数学”上破译了。

通常把对密码系统的攻击分为主动攻击和被动攻击两种，被动攻击很简单，就是攻击者潜伏在信道中，偷偷截获密文并加以破译；而实施主动攻击的攻击者除了窃听之外，还可能对信息进行其他操作，比如修改、重放、故意延迟等，甚至破坏整个系统，使它无法正常使用。

可能你会认为被动攻击造成的危害要小一些，因为攻击者没有主动地破坏，但是这种攻击也不容易被发现，攻击者潜伏的时间会更长，窃取的信息也更多。

所以，哪个危害更大，还真不好说。

一、一些实际的攻击

实际中对于密码系统的攻击，方法之多，手段之巧妙，令人叹为观止。以下介绍两种典型攻击方法——中间人攻击和中间相遇攻击。

(一)中间人攻击

围棋这种易学难精的运动，对人的智商是一种极强的挑战，通常只有少数人才能下好，然而存在一种方法可以让初学者在某些场合，比如 QQ 游戏大厅中，冒充高手(见图 12-1)。

假设 Mary 是一位初学者，她申请了两个 QQ 号，同时登录并进入游戏大厅，找到两位高手：李世石和柯洁。她用身份 1(Mary 1 号)持白棋与李世石对弈，用身份 2(Mary 2 号)持黑棋与柯洁对弈。

游戏开始了，李世石先手，玛丽记住他下的位置，然后让 Mary 2 号在同样的位置落下黑子，柯洁回应后，Mary 1 号再在同样的位置落下白子，又轮到李世石，他的走法被 Mary 2 号复制，柯洁的回应则被 Mary 1 号复制，这样继续下去，于是，Mary 成功地与两位高手同时对弈，虽然她甚至都看不懂棋局，但这并不妨碍她至少战胜一位世界一流高手，或者与世界一流高手下成平局。

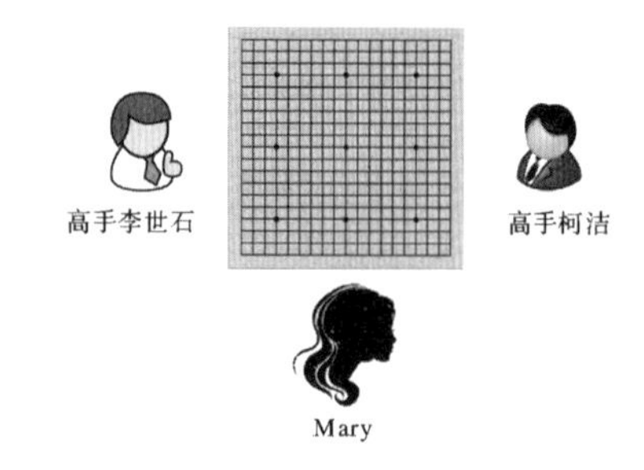

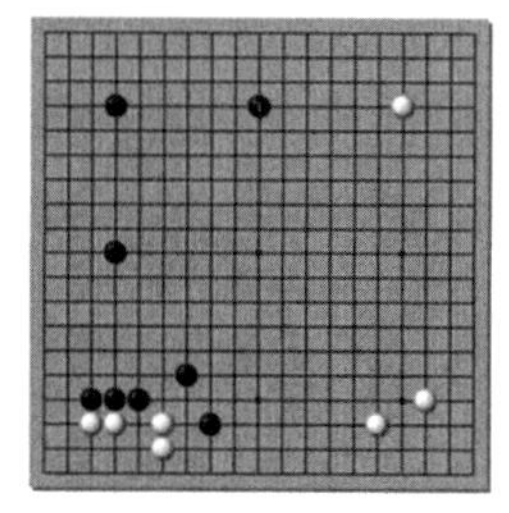

图 12-1　怎样冒充围棋高手

这种方法就是“中间人攻击”。棋局上有中间人，密码协议在运行过程中，也会出现中间人。在游戏启发下，人们设计了针对 Diffie-Hellman 密钥交换协议的中间人攻击。

DH 协议的目的是让两方在没有秘密信道的情况下，利用公开信道协商一个密钥。用户 Alice 和 Bob 分别选择自己的秘密信息 x_A、x_B，算出公开信息 y_A、y_B，($y_A = g^{x_A} \bmod p$，$y_B = g^{x_B} \bmod p$)，利用公开信道交换公开信息，再分别算出完全相同的密钥(见图 12－2)。注意这里的信道是完全公开的，就是说任何人都能看到 y_A 和 y_B，不仅如此，居心叵测的人还可以在这个信道上做其他事情，比如对信息进行修改、重放等。

假设有一个攻击者 Malice，她可以看到 y_A 和 y_B。Malice 自己也悄悄选择一个 x_M 并计算出 $y_M = g^{x_M} \bmod p$。接下来在第一次通信中，她截获了 Alice 发出的 y_A，用 y_M 代替 y_A 传给 Bob。在第二次通信中，用 y_M 代替 Bob 发出的 y_B，传回给 Alice，如图 12－3 所示。

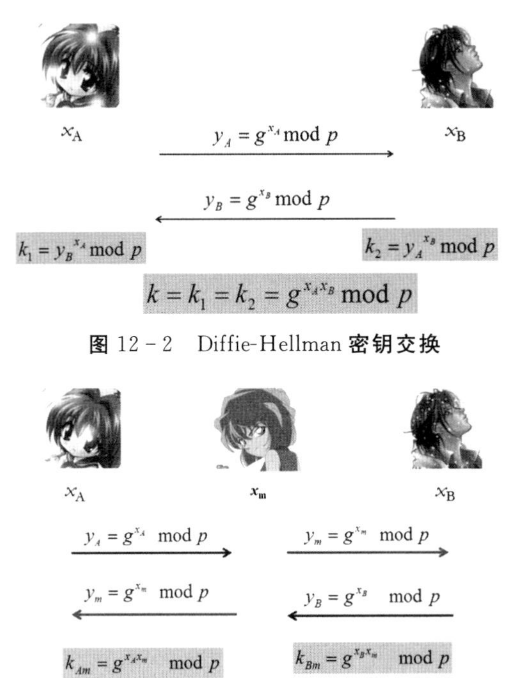

图 12－2　Diffie-Hellman 密钥交换

图 12－3　针对 DH 交换的中间人攻击

Alice 和 Bob 并不知道 Malice 的存在，还以为自己收到的就是对方发来的信息，于是继续运行协议，分别计算出两个数，即 k_{AM} 和 k_{BM}，方法如下：

$$k_{AM} = g^{x_A x_M} \bmod p$$

$$k_{BM} = g^{x_B x_M} \bmod p$$

现在 Malice 与 Alice 共享了密钥 k_{AM}，与 Bob 共享了密钥 k_{BM}，于是 Alice 发给 Bob 的所有信息都是用 k_{AM} 加密的，Malice 可以解密，而 Bob 发给 Alice 的所有信息

都是用 k_{BM} 加密的，Malice 也可以解密。

为了不被察觉，Malice 甚至还可以充当“传声筒”，在解密之后把 Alice 的信息用 k_{BM} 重新加密后转发给 Bob，并把 Bob 的信息用 k_{AM} 重新加密后转发给 Alice，这样神不知鬼不觉地插入到两个人的通信之中，得到了所有秘密信息。

为什么针对 DH 协议的中间人攻击能奏效呢？其实，Malice 要想攻击成功，必须具备以下三个条件。

(1)Malice 能看到信道上传递的信息。

(2)Malice 能成功修改信息。

(3)Alice 和 Bob 相信收到的信息是对方发来的。

这三个条件显然全都具备。

为了防止此类攻击，必须对症下药，设法消除攻击成立的条件，但是，信道公开这一点不能变，因为 DH 交换本就是为公开信道而设计的。阻止 Malice 修改，显然也不太容易做到，由于协议的公开性质，Malice 完全可以截获信息并修改。

最后只能寄希望于让通信双方不要太过轻信了。然而在 DH 协议中，Alice 根本没有办法搞清楚收到的信息是谁传来的，因此需要为协议加上一项基本功能即“认证”。就是说对信息的发送方身份进行认证，使接收方能确保收到的信息来自合法的发送方。实现认证的方法很多，现实世界里的签名、指纹比对、口令验证等都属于认证，而在网络空间中，可以利用公钥密码技术来认证。事实上，认证正是公钥密码的主要用途之一。

(二)针对 RSA 密码的中间相遇攻击

从形式上看，RSA 是一种十分简洁的密码，加密和解密均由一次模幂运算构成，这种简单的结构直接导致了密文的可乘性。就是说，如果将明文 m_1 和 m_2 用同一密钥 e 加密，得到密文 c_1 和 c_2，则把 c_1 和 c_2 直接相乘，就相当于对 $m_1 \times m_2$ 用 e 加密的结果，写成公式就是：

$$(m_1 \times m_2)^2 = {m_1}^e \times {m_2}^e = c_1 \times c_2 \bmod n$$

这个性质也叫作乘法同态性。

然而它有什么意义呢？

从安全角度看，乘法同态性并非好事，在某种程度上还会严重影响安全性，比如可以利用它来构造如下的攻击——

假设攻击者 Malice 截获了密文 c，想从中破译出明文 m，并且 Malice 知道 m 的取值范围，不超过 l 个比特，就是说，$m < 2^l$。

攻击第一步：对于 $i = 1, 2, \cdots, 2^{l/2}$，Malice 分别计算出 $i^e \bmod n$，即

$$1^e, 2^e, \cdots, (2^{l/2})^e \bmod n$$

并把它们按大小排序，构造出一张有序表。

攻击第二步：对于 $j = 1, 2, \cdots, 2^{l/2}$，Malice 分别计算出 $c/j^e \bmod n$，每算出一个，便

在第一步构造的表中搜索，看是否能找到某个 i^e，使得

$$c/j^e \equiv i^e$$

若找到了这样的一对 i 和 j，则根据乘法同态性，可以直接断定明文 $m=ij$。

这种攻击把原先需要搜索的明文空间$[0,2^l]$减少为在$[0,2^{l/2}]$上搜索两遍，效率大大提高了。前提条件是需要使用大量的存储器来保存第一步生成的表格，因此是一种用空间换取运行时间的“时间—空间折衷算法”。

针对 RSA 的中间相遇攻击之所以能成功，是由于 RSA 在设计上的固有性质，即乘法同态性。除了 RSA，ElGamal 密码也具有这种性质。

▶知识链接◀

同态密码

密码方案的同态性会影响安全性，然而它有时也会带来意想不到的好处。

在云计算环境下，用户密文都存储于云服务器中。如果要计算两个明文相乘后的密文，利用乘法同态性，可直接把对应的密文相乘，这就避免了大量的计算和通信。事实上，早在 1978 年，Rivest、Adleman 和 Dertouzos 就提出了同态加密的思想。他们还设想如果一种密码算法可以同时具有加法和乘法同态性，并可以计算任意多次同态运算，则称其为全同态加密。全同态加密方案可以解决云计算、大数据环境中的许多实用问题，成为一项极具前景的技术。然而全同态加密的思想提出之后，密码界一直没能构造出一种真正的全同态加密方案来，鉴于构造十分不易，这种加密方案一度被称为密码学中的“圣杯”。

直到 2009 年，美国的 Gentry 才构造出第一个真正的全同态加密方案，随后在世界范围内掀起了同态密码的研究热潮。今天，同态密码已经成为密码学领域一个非常重要的研究课题，出现了许多有价值的成果，并逐渐从实验室走向实际应用。

二、可以证明的安全性

大体上讲，一种密码是否安全，应该由攻击者说了算。如果攻击成功了，则该密码一定不安全。如果试遍所有攻击方式却仍无法破译，则可以给该密码加上一顶“安全”的帽子。

然而，安全也分等级。

最强的安全性，称为信息论意义上的安全性，也就是仙农提出的“理论保密性”。有资格戴这顶帽子的密码体制，只有“一次一密”，就是说密文中不含明文的任何信息。注意，并非攻击者永远猜不对明文是 0 还是 1，而是指猜中的概率为 1/2，说白了就是完全靠碰运气。

另一顶帽子，称为计算意义上的安全性。比如说靠穷举密钥破译 AES，破译的难

度取决于攻击者拥有的计算条件以及密码系统的参数大小，只要时间足够长，穷举搜索法总是可以成功的。如果某种密码的使用期限是3年，而攻击者需要花费20年才可能成功破译，则认为该密码是计算安全的。显然这种安全性有点不可靠，因为在摩尔定律的作用下，计算能力总是在不断提高中。

第三顶帽子，称为“可证明安全性”，就是说，密码设计者在构造了一种密码之后，必须拿出一个非常严格的关于安全性的证明，才能令人信服这种密码确实是安全的。

由于设计的原因，公钥密码的安全性必须依赖于某个数学上的困难问题，就是说，不存在快速求解算法的问题。为了证明自己设计的密码算法的安全性等同于求解某个困难问题(比如分解整数)，从逻辑上讲，证明思路大抵如下：

可证明安全的逻辑

我设计的密码是安全的，这是因为

假设有一种快速的破译方法——

得到这种破译方法后，可以利用它来构造另一个算法，能快速分解大整数；

由于分解大整数是公认的困难问题，目前还没有快速解法，

从而该破译方法是有漏洞的；

所以我的密码是安全的。

这就是可证明安全性的逻辑，属于典型的反证法。

前提：问题1是困难的。(已有的权威论断)

假设：如果能破译密码方案2，则问题1不再困难。(与前提矛盾)

由矛盾得出结论：密码方案2无法破译。

然而任何理论在真正应用的时候，总是比人们想象的要困难。

在实际证明中，首先需要假设攻击者的条件。密码分析根据攻击者拥有的条件不同，可以分为唯密文攻击、已知明文攻击、选择明文攻击和选择密文攻击。随着攻击者拥有条件的增强，攻击的难度也在降低。对于对称密码，四种攻击皆有可能，而对公钥密码，由于加密密钥已然公开，攻击者的条件要优越得多，至少也是选择明文攻击。因此，公钥密码的可证明安全性只考虑两种情形，即攻击者进行的是选择明文攻击还是选择密文攻击。

具体证明过程与一般意义上的数学证明不太一样，是一套看上去有点古怪的“游戏”。在介绍这套古怪方法之前，必须澄清一下“安全”的含义。

古典密码中，一般认为成功的破译就是得到了密钥或明文的全部内容，而失败的破译是连明文中哪怕一个字也得不到。这就是想当然的“完全或无”(all or nothing)。然而在现实中存在这样的情况：破译者虽未破译全文，但是得到了一部分，甚至是几个字，这算是成功还是失败呢？

从某种意义上，也算是成功了，因为可以积少成多，因为有时候关键信息就是那几个字，其他信息都无关紧要。所以，为了证明密码是安全的，必须从最坏的角度考虑，也就是认为只要破译者得到了明文中的一个字，则密码就是不安全的。

今天，在所有信息都用计算机处理的背景下，从理论上讲，破译者只要获得一个比特，攻击就奏效了。如果每次攻击能得到明文的一个比特，经过多次攻击之后，后果将不堪设想。

因此，攻击者可以先给自己定一个小目标——获取一个比特。

注意这里“一个比特”的含义。计算机中一个“0”或“1”就称为一个比特，它可以表示硬币的正面与反面，也可以表示开关的打开与闭合，总之，在所有“非此即彼”的场合，如果能准确无误地猜出是哪个选项，就意味着获取了一比特信息。

上述小目标可以这样实现：给出两个密文，对应明文分别为“0”和“1”，如果攻击者能区分它们是“0”的密文还是“1”的密文，则认为攻击者得到了一比特信息，攻击成功。相应地，如果密码设计者要宣称自己构造的密码是安全的，他必须证明攻击者无法区分两个密文。

就好比某人造出一个坚固的锁(加密算法)，声称别人都打不开，现在他给盒子中放一枚硬币并用该锁锁上，然后让另一个人猜硬币是正面朝上还是反面朝上，如果猜中了，则认为对方可能把盒子打开过(破译了该算法)。

那么攻击者靠什么来区分两个密文呢？他拥有一个权益，那就是在条件允许范围内，可以根据需要提问并得到回答。但他不能直接提问：“我手中的密文对应的明文是什么？”这样算犯规。被攻击的密码系统，或其代言人，必须老老实实地回答攻击者的问题，不然也算犯规。等到攻击者感觉问得差不多了，便根据前面所有的问题和答案进行分析，试图区分一开始给的两个密文，从而达成“获取一比特”的小目标。最后，只要攻击者得到了有关明文的一比特信息(能区分两个密文)，就认为攻击成功。这就是所谓的“攻击游戏”。

游戏有两个参与方，即挑战者和攻击者，挑战者被认为是密码系统的“代言人”，他坚信密码是安全的，并按照规则回答攻击者提出的问题，如图 12-4 所示。

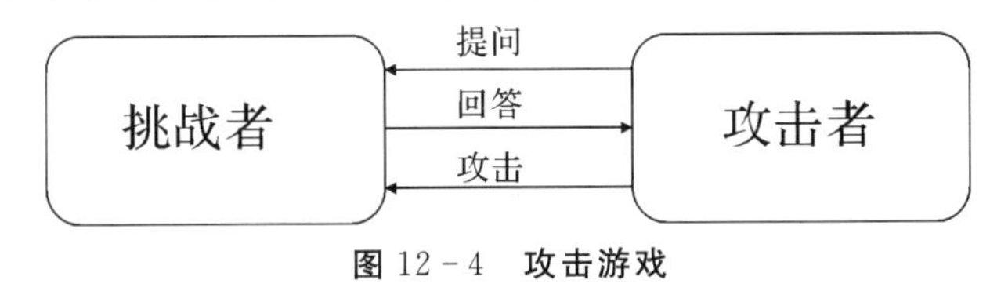

图 12-4 攻击游戏

那么问题来了，为了证明自己能区分两个密文，攻击者问点什么好呢？

当然不能漫无边际地瞎问，事实上，他的提问极具针对性。一种提问技巧是选两个明文发给挑战者，然后问：它们对应的密文是什么？对方必须给出回答。

挑战者也有一套应答策略，他不是傻乎乎地把两个明文都加密，而是随机选一个加密，把密文传回给攻击者。

游戏的一轮运行如图 12－5 所示，其中 E 为加密算法。

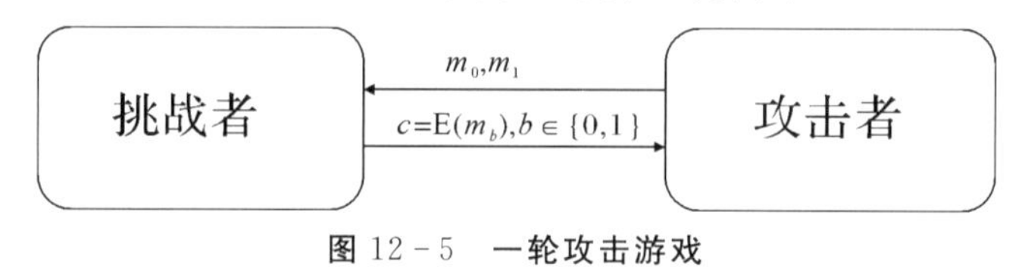

图 12－5　一轮攻击游戏

具体步骤如下：

(1)攻击者选择两个长度相同的明文，记作 m_0，m_1，传给挑战者；

(2)挑战者随机选一个加密(选哪个是保密的)，把密文回传给攻击者；

(3)攻击者猜，得到的密文 c 对应着哪个明文，或者，$b=0$ 还是 1。

实际攻击中，问一次可能作用不大，根本猜不出来，那么就需要多试几次，攻击者一问再问，把游戏运行许多轮，就像图 12－6 中那样。

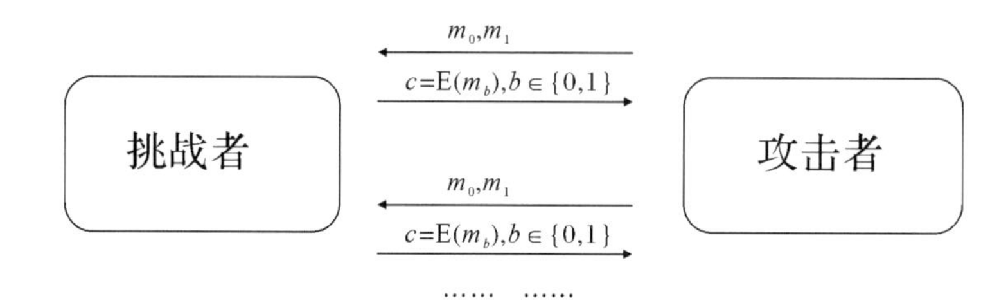

图 12－6　多轮攻击游戏

为了更严谨，可以根据挑战者的行为把游戏过程细分为

实验 0(Exp0)——选择消息 m_0 来加密

实验 1(Exp1)——选择消息 m_1 来加密

无论是哪个实验，最后攻击者都会输出一个猜测 b'。

实验 0 中，$b'=0$ 算猜对，猜对的概率记作 $\Pr[\text{Exp0}=1]$

实验 1 中，$b'=1$ 算猜对，猜对的概率记作 $\Pr[\text{Exp1}=1]$

若攻击者确实有把握破译密码，则他必然可以从密文倒推出明文，从而每次都能猜对，这样他在所有游戏中猜对的概率都是 1。

而如果攻击者并没有能力区分两个密文，那么他猜对的概率会是多少呢？

此时他只能瞎猜，蒙对的概率是 1/2，就是说

$$\Pr[\text{Exp0}=1]=\Pr[\text{Exp1}=1]=1/2。$$

若所有攻击者都只能靠“蒙”来破译，则认为这种密码具有“语义安全性”，就是说，不会轻易泄露一比特信息。

语义安全性，更准确的定义是指上面的两个概率非常接近，或者说，它们的差是一个非常小的数，小到可以忽略。写成数学公式就是

$$|\Pr[\text{Exp0}=1]-\Pr[\text{Exp1}=1]|<\varepsilon$$

其中：ε 是一个小得不能再小的数字。

语义安全性是对加密算法一个最起码的要求，因为如果不满足语义安全性，就有可能泄露明文一个比特，而泄露 1 比特，就有可能泄露若干比特，最终导致极严重的后果。

令人遗憾的是，许多密码根本不满足语义安全性的要求。第七章提到，如果一个加密算法总是把相同明文加密成相同密文，则不算是好的密码。这是针对分组密码而言的，在公钥密码中，情况又如何呢？

如果一种公钥密码总是将相同明文加密成相同密文，就是说，当 $m_0=m_1$ 时必有 $c_0=c_1$，则这个特征有可能成为泄密的根源。聪明的攻击者巧妙地利用它来获取 1 比特明文信息。

方法并不复杂，在第一次询问时，攻击者发出两个一模一样的消息，即 $m_0=m_1$，此时不论挑战者选哪个来加密，得到的密文都是一样的，把这个密文记作 c_0。

第二次询问时，攻击者发出两个不同消息，其中一个为 m_0，另一个任选。挑战者随机选一个加密，并把密文传给攻击者。如图 12－7 所示。

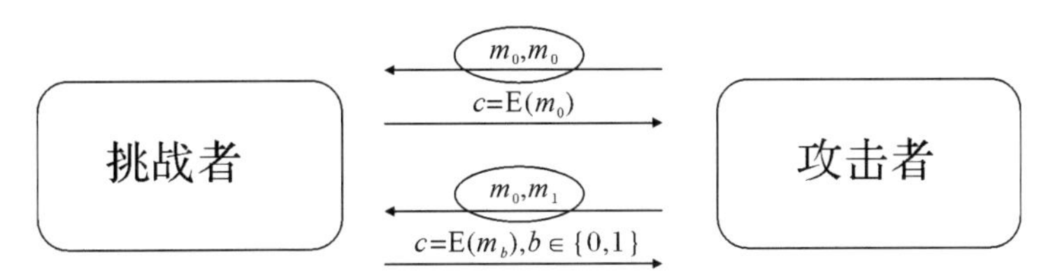

图 12－7　对确定型加密的攻击

此时攻击者要做的事情就是比较，他比较两次得到的密文，若相同，则说明第二轮中挑战者选择的是 m_0，若不同，则挑战者选择了 m_1。

毫无疑问，这样的攻击一定能成功。反过来也可以说，确定型的加密（即当 $m_0=m_1$ 时必有 $c_0=c_1$）一定不是语义安全的。[①]

为了满足语义安全性要求，在公钥密码中，两次加密（使用同一公钥）应该把同一明文加密成不同的密文。

似乎有点匪夷所思，密钥、算法都相同，明文也相同，密文还得不同？

的确如此！

然则怎样才能做到呢？方法很直接——强行引入使结果不同的因素。

既然确定型的加密不安全，那就要另想办法，每次加密时都引入一个不确定性因素，使得对同一个明文用相同密钥加密时，每次得到的密文都是不同的。从数学上

① 这就意味着教科书上的 RSA 密码，绝非安全。

讲,这时候的加密变换是一种"一到多"的映射(见图 12-8),同一个明文 m_1,可能被加密为 c_1、c_2、c_3、…。

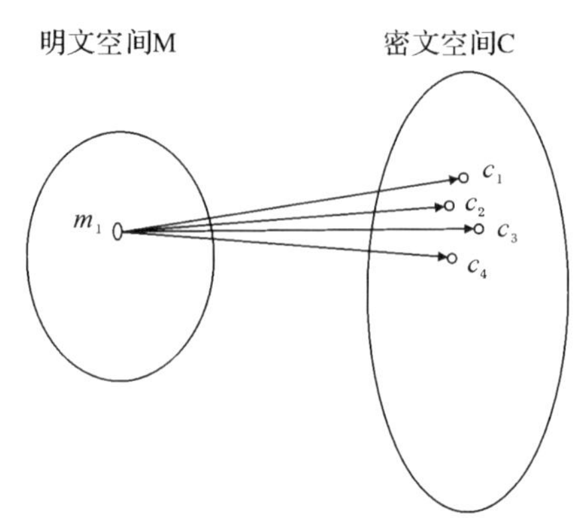

图 12-8 "一到多"的加密映射

那么,明文与密文的这种对应关系又该如何实现呢?

为了把确定型的加密变成不确定的,需要引入随机数,并在加密时把这个随机数与明文结合起来。最简单的结合方法是直接把随机数续在明文后面,如图 12-9 所示。这种对 RSA 的随机化变形由 Bellare 和 Rogaway 在 1994 年提出,被称为最优非对称加密填充,或 RSA-OAEP(Optimal Asymmetric Encryption Padding)。它是 RSA 密码的第一种称得上是安全的实现。

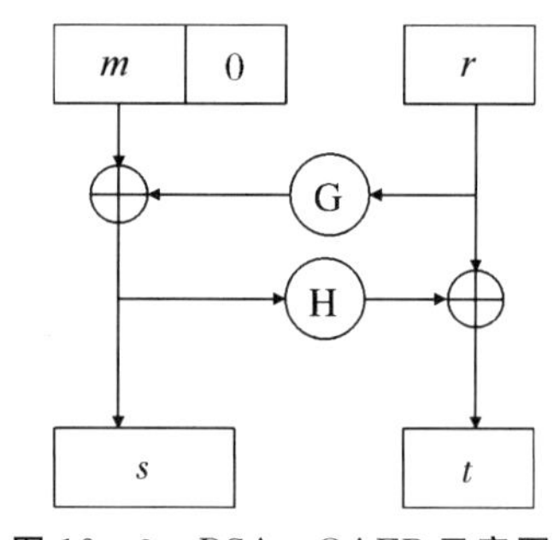

图 12-9 RSA-OAEP 示意图

图 12-9 中:m 是要加密的明文,"0"表示一串连续的 0,r 是随机数,G 和 H 是两个函数,经过一番计算之后得到了两部分:s 和 t,它们又被连接起来,作为一个整体输入到原始 RSA 算法中去加密。

为了提高安全性,一个本来很简单的 RSA 密码变成了这副样子,非但不简洁,而且令人难以理解。然而,这样修改之后,就得到了可证明安全的加密算法。

安全性是密码系统的基本目标,这个目标并不是随随便便就能实现的,没有极严谨的设计和证明,安全,将永远只是水中月、镜中花。

然而,即便有了可以证明的安全性,也不能保证绝对的安全,因为还有许多意想不到的攻击方法……

三、其他攻击

实际上，密码系统的安全性不仅取决于密码算法本身的数学安全性，更严重依赖于密码实现的物理安全性。传统密码分析主要分析密码算法的数学安全性，本质上是针对密码算法本身及各密码组件各种数学属性的理论分析方法，包括穷举攻击、差分分析、线性分析、代数分析等方法。这些方法理论上没问题，但实现起来难度相当大。所以，许多密码分析者穷其一生，也破译不出一种密码。遗憾，但也无可奈何。

针对这种状况，一些密码学家另辟蹊径，不是直接硬碰硬地破译加密算法，而是绕过密码系统，利用密码在实现上的弱点来攻击，这就是所谓“侧信道攻击”(Side Channel Attack)，它就像是隔空取物一般，让加密形同虚设。

侧信道攻击，又称侧信道密码分析，由美国密码学家 P. C. Kocher 于 20 世纪 90 年代末提出，是一种针对密码实现(包括密码芯片、密码模块、密码系统等)的物理攻击方法。这种攻击方法的本质是利用密码系统在实际操作中产生的侧信道信息(Side Channel Information)来破译。在密码系统中，如果把传输密文、密钥的信道看作主要信道，那么侧信道攻击就像是抄小路。可以利用的侧信道有电磁辐射、电源、监控摄像头、红外遥控指令等，从中可以获得的信息包括加密算法的运行时间、耗电量，以及由电磁泄露中恢复的信息，这些信息都对破译提供极大帮助。

目前已经有许多针对 DES、AES，及各种公钥密码的侧信道攻击。从实际攻击效果上看，侧信道攻击的攻击能力远远强于传统密码分析方法，因而也对密码实现的实际安全性构成了巨大的威胁。以穷举攻击为例，如果以 10^{13} 次/秒的速度进行解密运算，破解 AES-128 需要 5.3×10^{17} 年，而针对无保护 AES-128 的智能卡实现，典型的差分能量攻击方法能够在 30 s 内完全恢复其主密钥。

2013 年 12 月，以色列特拉维夫大学的计算机安全专家 Daniel Genkin 和 Eran Tromer 公布了使用三星 Note2 手机从 30 cm 远的地方(手机麦克风对准风扇出风口)“听译”出计算机中的 PGP 程序密钥的方法。2014 年 8 月，他们又发明了一种新奇方法，用手触碰笔记本电脑的外壳就能得到电脑上保存数据的安全密钥。利用这种方法，成功恢复了 4 096 位的 RSA 密钥和 3 072 位的 ElGamal 密钥。

2017 年 6 月 24 日，Fox-IT 安全专家证实，通过利用 ARM Cortex 处理器与 AHB 总线之间的漏洞，可将其能量消耗与加密过程相互关联，进而提取加密密钥。借助于侧信道攻击方法，利用一种廉价设备(224 美元)攻击 1 m(3.3 in)内的无线系统，数十秒内即可窃取 AES 的 256 位加密密钥。

除侧信道攻击之外，针对密码的具体应用环节，黑客们还设计了各种攻击，比如午餐攻击、延时攻击及重放攻击等。这些攻击的存在，时刻威胁着密码系统的安全，也对密码设计和使用提出了非常高的要求。今天的密码不仅要算法安全，还要求协议安全，而在密码协议中，需要采用各种技术来抵御攻击，比如加入认证以对付冒充，加入时间戳和序列号以对付重放，加入不可否认的标签来对付抵赖，等等。

另外在密码的使用当中，还有一个关键问题不应被忽略，那就是人为因素造成的泄密。

长期以来，人为因素一直是安全的“软肋”。因为安全不仅仅是技术问题，更是管理问题。比如在现代企业中，几乎每一名员工都要或多或少地处理信息，从而每个员工，甚至是不使用计算机的人，都有可能成为攻击者的目标。在这种形式下，越来越多的攻击者倾向于所谓“社会工程学”，利用管理上的漏洞，或人的心理因素来实施欺骗，这种方法很容易奏效，有时只需打几个电话或发几封邮件便能成功。

所以，信息安全永远应该技术与管理并重，否则，使用再强大的加密算法，添置再高级的密码设备也是徒劳！

不要指望网络安全设备和防火墙来保护你的信息，要注意最薄弱的环节。通常，那就是你的员工。

——凯文·米特尼克（世界著名黑客）

《《第十三章

密码学的最前沿

密码的发展可以看成是一种演化竞争:一个密码产生之后,便会经常遭受密码破解者的攻击。当密码破解者发现了一种新的武器能够揭示这个密码的弱点时,这个密码就不再有用。它或者永远消失,或者进化为一种更新更强的密码。同样这个新密码也只能存活到密码破解者发现它的弱点为止,就这样发展下去。

——西蒙·辛格(英国科普作家)

内容提要

量子密码
后量子密码
区块链技术

一、量子密码

2016 年 8 月"墨子号"(见图 13-1)量子科学实验卫星上天,使量子这个物理学名词走进了大众视野。2017 年 9 月,世界上首条量子保密通信干线——"京沪干线"(见图 13-2)正式开通,这标志着量子密码技术已经从实验室走向了产业化。

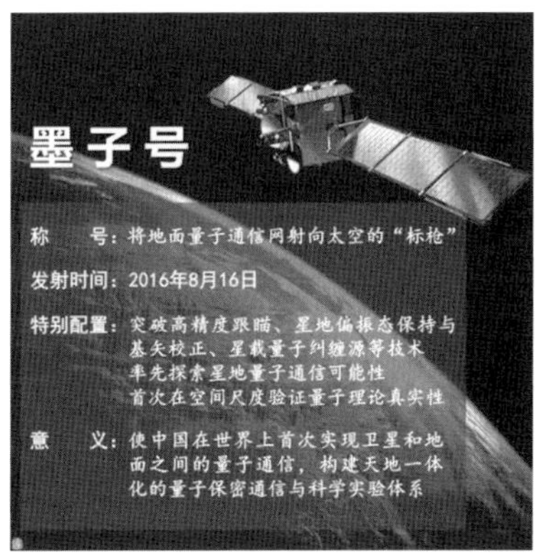

图 13-1　墨子号

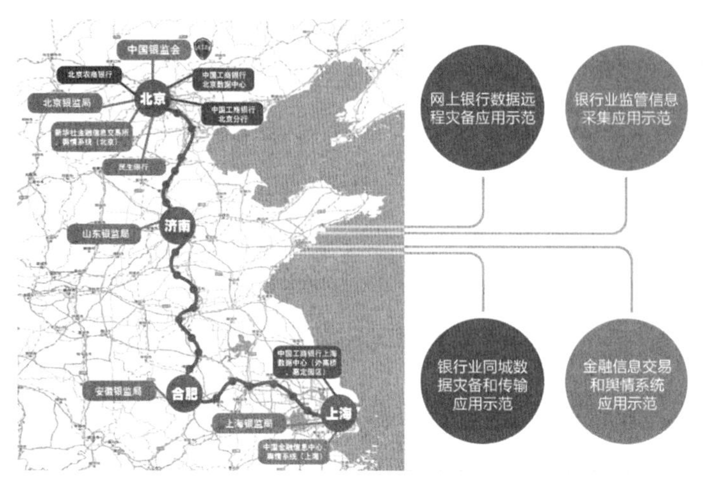

图 13-2　京沪干线

那么，究竟什么是量子密码呢？它给人的感觉似乎是一种新的加密方法，类似于分组密码或公钥密码。但其实量子密码研究的不是怎样对信息加密，而是要解决密码学中最棘手的密钥传递问题。它更确切的名称是“量子密钥分发”，就是说，利用量子的性质来传递传统密码中使用的密钥，这样传递的密钥即使有人窃听也不会泄密，从而构造出一个真正的秘密信道。

这是怎么做到的呢？让我们从量子的性质说起。

所谓量子，是能量的基本单位，也就是说，这个能量已经是最小了，不能再分了。一个量子携带的能量等于它的频率乘以普朗克(见图 13-3)常数，即

$$e=hf$$

式中：f 为量子的频率；h 为普朗克常数①。

图 13-3　德国物理学家马克斯·普朗克(1858—1947)

人们平常所说的电子、光子等都是量子。

量子有一个重要属性，就是“测不准”。在人们熟悉的经典世界里，对物体的某个性质进行测量(见图 13-4)，比如对长度、温度、质量的测量，这个测量结果在误差允许范围内是基本确定的。

---

① $h=6.63\times10^{-34}$ J·s。

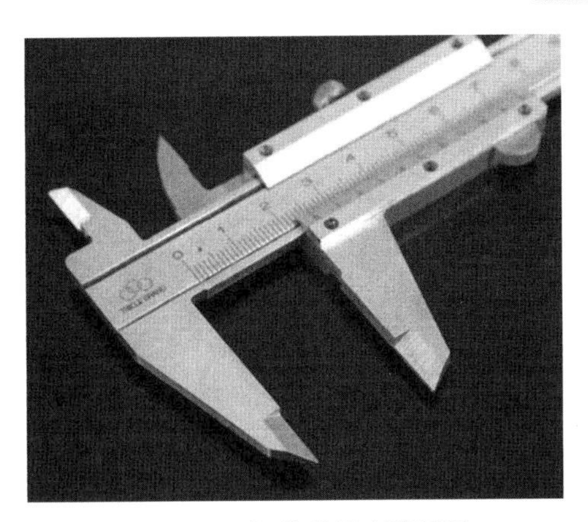

图 13－4 经典世界中的测量

但在量子世界里，测量(见图 13－5)就完全不同了。光子有一个属性叫“偏振”，可以把它想象成是光子振动的方向。现在要对这个偏振方向进行测量。当然偏振方向可能是任何角度，但是不管什么角度都可以表示为两个相互垂直方向的叠加，这两个方向称为测量基(见图 13－6)，比如水平和竖直，或左右偏转 45°。选什么样的测量基由测量者自己决定。

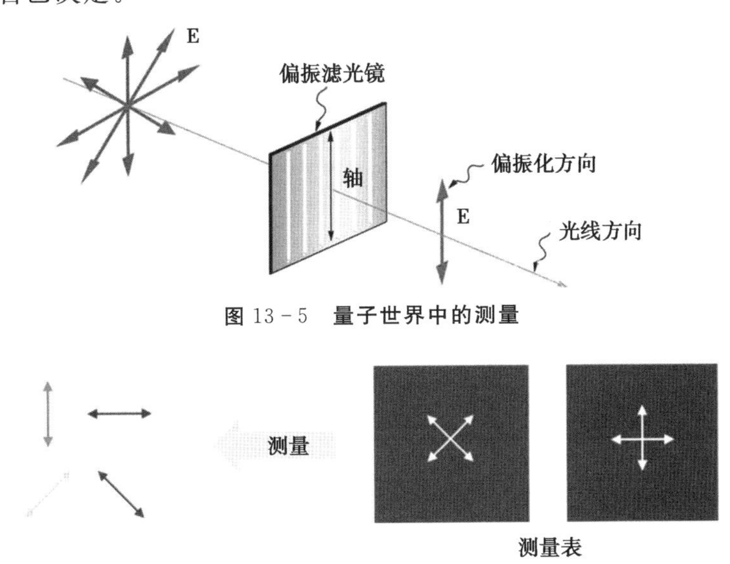

图 13－5 量子世界中的测量

图 13－6 测量基

选定了测量基之后，就可以利用量子的偏振方向来表示信息：

比如规定偏振方向向右“→”代表 1，向上“↑”代表 0。不妨把这种测量方式称为模式一。

也可以规定 45°的方向，箭头向右上“↗”代表 0，右下“↘”代表 1。这就是模式二。

上述两种模式的规定看上去没毛病，但是在实际测量的时候，光子好像跟人玩起了捉迷藏，具体来讲，就是说选择的测量方式，居然影响着测量结果！

举个例子，假设这里有一个光子，偏振方向是向右（“→”）或向上（“↑”），那么用模式一测量，得到的结果是准确的，而用模式二测量时，会随机得到右上（“↗”）或者右下（“↘”）的结果，而且两种可能性各占一半。同理，如果有一个光子偏振方向本来是右上（“↗”）或者右下（“↘”），现在用模式二去测量它，结果是正确的，而用模式一测量时，就会等概率地得到向右（“→”）或向上（“↑”）的结果。总而言之，对量子态进行测量之后，它有可能变成另一个状态。测量基对测量结果的影响，如图 13－7 所示，这就是著名的“海森堡测不准原理”，沃纳·卡尔·海森堡是德国物理学家（见图 13－8）。

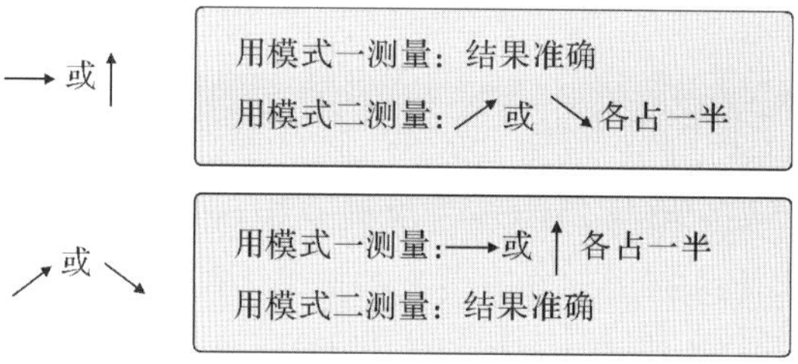

→或↑
用模式一测量：结果准确
用模式二测量：↗或↘各占一半

↗或↘
用模式一测量：→或↑各占一半
用模式二测量：结果准确

图 13－7　**测量基对测量结果的影响**

图 13－8　**沃纳·卡尔·海森堡**（1900—1976）

根据量子的这个性质，可以设计一种秘密传递密钥的方法。过程如下：

发送者 Alice 随机生成一串密钥，假设是：0100，同时对每个比特（注意是每个比特）都随机选择一种测量模式，然后发出一个光子，用其偏振方向来表示这个比特。

比如对第一个“0”选择模式一，则 Alice 发出一个偏振方向为向上“↑”的光子给 Bob。Bob 收到这个光子之后，由于并不知道 Alice 选择了什么模式，所以只能随机选一种模式来测量。如果 Bob 恰好选择了与 Alice 相同的模式一，则测量结果是准确的，偏振方向为向上“↑”，于是 Bob 记录这个比特为“0”。如果不巧 Bob 选了模式二，那么他就测不准了，测量的结果为右上“↗”或者右下“↘”的可能性各占一半，从而他记录 0 和 1 的概率也各占一半，如图 13－9 所示。

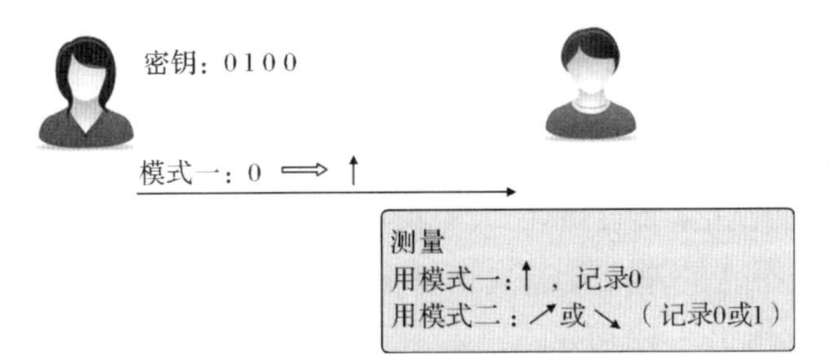

图 13-9　第一个比特的发送与接收

Alice 就用这种方式把 4 个量子比特全部发出去，Bob 接收后进行测量，也得到 4 个量子比特，如图 13-10 所示。Alice 起初要发送 0010，选择的模式依次为：1122，假设 Bob 选择的测量模式为：1221，只有两个跟 Alice 是一致的，那么测量之后，Bob 得到的 4 个量子比特也只有 2 个是完全准确的，另 2 个随机。

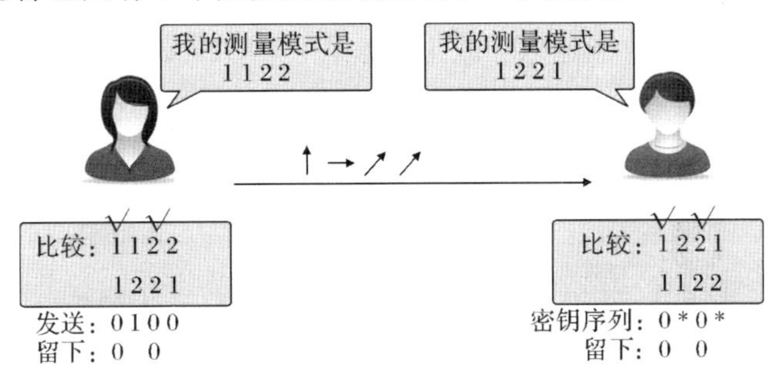

图 13-10　4 个量子比特的发送与接收

但是 Bob 并不知道哪几个比特是准确的，所以双方还要用传统通信方式建立联系，相互通报各自使用的测量模式。比如 Alice 打电话告诉 Bob：我的测量模式是 1122，Bob 跟自己的一比较，发现第 1 个量子比特和第 3 个量子比特是一致的，于是只留下第 1，3 个量子比特，把另两个丢掉。同理，Bob 告诉 Alice 测量模式，Alice 也比较一番，在发送的 4 个量子比特中也只留下第 1，3 个量子比特，如图 13-11 所示。

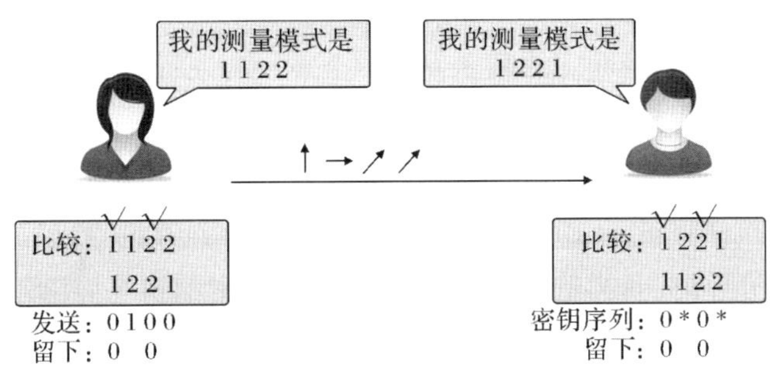

图 13-11　模式比较

Alice 和 Bob 由于碰巧采用了相同测量方式而被保留下来的两个量子比特，就是 Alice 与 Bob 共享的密钥。

没错，这样的确可以传递密钥，那么凭什么说这串密钥就是安全的呢？

此时就需要利用量子的另一个性质，那就是“只能测一次”。在传统通信中，窃听者的窃听行为不会影响通信本身，你听你的，不影响我接收信息。但是在量子信道上，窃听行为本身就会干扰通信过程。这里的窃听实际上就是测量光子的偏振状态，如果测量模式选的不对，则测量行为将改变光子的偏振方向。

举个例子，假设 Alice 选择模式一，发送了一个向上"↑"的光子给 Bob，现在窃听者 Carol 截获了这个光子，他想知道其中携带的信息，就必须也选一种模式来测量光子的偏振方向。如图 13－12 所示。

如果 Carol 选择了模式一，测量结果是向上"↑"，且不改变偏振方向；而当 Carol 选择模式二时，测量结果随机为右上"↗"或者右下"↘"，并且完全改变了这个光子的偏振态，把它变成了一个右上"↗"或者右下"↘"的光子，两种可能性各占一半。

当这个被窃听过的光子传给 Bob 之后，即便他选择了与 Alice 相同的模式，测量结果也不可能百分之百为向上"↑"，而是有一半的概率测出右上"↗"或者右下"↘"。也就是说，在模式二下尽可能地取 0 或 1。这样一来，Alice 和 Bob 手中的密钥序列肯定是不一样的，具体而言，大约有 1/4 的概率是不同的。这就是窃听行为留下的"证据"。

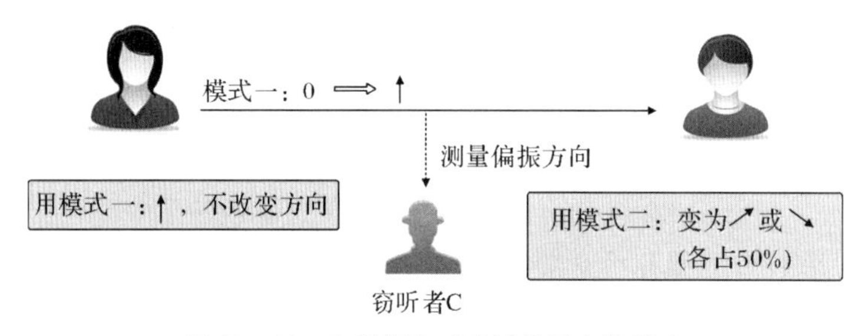

图 13－12　窃听行为对光子偏振态的影响

（Carol 有一半的可能性改变光子状态，将其变为↗或↘的可能性又各占一半）

因此，为了发现窃听者，Alice 和 Bob 在传递了密钥序列和测量模式之后，还需要做最后一件事，就是利用经典通信方式，拿出一部分密钥进行对照，如果发现两人手中的密钥是不同的，则可以断定通信被窃听了。从而之前传递的密钥全部作废，需要另传一串新的密钥。

上述过程就是"量子密钥分发"，它是 1984 年，由查理斯·本内特（Charles Bennett）和吉勒·布拉萨（Gilles Brassard））构造的，被称为 BB84 协议。利用这个协议，可以有效地发现窃听，从而构造出一个真正安全的秘密信道来，实现仙农设想的完全保密的密码通信。

在 BB84 协议的基础上，世界上许多国家都开始建设基于量子密钥分发的保密通信网，而我国在这个领域走在了世界前列。"墨子号"科学实验卫星的发射，为建成覆盖全球的量子通信网络迈出了关键的一步，它可以在卫星与地面之间进行高速量子密钥分发，并在此基础上实现广域量子通信网络，为建设覆盖全球的天地一体化量子通信网奠定技术基础。

二、后量子密码

“后量子密码”这个词，听起来像是对量子密码的某种改进，其实两者虽然一字之差，含义却完全不同。量子密码研究怎样用量子理论解决密钥分发问题，考虑的重点是密钥。而后量子密码考虑的重点却是加密算法，它研究如何构造新的加密算法以对抗量子计算攻击。二者有本质的区别。

众所周知，所有的公钥密码都是以某个困难问题为基础的，比如分解大整数、离散对数问题等等。要想保证密码的安全性，必须确保不存在解决这些问题的快速算法。然而这些所谓的困难问题真的就没有快速解法吗？不一定。如果一不小心出现了一个分解整数的快速算法，那么今天得到广泛应用的 RSA、ElGamal 等密码将彻底失效。

不幸的是，分解整数的快速算法其实早就有了，那就是量子算法。

1982 年，物理学家理查德·费曼(Richard Feynman)提出了量子计算的概念，它是利用量子计算机进行的计算。

量子计算机有什么特别的呢？在经典计算机中，一个 10 位的整数变量可以表示 0～1 023 之间的某个数。而在量子计算机中，利用量子的叠加性和相干性，可以实现并行计算，一个 10 位的整数变量可以表示 0 到 1 023 这个范围内所有的数，而在计算时，一次量子计算就相当于许多个经典计算机同时在做并行运算。

显然，用量子计算来分解整数再恰当不过了。1984 年，密码学家肖尔(Shor)利用量子并行计算构造了能快速分解整数和求解离散对数问题的算法，如果在一台有 100 个量子比特的量子计算机上运行肖尔的算法，那么分解一个上百位的整数可以在一瞬间完成。

上百位的整数是什么概念呢？回想 1978 年 RSA 算法问世时，《科学美国人》上曾经公布了一个 129 位的整数，并悬赏 100 美元分解。直到 1994 年，在 600 台计算机合作计算下，这个数才被成功分解。而如果把这个整数输入到量子计算机中，利用肖尔的算法，一眨眼的工夫就能分解。

今天，RSA 密码的密钥长度达到了 2 048 比特甚至更长，然而用量子计算机进行分解仍然不在话下。这也就意味着，量子计算机的出现将直接宣告 RSA 密码的终结。

然而量子计算机的制造并非易事。截至 2014 年只造出了有 14 个量子比特的量子计算机，而且每增加一个量子比特，其工程难度呈指数级增长。不过量子计算技术是一个迅猛发展的领域，2019 年，美国谷歌公司制造出了具有 53 个量子比特的量子计算机 Sycamore，测试结果表明，Sycamore 的运算速度是传统计算机的 1.5 万亿倍。在可以预见的将来，量子计算机一定会出现并迅速普及，而这将淘汰一大批目前正在使用的公钥密码，包括 RSA、DH 密钥交换、ElGamal 密码等等。换言之，在不久的将来，量子理论和量子计算机的进步将直接导致传统公钥密码理论基石的坍塌。

在量子计算威胁之下，密码学家们有了一个新的使命，就是寻找能抗量子计算攻击的公钥密码，简言之，就是要使用那些量子计算机也无能为力的困难问题来构造密码。那么这样的问题到底有没有呢？不但有，而且还不止一两个。这样的密码也已经构造出来了，被称为后量子密码。它们可以在量子计算的时代存活下来，所以被称为“后量子密”码，也有人称之为“抗量子密码”。

后量子密码目前主要有四种：基于格的密码、基于编码困难问题的密码、利用多变量构造的密码和基于哈希函数的密码。今天这四类密码都已经得到了长足进展，相关的标准也正在制定。预期在未来5～10年内，后量子密码将逐渐取代一些经典的公钥密码，比如RSA、Diffie-Hellman协议、椭圆曲线等密码。但是，后量子密码就一定是安全的吗？目前没有攻击方法，不代表以后永远没有，所以，风险并未彻底消除，达摩克利斯之剑永远悬挂在现代密码学的上空。

密码学是一门古老而又充满活力的科学，这个领域不断地出现新问题，而密码学家也永远在路上……

三、区块链与密码

近年来，区块链(见图13-12)可以说是无人不知，无人不晓。许多人将它与比特币联系起来。不错，区块链正是像比特币这样的虚拟数字货币所依赖的底层技术，它利用密码学原理在网络空间建立信任，比特币则是它的第一次成功应用。

那么，声名显赫的区块链，究竟是一种什么样的技术？它与密码又有什么关系呢？

区块链是一种按照时间顺序生成数据块，并将这些数据块相互联接而构成的链式数据结构。

图13-13　区块链

所谓区块，就是一个一个的存储单元，其中记录着一些信息，比如网络交易信息。区块之间通过密码学中的哈希函数实现链接，后一个区块包含了前一个区块的哈希值。随着信息交流的扩大，区块的数量也不断增加，这些区块连成一个链条，就是区块链。

这里所说的哈希函数，是一种特殊的函数，它有两个特点：

一是能把任意长度的输入变成固定长度的输出，比如规定输出是256位，那么无论输入有多长，输出都只有256位，因此一般可以看作是对输入进行了压缩。

二是很难找到两个输入，对应着相同的输出，这叫无碰撞性。

由于哈希函数能对消息进行压缩，又不易找到碰撞，所以对于给定消息计算出的这个哈希值，一般称为消息摘要，或数字指纹。

现实中可以用指纹来识别身份，而在区块链中，也可以用数字指纹来识别消息是否被篡改过——如果某个区块被篡改，那么其中的数据和下一个区块中保存的哈希值就不一致，由此发现篡改行为。要想修改一个区块中的数据而不被发现，必须对它后面所有的区块进行修改，当区块链很长时，这几乎是不可能的。

区块链最主要的特征是“去中心化”，就是说不需要一个权威的数据中心或维护机构。我们每天使用的支付宝和微信，属于第三方在线支付系统，它们依赖于现实中的金融体系，而且需要一个“可信任的支付平台”来为用户提供支付、转账等服务。

区块链则不依赖于任何第三方机构，没有中心化的管理。网络中所有用户通过分布式核算和存储来实现信息的传递、验证和管理。那么它是怎样实现分布式记账的呢？看一个例子。

假设在虚拟空间中，甲要向乙转账100个比特币，他需要这样做：

首先，甲生成一个交易信息“甲向乙转账100个比特币”，并向所有用户广播；

其次，就要对这条信息进行分布式记账，这需要某些用户参与计算和存储，为了让大家踊跃记账，特别设置了一个称为“挖矿”的奖励机制，就是说记账成功的人可以得到一些比特币作为奖励。

最后，为了得到奖励，第一个参与记账的人根据甲广播的消息生成一个区块，其中包含甲对乙的转账信息，然后也广播出去；其他用户则在后面继续增加新区块，增加的新区块中既有转账信息，也有前一个区块的Hash值，最后形成区块链。当然这个过程不是没完没了的，也没有必要让所有人都加入。比特币系统规定，在增加了6个区块之后，交易信息就会被永久保存；这意味着分布式记账成功了，乙可以得到甲转给他的比特币，而参与记账的人也得到了奖励。区块链分布式记账如图13－14所示。

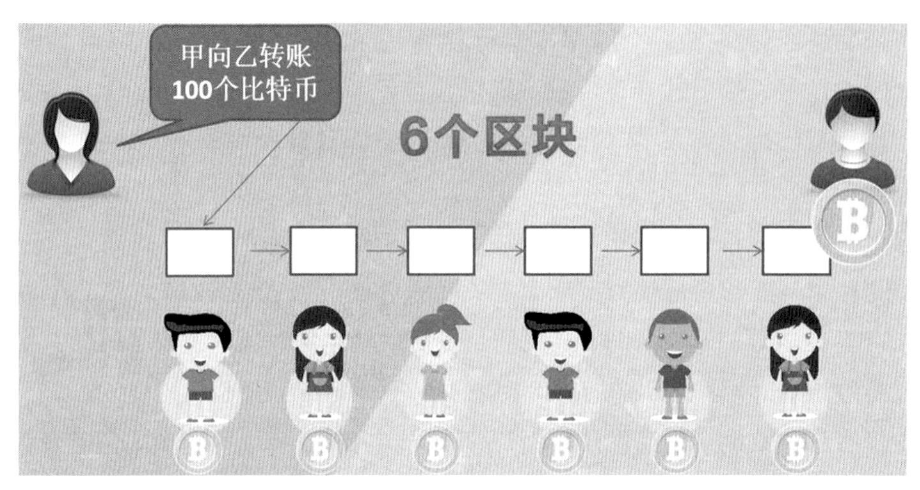

图 13－14　区块链分布式记账

在这个过程中，不需要任何可信任的第三方平台，就能实现共享记账，而且账本具有不可篡改、全程留痕、可追溯、集体维护、公开透明等特点。具备了这些特点，区块链就能在网络空间建立起信任。

利用密码技术，区块链解决了网络交易中的信息不对称问题，能实现多个主体之间的协作信任。它的应用范围十分广泛，除了比特币之外，还可以应用到分布式数据存储、医疗数据安全、智能电网等领域，成为一种极具前景的安全技术。

《《附　　录

附录一　密码史大事记

公元前 1 000 年,中国人姜子牙发明“阴符”用于传递作战消息。

公元前 499 年,史学家希罗多德(Herodotus,约公元前 484—前 425)在其长篇巨著《历史》中记载了斯巴达人发明的“天书”密码。

公元前 3 世纪,欧几里得(Ευκλειδηξ, 约公元前 330 年—公元前 275 年)发表《几何原本》。

公元前 196 年,古埃及人制造了罗塞塔石碑。

公元前 1 世纪,古罗马皇帝恺撒发明“恺撒密码”。

9 世纪,阿拉伯学者阿尔·金迪(al' Kindi,801—873)出版著作《关于破译加密信息的手稿》,首次提出了密码破译的频度分析法。

1467 年,意大利的莱昂·巴蒂斯塔·阿尔伯蒂奇发明了密码盘。

16 世纪中期,意大利医生卡尔达诺(G. Cardano,1501—1576)发明了“卡尔达诺漏格板”,将其覆盖在密文上,可从漏格中读出明文。

1586 年,法国外交官维吉尼亚出版《论密码》,其中阐述了维吉尼亚密码(Vigenére cipher)。

1587 年,由于谋反密信被破译,苏格兰女王玛丽一世被送上断头台。

1799 年,罗塞塔石碑出土。

19 世纪时,英国数学家、差分机的发明者查尔斯·巴贝奇(Charles Babbage,1791—1871)破解了维吉尼亚密码。

1844 年,美国发明家塞缪尔·摩尔斯(Samuel Finley Breese Morse,1791—1872)发明摩尔斯码。

1854 年,英国物理学家查尔斯·惠斯通(Charles Wheatstone,1802—1875)发明 Playfair 密码。

1863 年,普鲁士退役军官卡西斯基出版《密写术与解密术》,提出“卡西斯基测试”。

1883 年，荷兰密码学家奥古斯特·柯克霍夫(Kerk Hoffs，1835—1903)出版《军事密码学》，提出著名的“柯克霍夫斯准则”。

1916 年，美国军官帕克·希特上尉出版《军事密码破译手册》。

1917 年，美国电话电报公司的职员吉尔伯特·弗纳姆(Gilbert Vernam)发明了弗纳姆密码。

1917 年，英国密码破译机构“40 号房间”破译了德国外交部长亚瑟·齐默尔曼发给墨西哥大使海因里希·范·埃卡尔特的电报。

1918 年，乔治·让·潘万破译了德军使用的 ADFGX 密码。

1918 年，美国数学家吉尔伯特·弗那姆发明弗纳姆密码。

1920 年，亚瑟·谢尔比乌斯制作出第一台 Enigma 密码机。

1940 年，日本的紫密被美军情报人员破译。

1940 年，Enigma 密码被以数学家阿兰·麦席森·图灵 (Alan Mathison Turing，1912－1954)领导的团队破译。

1942 年，日本海军的 JN-25b 密码被美军情报人员破译。

1943 年，日本海军大将山本五十六乘坐的专机由于密码破译而被跟踪并击落。

1944 年，“猎风行动”(第二次世界大战中美军利用纳瓦霍语传递秘密信息)。

1946 年，冯·诺伊曼(John von Neumann，1903—1957)发明“中间二次方法”来产生随机数。

1949 年，克劳德·艾尔伍德·仙农(Claude Elwood Shannon，1916—2001)发表《保密系统的通信理论》，为现代密码奠定基础。

1965 年，《破译者》出版，掀起民间研究密码的高潮。

1976 年，第一个商用数据加密标准 DES 诞生。

1976 年，Diffie 和 Hellman 发表“密码学的新方向”。

1977 年，RSA 密码问世。

1978 年，Merkle 和 Hellman 设计了背包密码。

1978 年，Taher ElGamal 构造了 ElGamal 密码。

1982 年，物理学家理查德·费曼(Richard Feynman，1918—1988)提出量子计算的概念。

1984 年，查理斯·本内特(Charles Bennett，1943—)和吉勒·布拉萨(Gilles Brassard，1955—)设计了 BB84 协议。

1985 年，英国牛津大学物理学家戴维·多伊奇(David Deutsch，1953—)提出量子计算机的初步设想。

1990 年，密码学家 Biham 和 Shamir 提出破译密码的“差分分析法”。

1993 年，密码学家 Matsui 提出破译密码的“线性分析法”。

1996 年，NTRU 密码问世。

1997 年，美国国家标准技术研究所（NIST）开始征集高级加密标准。

2001 年，AES 被选中作为高级加密标准。

2004 年，中国密码学家王小云（1966— ）破解了 MD4、MD5、HAVAL－128、RIPEMD 等 Hash 算法。

2009 年，比特币正式诞生。

2009 年，IBM 的 Gentry 构造了第一个全同态加密体制。

2013 年，中国科学院研制的 ZUC 密码被选定为国际标准。

2017 年，在德国柏林召开的国际标准化会议上，中国国密系列中的 SM2 与 SM9 成为 ISO/IEC 国际标准。

2017 年，世界上首条量子保密通信干线——“京沪干线”正式开通。

2020 年，《中华人民共和国密码法》正式生效。

附录二 线性反馈移位寄存器与 m 序列

移位寄存器是一种有限状态自动机，它由一系列的存储单元、若干个乘法器和加法器通过电路连接而成。假设共有 n 个存储单元（此时称该移位寄存器为 n 级），每个存储单元可存储一比特信息，在第 i 时刻各个存储单元中的比特序列 $(a_i a_{i+1} \cdots a_{i+n-1})$ 称为移位寄存器的状态，$(a_0 a_1 \cdots a_{n-1})$ 为初始状态。在第 j 个时钟脉冲到来时，存储单元中的数据向前移动一位，状态由 $(a_j a_{j+1} \cdots a_{j+n-1})$ 变为 $(a_{j+1} a_{j+2} \cdots a_{j+n})$，同时，按照固定规则产生输入比特和输出比特。移位寄存器如附图 1 所示。

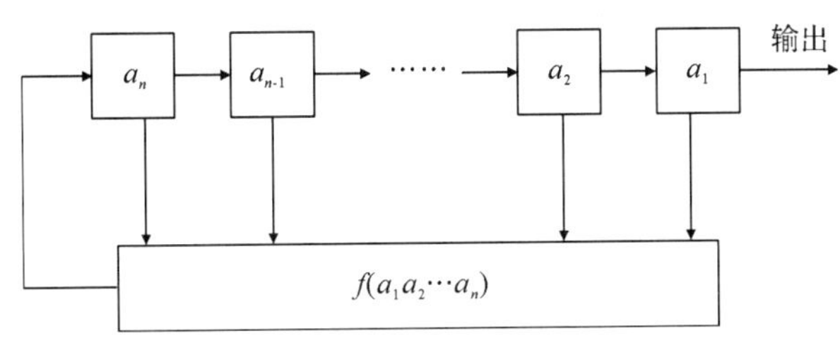

附图 1 移位寄存器

产生输入数据的变换规则称为反馈函数。给定当前状态和反馈函数，可以唯一确定输出和下一时刻的状态。

通常，反馈函数是一个 n 元布尔函数，即输入是 n 个数字，这些数字只能取值 0 或 1，函数对这些数字相加或相乘后，输出一个数字，也取值 0 或 1。

n 元布尔函数的一般形式为

$$f(a_1 a_2 \cdots a_n) = k_1 a_1 + k_2 a_2 + \cdots + k_n a_n + k_{12} a_1 a_2 + \cdots + k_{1n} a_1 a_n + \cdots k_{12\cdots n} a_1 \cdots a_n$$

系数 $k_i \in \{0,1\}$，“+”为模 2 加。

看上去挺复杂，其实就是一个递推关系，由当前状态计算下一时刻的状态，并产生输出。

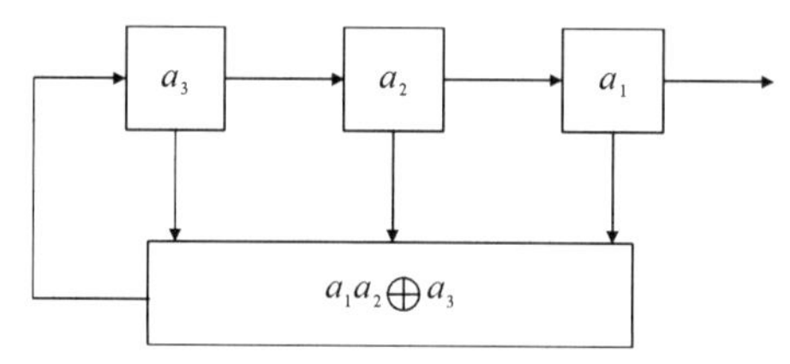

附图 2　一个 3 级移位寄存器

附图 2 中是一个 3 级移位寄存器。给定初始状态 $s=(a_1a_2a_3)=(101)$，按照反馈函数可求出各个时刻的状态及输出（见附表 1）。

附表 1　各个时刻的状态及输出（一）

时刻	状态（$a_3a_2a_1$）	输出	反馈值
1	1　0　1	1	1
2	1　1　0	0	1
3	1　1　1	1	0
4	0　1　1	1	1
5	1　0　1	1	1

从附表 1 中可以看出，状态在第 5 时刻开始重复，因此输出序列的周期是 4，输出序列为 1011101110111011……

若反馈函数为线性函数，就构成了线性反馈移位寄存器。线性布尔函数的一般形式为

$$f(a_1a_2\cdots a_n)=c_0a_1+c_1a_2+\cdots+c_{n-1}a_n$$

$c_i\in\{0,1\}$，“＋”为模 2 加。LFSR 的一般形式如附图 3 所示。

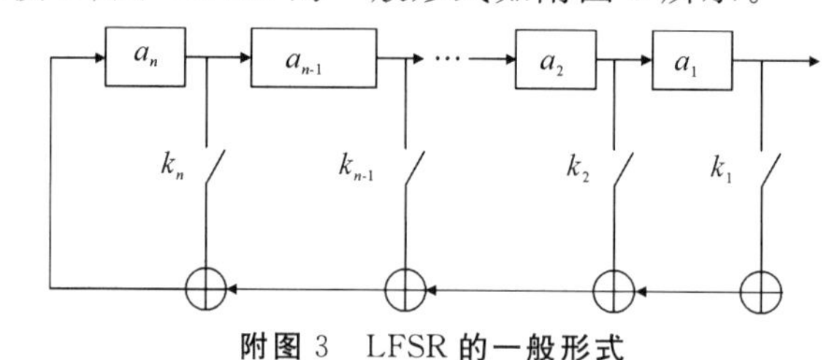

附图 3　LFSR 的一般形式

初始状态仍事先给定，输入比特 a_{i+n} 由递推关系

$$a_{i+n}=c_0a_i+c_1a_{i+1}+c_2a_{i+2}+\cdots+c_{n-1}a_{i+n-1}$$

确定，系数 $c_i\in\{0,1\}$ 可看作是开关。

与中间二次方法和线性同余法相似，线性反馈移位寄存器也通过一个确定的过程生成一串输出序列，那么这个输出序列的随机性如何呢？

衡量随机性的第一个重要参数是周期，先考虑一个问题——n 级 LFSR 的周期最长是多少？

随着通信理论的发展，人们对这个问题已经有了十分透彻的理解，输出序列的周期与 n 有关，而 LFSR 所能达到的最长周期与 n 呈指数关系，即 2^n-1。

这不难解释：n 级 LFSR 的输出实际上就是各个时刻状态的最后一比特，而这些状态取决于初始状态和递推关系。初始状态有 2^n 种可能性，其中全 0 是一种特殊情况，若初始状态为全 0，则根据线性关系计算出的反馈值也是 0，从而只能输出一串 0。若初始状态非全 0，则最好的情况是寄存器的状态遍历所有 2^n-1 种非零状态，把这些非零状态最后一比特输出，便构成了周期为 2^n-1 的输出序列。这便是最大周期序列，人们给它起了个名字——m 序列。

附图 4 中为 4 级 LFSR，若设初始状态为(1111)，则各个时刻的状态及输出见附表 2。

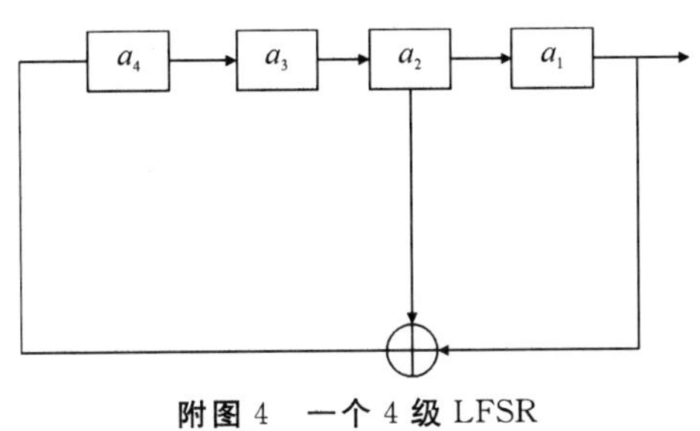

附图 4　一个 4 级 LFSR

附表 2　各个时刻的状态及输出(二)

时刻	状态($a_4a_3a_2a_1$)	输出
0	1 1 1 1	1
1	0 1 1 1	1
2	0 0 1 1	1
3	0 0 0 1	1
4	1 0 0 0	0
5	0 1 0 0	0
6	0 0 1 0	0
7	1 0 0 1	1
8	1 1 0 0	0
9	0 1 1 0	0
10	1 0 1 1	1
11	0 1 0 1	1
12	1 0 1 0	0
13	1 1 0 1	1
14	1 1 1 0	0
15	1 1 1 1	1

输出序列为：1111 0001 0011 010，周期 $p=15$，恰好是 2^4-1。

n 级 m 序列具有以下特性：

(1)在一个周期中，1 出现 2^{n-1} 次，0 出现 $2^{n-1}-1$ 次，满足 Golomb 的第一条伪随机性假设。

(2)将一个周期首尾相连，其游程总数 $N=2^{n-1}$，其中 0 游程与 1 游程数目各半。当 $n>2$ 时，游程分布如下（$1\leqslant l\leqslant n-2$）：

1)长为 l 的 0 游程有 $\frac{N}{2^{l+1}}$ 个；

2)长为 l 的 1 游程有 $\frac{N}{2^{l+1}}$ 个；

3)长为 $n-1$ 的 0 游程有 1 个；

4)长为 n 的 1 游程有 1 个；

5)没有长为 n 的 0 游程和长为 $n-1$ 的 1 游程。

(3)异相自相关函数为 $R(j)=-\frac{1}{2^n-1}$，$0<j\leqslant 2^n-2$。

可以验证，序列{1111 0001 0011 010 ……}满足上述特性。

一般而言，m 序列完全满足 Golomb 随机性假设中的第 1，3 条，并且基本上满足第 2 条，可以认为它具有相当不错的随机性。

由于产生容易、随机性强，m 序列不仅应用于密码，它在通信中也得到了十分广泛的应用。在扩频通信、卫星通信的码分多址，数字数据中的加扰、同步等方面，都可见到 m 序列的应用。

附录三　费马小定理

定理(费马小定理)：任给素数 p，整数 a，且 p 不整除 a，则 $a^{p-1}=1 \bmod p$。

以下证明使用数学归纳法。

证明：首先证当 $1\leqslant i\leqslant p-1$ 时，素数 p 整除组合数 $\binom{p}{i}=\frac{p!}{i!\ (p-i)!}$。

在右边的分式中，显然分子中包含因子 p，而 p 是素数，分母中不含因子 p。由于组合数必为整数，故右边将因子 p 取出后，剩下的部分仍为整数，从而 p 是组合数 $\binom{p}{i}$ 的一个因子。

根据牛顿二项式定理，$(x+y)^p=\sum_{0\leqslant i\leqslant p}\binom{p}{i}x^i y^{p-i}$，下面对 x 进行归纳。

显然 $1^p\equiv 1 \bmod p$；

假设对某个特定的整数 x，存在 $x^p\equiv x \bmod p$，则

$$(x+1)^p = \sum_{0\leqslant i\leqslant p}\binom{p}{i}x^i 1^{p-i} - x^p + \sum_{1\leqslant i\leqslant p-1}\binom{p}{i}x^i + 1$$

在这个等式右边，除第一项与最后一项外，中间所有项的系数均为 p 的倍数，因此

$$(x+1)^p \equiv x^p + 0 + 1 \equiv x + 1 \bmod p$$

这就证明了费马小定理。

附录四　欧拉函数与欧拉定理

定义：设 n 为正整数，欧拉函数 $\varphi(n)$ 定义为满足条件：$0<b\leqslant n$ 且 $\gcd(b,n)=1$ 的整数 b 的个数。

任给一个整数 n，该如何计算它的欧拉函数呢？当然可以采用最笨的办法：先让 $\varphi(n)=0$，然后计算 1 到 n 之间所有的数与 n 的最大公约数。如果最大公约数为 1，则为 $\varphi(n)$ 增加 1，否则加 0. 显然这是一个穷举过程，效率太低。

实际上还有一些更简便的计算方法，但是需要根据 n 的不同情况来区别对待。

(1) n 是素数。此时比 n 小的正整数都与 n 互素，故

$$\varphi(n)=n-1$$

(2) n 是某个素数的幂。比如 $n=2^i$，2 是 n 的因子，因此 2 的倍数都不与 n 互素，为了得到 $\varphi(n)$，需要从集合 $\{1,2,\cdots,n\}$ 中去掉 2 的倍数。鉴于在 $\{1,2,\cdots,n\}$ 中 2 的倍数有 $\frac{n}{2}=2^{i-1}$ 个，所以

$$\varphi(n)=n-\frac{n}{2}=2^{i-1}$$

若把 2 换成别的素数 p，即 $n=p^i$，则有

$$\varphi(n)=n-\frac{n}{p}=p^i-p^{i-1}=p^{i-1}(p-1)$$

(3) n 是两个素数的乘积，即 $n=pq$ 且 p、q 为素数。此时需要从集合 $\{1,2,\cdots,n\}$ 中去掉 p 和 p 的倍数，其中 p 的倍数恰有 q 个，而 q 的倍数恰有 p 个，但是由于 n 同为 p、q 的倍数，多减了一次，所以需要再把它加回来。（这其实就是组合数学中的容斥原理，或包含-排斥原理。）

由此得到

$$\varphi(n)=n-p-q+1=(p-1)(q-1)$$

(4) 一般情形，对任意给定的整数 n，由算术基本定理，可将 n 分解为素数的乘积，即 $n=p_1^{a_1}p_2^{a_2}\cdots p_t^{a_t}$，$p_i(1\leqslant i\leqslant t)$ 为素数。综合上述(2)(3)，可以得到

$$\varphi(n)=p_1^{a_1-1}p_2^{a_2-1}\cdots p_t^{a_t-1}(p_1-1)(p_2-1)\cdots(p_t-1)$$

由此看来，为了得到 n 的欧拉函数，必须知道 n 的素因子分解。

在费马定理中，模数为素数 p，指数为 $p-1$，即 p 的欧拉函数值，如果把这里的 p 替换为任意整数 n，便得到如下的欧拉定理。

定理：对任意整数 a、n，当 $\gcd(a,n)=1$ 时，有 $a^{\varphi(n)}\equiv 1 \bmod n$。

证明：设小于 n 且与 n 互素的正整数集合为 $\{x_1,x_2,\cdots,x_{\varphi(n)}\}$，由于 $\gcd(a,n)=1$，$\gcd(x_i,n)=1$，故对 $1\leqslant i\leqslant\varphi(n)$，$ax_i$ 仍与 n 互素。因此 $ax_1,ax_2,\cdots,ax_{\varphi(n)}$ 构成 $\varphi(n)$ 个与 n 互素的数，且两两不同余。这是因为，若有 x_i，x_j，使得 $ax_i\equiv ax_j \bmod n$，则由于 $\gcd(a,n)=1$，可消去 a，从而 $x_i\equiv x_j \bmod n$。

所以 $\{ax_1,ax_2,\cdots,ax_{\varphi(n)}\}$ 与 $\{x_1,x_2,\cdots,x_{\varphi(n)}\}$ 在 mod n 的意义上是两个相同的集合，分别计算两个集合中各元素的乘积，得到

$$ax_1ax_2\cdots ax_{\varphi(n)}\equiv x_1x_2\cdots x_{\varphi(n)} \bmod n$$

由于 $x_1x_2\cdots x_{\varphi(n)}$ 与 n 互素，故 $a^{\varphi(n)}\equiv 1 \bmod n$。

《《 参 考 文 献

[1] DAVID KAHN. 破译者[M]. 艺群,译. 北京:群众出版社,1982.

[2] PINCOCK STEPHEN. 破译者[M]. 曲陆石,译. 北京:商务印书馆,2016.

[3] 连阔如. 江湖丛谈[M]. 北京:当代中国出版社,2006.

[4] 赵燕枫. 密码传奇[M]. 北京:科学出版社,2008.

[5] 彭长根. 现代密码学趣味之旅[M]. 北京:金城出版社,2015.

[6] SIMON S. 密码故事:人类智力的另类较量[M]. 朱小篷,林金钟,译. 海口:海南出版社,2001.

[7] 潘承洞,潘承彪. 初等数论[M]. 3 版. 北京:北京大学出版社,2013.

[8] MAO WB. 现代密码学理论与实践[M]. 王继林,伍前红,等译. 北京:电子工业出版社,2004.

[9] ODED GOLDREICH. 计算复杂性[M]. 张薇,韩益亮,杨晓元,译. 北京:国防工业出版社,2015.

[10] 张薇,杨晓元,韩益亮. 密码基础理论与协议[M]. 北京:清华大学出版社,2012.

[11] 杨波. 现代密码学[M]. 4 版. 北京:清华大学出版社,2017.

[12] RIVEST R L,SHAMIR A, ADLEMAN L M. A Method for Obtaining Digital Signatures and Public-Key Cryptosystems[J]. Communications of the ACM, 1978,21(2):120-126.

[13] DAN BONEH. 密码学[OL]. https://www.163.com/v/video/VBPUIVMDQ.html,网易公开课.

[14] DIFFIE W, HELLMAN M E. New Directions in Cryptography[J]. IEEE Transactions on Information Theory,1976,22(6):644-654.

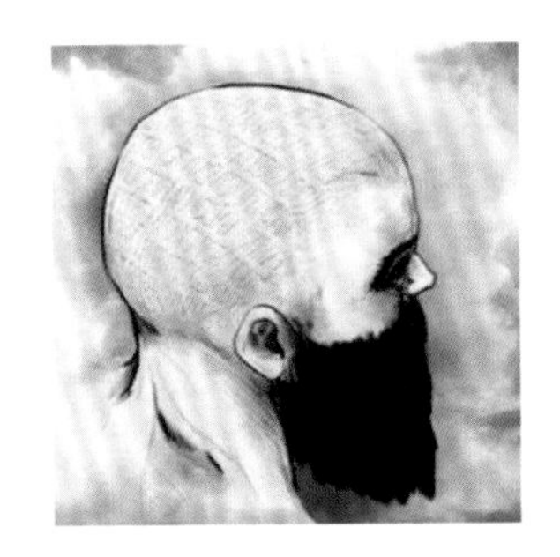

图1-11 隐写术

C	I/J	P	H	[illegible]
R	A	B	D	F
G	K	L	M	N
O	Q	S	T	U
V	W	X	Y	Z

图1-21 对角代换 HO→CT

m_1 22日物资运抵西安车站 m_2 23日物资运抵西安车站

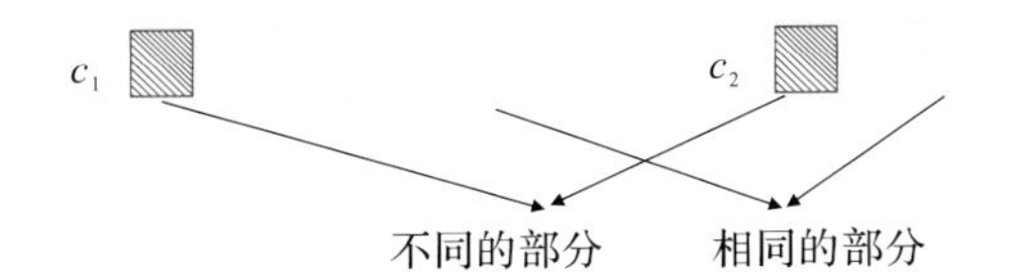

图6-8 明文相似、密文也相似的情形

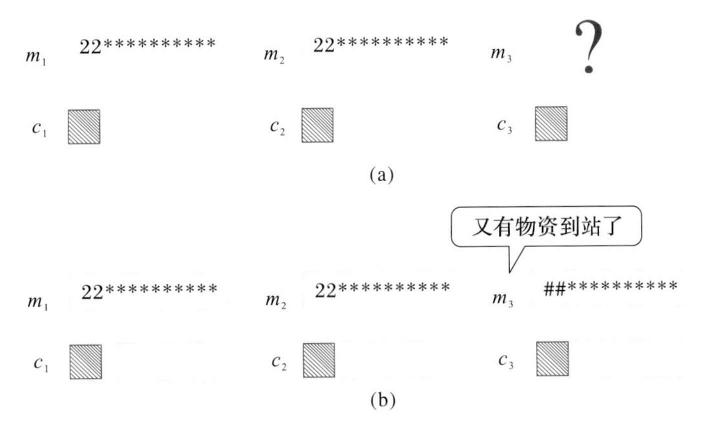

图6-9 截获新密文及对明文猜测

图6-10　满足扩散准则的加密

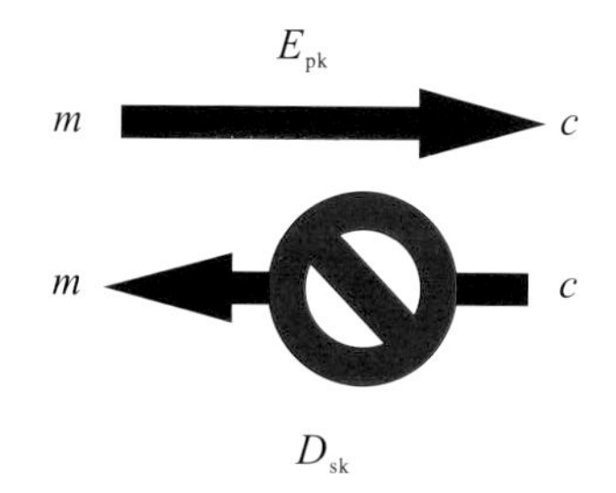

图8-8 破译者的单行道

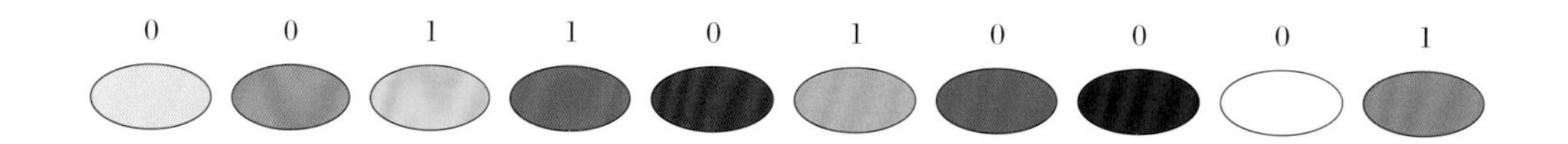

图9-1 色彩与明文相对应

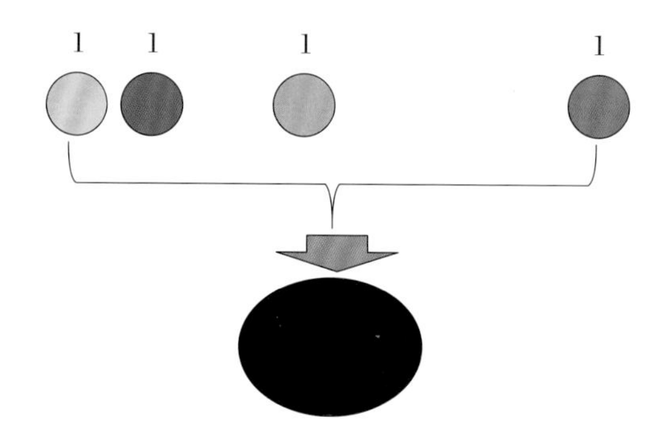

图9-2 混合后的颜色